巧织棒针衫

谭阳春 主编

辽宁科学技术出版社

·沈阳·

本书编委会
主　编　谭阳春
编　委　王丽波　王艳青　李玉栋　贺梦瑶　罗　超

图书在版编目（CIP）数据

巧织棒针衫/谭阳春主编. —沈阳：辽宁科学技术出版社，2011.9
ISBN 978-7-5381-7029-0

I. ①巧…　II. ①谭…　III. ①棒针—毛衣—编织—图集　IV. ①TS941.763-64

中国版本图书馆CIP数据核字（2011）第116906号

如有图书质量问题，请电话联系
湖南攀辰图书发行有限公司
地　　址：长沙市车站北路236号芙蓉国土局B栋1401室
邮　　编：410000
网　　址：www.penqen.cn
电　　话：0731-82276692　82276693

出版发行：辽宁科学技术出版社
（地址：沈阳市和平区十一纬路29号　邮编：110003）
印 刷 者：湖南新华精品印务有限公司
经 销 者：各地新华书店
幅面尺寸：185mm × 210 mm
印　　张：9
字　　数：40千字
出版时间：2011年9月第1版
印刷时间：2011年9月第1次印刷
责任编辑：苏　颖　众　合
摄　　影：郭　力
封面设计：效国广告
版式设计：天闻·尚视文化
责任校对：合　力

书　　号：ISBN 978-7-5381-7029-0
定　　价：24.80元
联系电话：024-23284376
邮购热线：024-23284502
淘宝商城：http://lkjcbs.tmall.com
E-mail：lnkjc@126.com
http：//www.lnkj.com.cn
本书网址：www.lnkj.cn/uri.sh/7029

目录 CONTENTS

长袖短款篇

做法 P073~P074

甜美束腰衫

搭配指数：★★★★

温暖可爱的毛毛领和橘色衬托白皙细腻的皮肤，加上整体的设计精致时尚，让人心情愉悦。

P075~P076 做法

随性橘色毛衣

搭配指数： ★★★★

简单随性的设计体现毛衣的自然美丽、简单、大方。随意地搭配一条裤子，就能塑造出阳光、健康的形象。

适合体型： 高挑体型，苗条体型，微胖体型。

适宜季节： 春、秋、冬。

长袖短款篇

changxiuduankuanpian

气质白色毛衣

搭配指数： ★★★★

洁净的白色温暖明亮，在阴冷的冬天绝对备受瞩目。漂亮的编织花样，精致又时尚，令人百看不厌。

做法 P077~P078

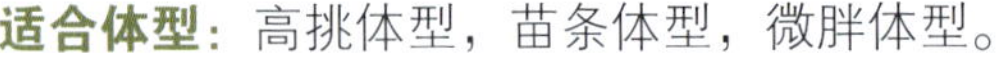

适合体型： 高挑体型，苗条体型，微胖体型。

适宜季节： 春、秋、冬。

活力花纹毛衫

搭配指数： ★★★★★

美丽的花纹层层叠起构成整件衣服，活泼可爱。高贵典雅的设计在白色的映衬下更显光彩，令你魅力四射。随意搭配裤子或裙子都非常好看。

做法 P079

适合体型： 高挑体型，苗条体型，微胖体型。

适宜季节： 春、秋、冬。

P080~P081 做法

适合体型：高挑体型，苗条体型，微胖体型。
适宜季节：春、秋、冬。

淑女粉红毛衣

搭配指数：★★★★

乖巧可爱的粉红色更添女性的柔美气质，美丽精致的设计增添衣服的亮丽，散发出优雅文静的淑女气息。

P086~P087 做法

亮丽V领衫

搭配指数： ★★★★

粉红色更显肌肤的白皙细腻，时尚的V领设计显露出迷人的颈部曲线，精致的花纹增添衣服的活力。

适合体型： 高挑体型，微胖体型。

适宜季节： 春、秋、冬。

做法 P084~P085

白色简约毛衣

搭配指数： ★★★★

白色更显自然清新，亮丽的色系，大方简约的设计，真是春、秋、冬日的最佳搭档。

适合体型： 高挑体型，苗条体型，微胖体型。

适宜季节： 春、秋、冬。

保暖开襟毛衣

搭配指数： ★★★★

连帽款的设计既温暖又舒适，活泼可爱的编织花样巧妙地修饰衣服。拉链的设计简单方便，厚实的毛衣在严冬温暖你的身心。

做法 P086~P087

适合体型：高挑体型，微胖体型。

适宜季节：春、秋、冬。

P088~P089 做法

紫色气质衫

搭配指数： ★★★★

紫色给人的感觉是优雅、富贵、神秘，时尚精致的衣领设计加上简单的点缀，美丽的毛衣让你爱不释手。

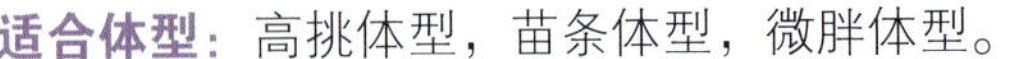

适合体型： 高挑体型，苗条体型，微胖体型。

适宜季节： 春、秋、冬。

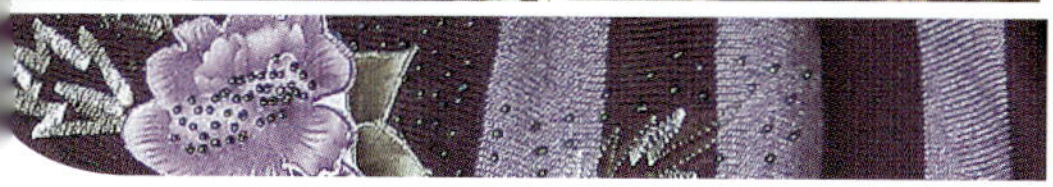

时尚彩色毛衣

搭配指数： ★★★★

美丽大方的彩色条纹时尚靓丽，线条的流动感打破呆板的常规。随意搭配简单的裤子也很美丽时尚哦。

做法 P090~P091

适合体型： 高挑体型，苗条体型。

适宜季节： 春、秋、冬。

做法 P092~P093

知性修身衫

搭配指数： ★★★★

知性的灰色加上简单的款式设计，突显出美丽曲线，展示出女性的优雅与风韵。

适合体型： 高挑体型，苗条体型。

适宜季节： 春、秋、冬。

做法 P094~P095

魅力长袖毛衣

搭配指数： ★★★★

时尚个性的设计，漂亮精致但又不张扬、虚华，魅力十足。

适合体型： 高挑体型，苗条体型，微胖体型。

适宜季节： 春、秋、冬。

做法
P096~P097

亮丽白色毛衣

搭配指数： ★★★★

白色的毛衣在冬天的阳光下温暖醒目，简单大方的修饰更显毛衣的洁净，衬托出女性的优雅气质。

适合体型： 高挑体型，苗条体型，微胖体型。

适宜季节： 春、秋、冬。

俏丽花纹毛衣

搭配指数：★★★★

美丽精致的花纹点缀，为毛衣增添活力，精致又不繁琐。倾情为你塑造一个俏丽、美好的淑女形象。

P098~P100 做法

适合体型：高挑体型，苗条体型。

适宜季节：春、秋、冬。

做法 P101~P102

前卫黑色毛衣

搭配指数： ★★★★

黑色非常修身，是富含魅力的颜色。丝绸的衣袖质感柔和，突显女性的柔美，丝绸上的花纹美丽性感。毛线与丝绸的大胆搭配，前卫、时尚。

适合体型： 高挑体型，苗条体型。

适宜季节： 春、秋。

秀丽V领毛衣

搭配指数： ★★★★

黑色修身秀气，加上小巧美丽的V领设计更显衣服的秀丽、精致。薄薄的衣料更好地突出了女性的曲线美。

适合体型： 高挑体型，苗条体型，微胖体型。

适宜季节： 春、秋、冬。

做法 P103~P105

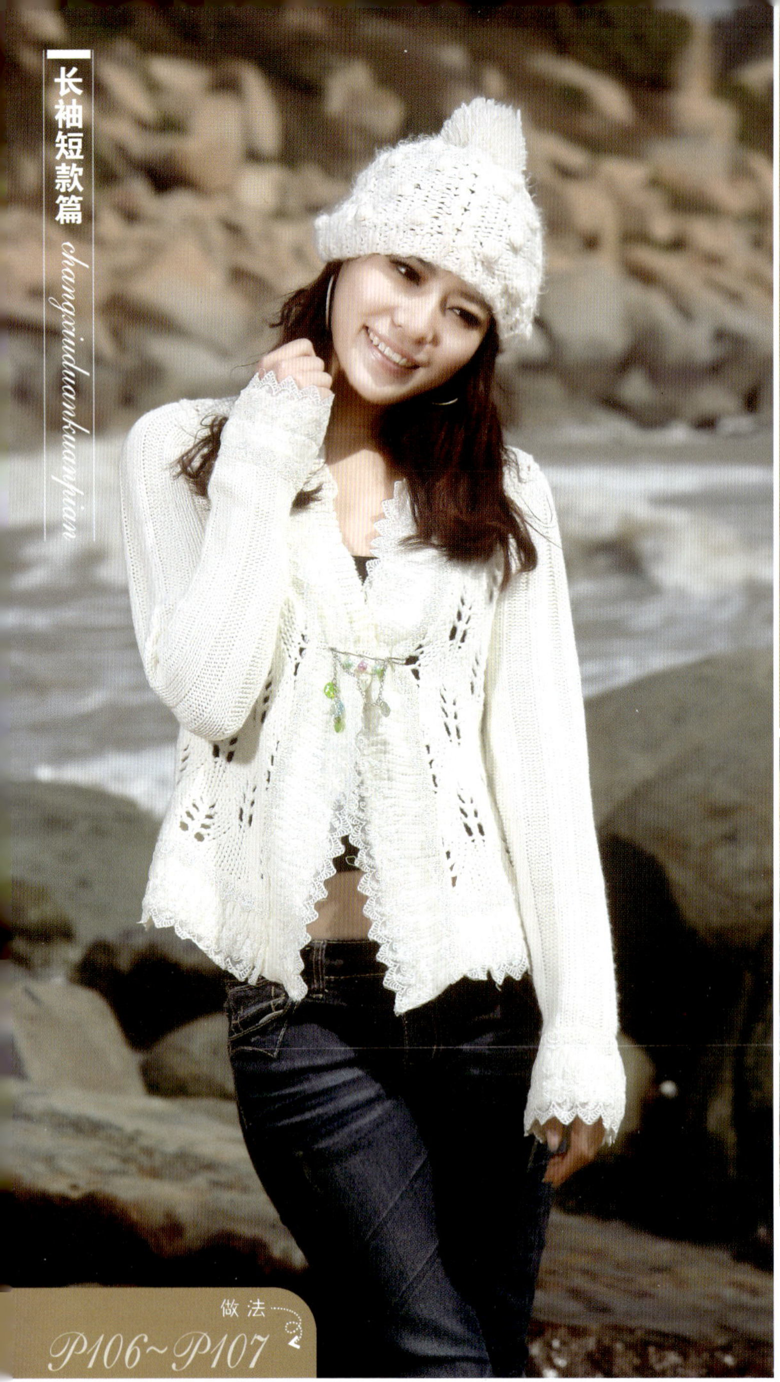

做法
P106~P107

潮流开襟毛衣

搭配指数： ★★★★

美丽的编织花样青春靓丽，开襟的款式设计
行、时尚。随意搭配裤子或裙子，都非常漂亮
尚。

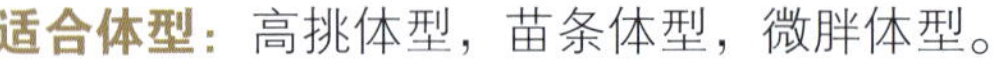

适合体型： 高挑体型，苗条体型，微胖体型。

适宜季节： 春、秋、冬。

柔美花纹毛衣

搭配指数：★★★★

漂亮的编织花样精致大方，得体的开襟大气时尚，柔美纯净的颜色，衬托出女性温柔美丽的气质。

P108~P110 做法

适合体型：高挑体型，苗条体型，微胖体型。

适宜季节：春、秋、冬。

P11~P13 做法

秀丽短款毛衣

搭配指数：★★★★

温暖的橘色与时尚的衣领，搭配简单的花纹设计。秀丽精致的毛衣，让你成为众人瞩目的焦点。

适合体型：高挑体型，苗条体型，微胖体型。

适宜季节：春、秋、冬。

PM14~PM15 做法

适合体型：苗条体型，娇小体型。
适宜季节：春、秋、冬。

橘色连帽衫

搭配指数：★★★★

连帽的设计，加上纽扣和腰带的点缀，让这款橘色的毛衣，在给人带来温暖感的同时，不乏时尚感。

做法
P116~P117

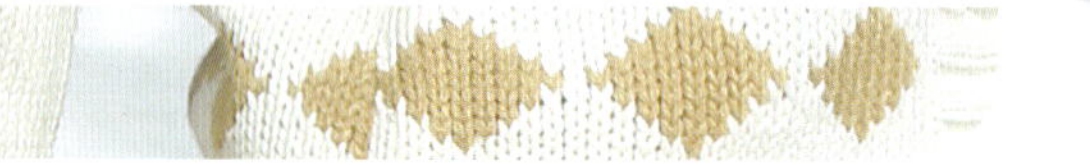

恬静长袖毛衫

搭配指数： ★★★★

白色的纯真、波浪边的甜美、袖子的配色图案，构成了这款恬静又略带俏皮的邻家女孩气质的招牌毛衣。

适合体型： 高挑体型，苗条体型，微胖体型。

适宜季节： 春、秋、冬。

PM18~PM19 做法

明亮带帽毛衣

搭配指数： ★★★★

没有艳丽的色彩，没有复杂的设计，纯白加点小点缀却是衣橱里最百搭的毛衣，因为含蓄，所以受欢迎。

适合体型： 高挑体型，苗条体型，微胖体型。

适宜季节： 春、秋、冬。

P120~P121 做法

绯红修身毛衣

搭配指数 ★★★★

热情的红色，修身的款型设计是漂亮美眉的最爱，穿出自己的风格和快乐！

适合体型： 高挑体型，苗条体型，微胖体型。

适宜季节： 春、秋、冬。

做法 P121~P123

精致红色毛衣

搭配指数：★★★★

温暖又不张扬的红色让人心情愉快，时尚的衣领设计与精致的饰物更显衣服的完美。

适合体型：高挑体型，苗条体型，微胖体型。

适宜季节：春、秋、冬。

做法
P124~P125

文雅灰色衫

搭配指数： ★★★★

文雅的表达方式有很多种，这款含蓄典雅的灰色毛衣，也能让你有知性女人的韵味。

适合体型： 高挑体型，苗条体型，微胖体型。

适宜季节： 春、秋、冬。

创意炫彩衫

做法 P126~P127

搭配指数： ★★★★

毛衣的大胆创新，无论是款式还是颜色都给人惊艳的感觉。

适合体型： 高挑体型，苗条体型，微胖体型。

适宜季节： 春、秋、冬。

做法
P128~P129

温婉米色衫

搭配指数： ★★★★

清秀婉约的米色衫，是众多美眉的宠儿，带给你含蓄的风情，淡雅的感觉！

适合体型： 高挑体型，苗条体型，微胖体型。

适宜季节： 春、秋、冬。

做法 P130~P132

雅致粉色毛衣

搭配指数：★★★★

独特的设计给甜美的粉色注入了时尚和性感的元素，镂空的设计、腰带的点缀是对粉色的再定义！

适合体型： 高挑体型，苗条体型，微胖体型。

适宜季节： 春、秋、冬。

素雅短款毛衣

搭配指数： ★★★★

无论是领口和下摆的呼应设计，还是时尚的大纽扣，亦或是连帽上的可爱毛边，都给略显严肃和呆板的素色黑毛衣不一样的美感。

适合体型： 高挑体型，苗条体型，微胖体型。
适宜季节： 春、秋、冬。

做法 P133~P135

风情镂空衫

搭配指数：★★★★

干净利落的白，镂空飘逸的美，有如仙女般梦幻的明亮风情衫，让人不得不爱。

做法 P136~P137

做法 P138~P139

清爽修身长衫

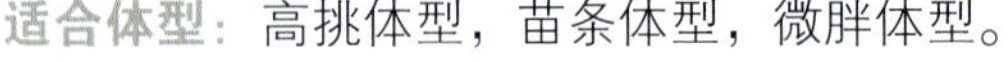

适合体型： 高挑体型，苗条体型，微胖体型。

适宜季节： 春、秋、冬。

搭配指数： ★★★★

不求最透露的性感，给人感觉清新亮丽，展现出清新脱俗的美感。

柔美浅色长衫

搭配指数： ★★★★

板型宽松随意不失可爱，时尚中透着调皮，演绎了浪漫的时尚品味。女性的美丽大方，展露得淋漓尽致。

适合体型： 高挑体型，苗条体型，微胖体型。

适宜季节： 春、秋、冬。

做法 P139~P141

做法
P142~P143

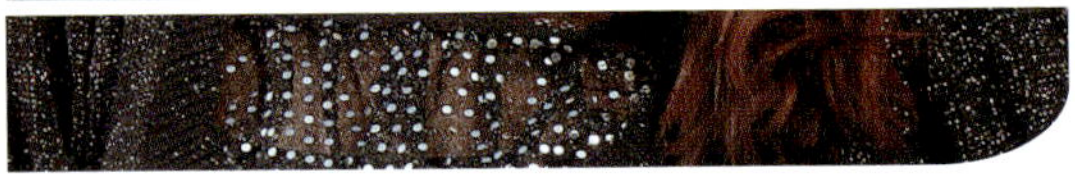

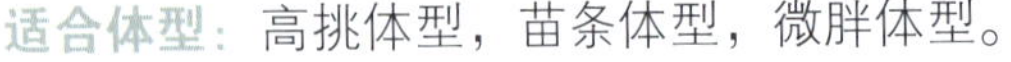

华丽黑色长衫

适合体型： 高挑体型，苗条体型，微胖体型。

适宜季节： 春、秋、冬。

搭配指数： ★★★★

黑色中掺杂着少许金丝线，让长衫在性感和修身之余多了几分华丽感，泡泡袖的设计融入了更多时尚元素。

做法 P143~P144

优雅修身毛衣

搭配指数： ★★★★

休闲不失优雅的长款修身深色毛衣，既能遮挡寒冷，又能提升气质 。

适合体型： 高挑体型，苗条体型，微胖体型。

适宜季节： 春、秋、冬。

生动条纹衫

搭配指数： ★★★★

黑白条纹的鲜明对比，条纹毛衫也可以穿出高贵气息、青春动感，展现柔美线条。无论单穿还是打底都是很不错的选择。

做法 P145~P146

适合体型： 高挑体型，苗条体型，微胖体型。

适宜季节： 春、秋、冬。

P147~P148 做法

活力条纹衫

搭配指数： ★★★★

色彩鲜明的条纹长款毛衫，在秋冬季节给人活力而又淡雅的感觉，可以考虑搭配一条小围巾，让温暖与时尚兼备。

适合体型： 高挑体型，苗条体型，微胖体型。

适宜季节： 春、秋、冬。

做法 P149~P150

休闲薄款长衫

搭配指数： ★★★★

没有皮草的浮华，没有呢子大衣的沉重感，这就是毛衣给你的休闲随意感觉，无论是系带外套还是宽松长衫，都是居家和出行的首选。

适合体型： 高挑体型，苗条体型，微胖体型。

适宜季节： 春、秋、冬

P151~P152 做法

雅致灰色长衫

搭配指数：★★★★

秋冬季节如果穿飘逸的雪纺连衣裙显得太过单薄，试试长款的百搭毛衣吧，让你依旧展现动人风采，还很保暖！

适合体型：高挑体型，苗条体型，微胖体型。

适宜季节：春、秋、冬。

P153~P155 做法

淡雅厚款毛衣

搭配指数： ★★★★

没有红色鲜艳，没有黑色神秘，淡淡的颜色，给人一种亲和力和信任感，提升个人魅力。

适合体型： 高挑体型，苗条体型，微胖体型。

适宜季节： 春、秋、冬。

做法 P156~P157

飘逸开襟衫

搭配指数： ★★★★

浅色给人干净利落的感觉，轻薄柔软的质地和巧妙的设计，给人一种飘逸而温婉的感觉。

适合体型： 高挑体型，苗条体型，微胖体型。

适宜季节： 春、秋、冬。

P158~P159 做法

端庄黑色长衫

搭配指数： ★★★★

未加任何繁杂人工雕饰的清新自然，温文尔雅的黑色长衫，让我们一起做个端庄女性吧。

适合体型： 高挑体型，苗条体型，微胖体型。

适宜季节： 春、秋、冬。

做法
P160~P161

典雅长款毛衣

搭配指数： ★★★★

深色系的厚实毛衣，通过款式的突破以及领口或口袋的纽扣点缀，给人含蓄而时尚的美感。

适合体型： 高挑体型，苗条体型，微胖体型。

适宜季节： 春、秋、冬。

浪漫长款毛衫

P162~P164 做法

适合体型： 高挑体型，苗条体型，微胖体型。

适宜季节： 春、秋、冬。

搭配指数： ★★★★

经典与流行结合的浪漫随性毛衣，无论是在职场，还是约会都很适合，能够充分展现出女性温柔的一面。

P165~P166 做法

时尚深色毛衣

搭配指数：★★★★

深色大领毛衣，领子的设计造型新颖大气，展现出女性的内敛风韵。可以直接单穿，亦可以作为开衫外套穿，都非常美丽时尚。

适合体型：高挑体型，苗条体型，微胖体型。

适宜季节：春、秋、冬。

P167~P169 做法

优雅长款毛衣

搭配指数：★★★★

基础款的红色长毛衣，精致得体的款式设计，熟女的优雅气质立刻展现。

适合体型： 高挑体型，苗条体型，微胖体型。

适宜季节： 春、秋、冬。

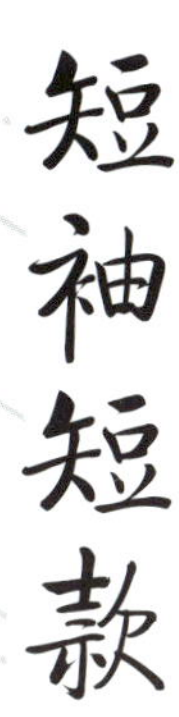

短袖短款篇

魅力短袖衫

搭配指数： ★★★★

高贵典雅的黑色很好地衬托出白皙细腻的皮肤，充满成熟女性的韵味，而又不失清爽利落，令你散发着十足的女性魅力。

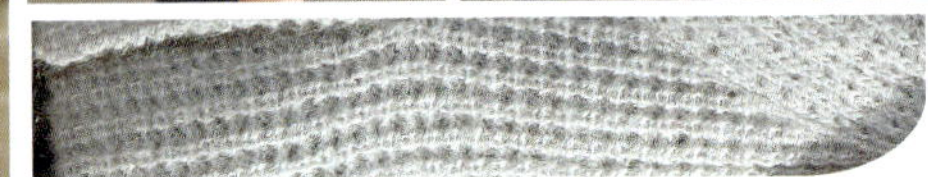

素雅薄款毛衫

搭配指数：★★★★★

简单的编织花样，搭配素雅的颜色，加上轻薄透气的款式，让你的心情也随着毛衣一起变得轻松自然。

做法
P171~P172

适合体型：小巧体型，苗条体型，高挑体型。

适宜季节：春、夏、秋。

优雅短袖衫

搭配指数：★★★★

大V领配上美丽的编织花纹，让整个毛衣风格不失大气、简洁，选择它，你的气质和品位都得到提升。

做法
P173~P174

适合体型：高挑体型，苗条体型。

适宜季节：春、夏、秋。

做法
P175~P176

简约蝙蝠衫

搭配指数： ★★★★

宽松的款式，纯色的毛线，每一处都流动着简约美。而蝙蝠衫的样式，又增添了几分翩翩起舞的灵动。

适合体型： 高挑体型，苗条体型，微胖体型。

适宜季节： 春、秋。

个性短袖装

做法 P177~P178

搭配指数：★★★★

也许它色彩不够艳丽，也许它花样不够繁复，也许你想不到词语来描述它的好。但是这种款式独特的毛衣，却绝对能够让你个性十足，紧跟时尚。

适合体型： 高挑体型，苗条体型，微胖体型。

适宜季节： 春、夏。

短袖短款篇
duanxiuduankuanpian

做法
P179~P180

妩媚无袖衫

适合体型：高挑体型，苗条体型。

适宜季节：春、秋。

搭配指数：★★★★★

无袖衫配上宽领，让你时刻散发着性感妩媚的女人味。精致的编织花样，使得性感妩媚之中更多了一份典雅。

清新薄款毛衣

搭配指数： ★★★★

不见一点刻意雕琢，没有任何多余修饰。然而，它却可以是邻家女孩的最爱。

做法
P181~P182

适合体型： 高挑体型，苗条体型。
适宜季节： 春、秋。

P183~P184 做法

温柔短款毛衫

搭配指数： ★★★★

柔软的材质、简单的编织，让这样的毛衣灵动舒适，让穿上毛衣的你有一种“恰似那一低头的温柔”。

适合体型： 苗条体型，娇小体型。
适宜季节： 春、夏。

做法
P185~P186

风情蝙蝠衫

搭配指数： ★★★★

宽大的衣袖，紧缩内敛的衣边，一张一弛让你举手投足间，即有万种风情。

适合体型： 高挑体型，苗条体型，微胖体型。

适宜季节： 春、秋。

做法
P187~P188

秀气无袖衫

搭配指数： ★★★★

活泼的绿色，简约的风格，不仅令你秀气迷人，更令你的心情一路阳光。

适合体型： 高挑体型，苗条体型。

适宜季节： 春、秋。

做法 P189~P190

优雅短款毛衣

搭配指数：★★★★

短袖和编织花纹、纽扣的设计，增添了毛衣的活力和生机。优雅含蓄的颜色搭配，尽显时尚高贵的气质。

适合体型：高挑体型，苗条体型，微胖体型。

适宜季节：春、夏、秋。

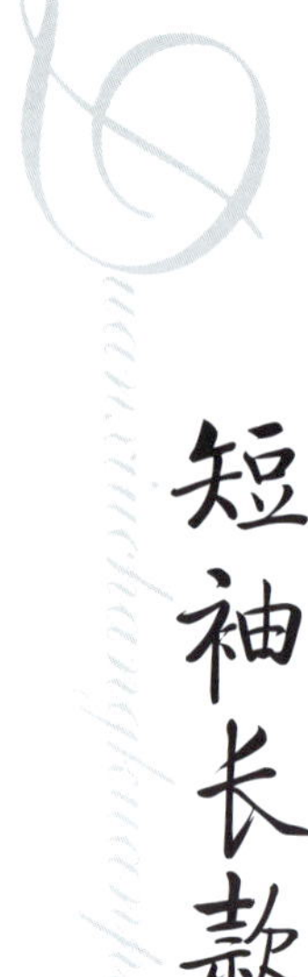

短袖长款篇

做法
P191~P192

经典黑色长衫

搭配指数：★★★★

经典百搭的黑色，配以亮片点缀，加上修身的款式，尽显女性曼妙的身姿。

时尚束身薄衫

做法 P193~P194

搭配指数： ★★★★

深色的毛线，修身的裁剪，使得女性的曲线美尽显。丝绸、亮片和花纹的点缀，增添了活力与时尚的气息。

适合体型： 高挑体型，苗条体型。

适宜季节： 春、夏、秋。

做法
P195~P196

修身长款毛衫

适合体型： 高挑体型，苗条体型，微胖体型。

适宜季节： 春、秋。

搭配指数： ★★★★

统一的色调，修身的款式，使得女子曼妙的身姿尽显。

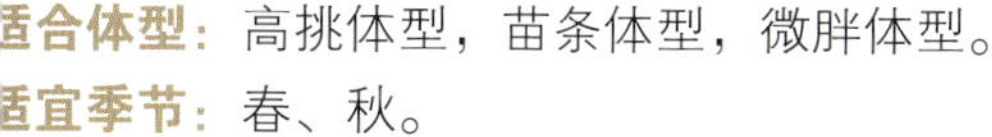

做法
P197~P198

淡雅花边长衫

适合体型： 高挑体型，苗条体型，微胖体型。

适宜季节： 春、秋。

搭配指数： ★★★★

松软的质地，淡雅的色调，加上波浪状的下摆，给人清爽宜人之美。

做法
P199~P200

柔美花边装

搭配指数： ★★★★

简单的款式，轻盈的选料，配上流动的下摆，使得毛衣每一处都显现出轻盈靓丽。

适合体型： 高挑体型，苗条体型，微胖体型。

适宜季节： 春、秋。

婉约长款毛衣

搭配指数： ★★★★

做法 P201~P202

深色调，简单款式，得以彰显女性的优雅婉约。宽松的款式，轻松休闲，同时也是偏胖美眉的理想选择。宽大的袖子和衣身包容你的手臂和腰部的赘肉，使你不显胖。

适合体型： 高挑体型，苗条体型，微胖体型。

适合季节： 春、秋。

P203~P204 做法

风情束腰装

搭配指数： ★★★★

简单而不失个性，流行中又有特色，举手间尽显风情万种。

适合体型： 高挑体型，苗条体型，微胖体型。

适宜季节： 春、夏、秋。

做法
P205~P206

柔美长款毛衫

搭配指数： ★★★★

淡雅的色调，柔和的线条，配上精美的图案，恰到好处地体现出女性的柔美。

适合体型： 高挑体型，苗条体型，微胖体型。

适宜季节： 春、夏、秋。

做法
P207~P208

优雅修身长衫

搭配指数： ★★★★

低调的灰色，修身的款式，细致的编织风格，让你于优雅中也拥有时尚魅力。

适宜体型： 高挑体型，苗条体型。

适合季节： 春、夏、秋。

明艳宽松毛衫

搭配指数： ★★★★

美丽的色彩，精致的编织花样，穿上它，展现你娇艳动人的女人风韵与魅力。

做法
P209~P210

适合体型： 高挑体型，苗条体型，微胖体型。

适宜季节： 春、秋。

做法
P211~P212

高雅开襟衫

搭配指数： ★★★★

低调的色彩，大V形领，简单中透着独特，令你气质出众，高雅迷人。

适合体型： 高挑体型，苗条体型，微胖体型。
适宜季节： 春、秋。

做法 P212~P213

绿色亮丽长衫

搭配指数： ★★★★

干净清爽的绿色，加上修身的款式设计，让你和你身边的人，都有绿色好心情。

适合体型： 高挑体型，苗条体型。
适宜季节： 春、秋。

休闲短袖衫

搭配指数：★★★★

做法
P214~P215

休闲的款式设计，素雅的编织风格，利落的短袖，处处都展现着简单的优雅。

适合体型：高挑体型，苗条体型，微胖体型。

适宜季节：春、秋。

制 作 图 解

甜美束腰衫

【成品尺寸】 衣长65cm　胸围96cm　袖长53cm

【工具】 1.7mm棒针

【材料】 橙色纯羊毛线

【密度】 10cm²：44针×55行

【附件】 毛毛边若干

【制作过程】 前片按图起针，织双罗纹15cm后，改织下针，至织完成。后片按图起针，织双罗纹15cm后，改织下针，至织完成。衣片袖窿和领窝按图加减针。袖片按图起针，织15cm双罗纹后，改织下针，至织完成。袖片和袖山按图加减针，全部缝合。领子挑针，织5cm下针，领尖缝合，形成双层V领。前片缝上毛毛边，完成。

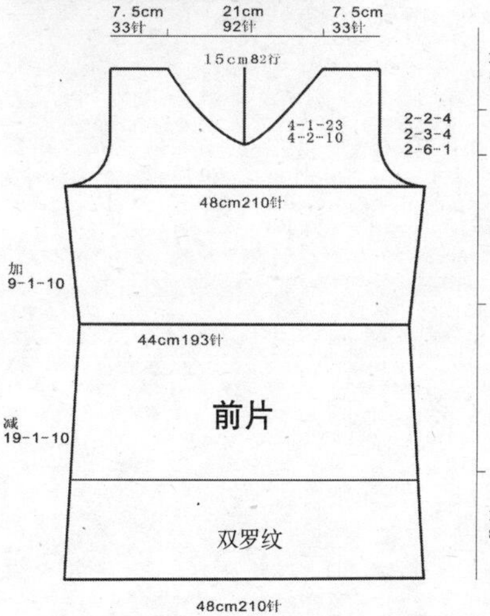

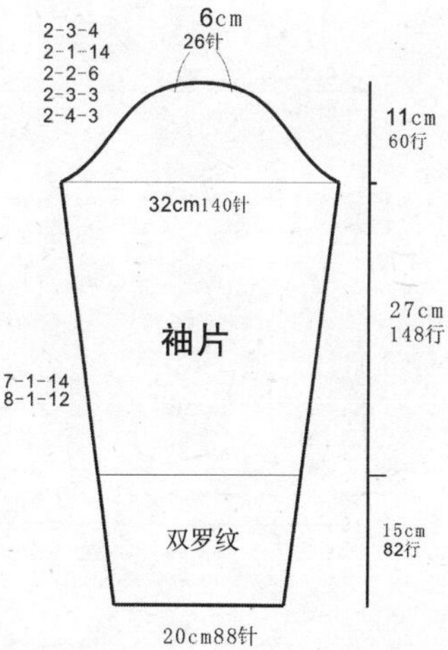

7.5cm 33针　21cm 92针　7.5cm 33针
15cm82行
4-1-23
4-2-10
2-2-4
2-3-4
2-6-1
48cm210针
加 9-1-10
44cm193针
前片
减 19-1-10
双罗纹
48cm210针

15cm 82行
3cm 16行
15cm 82行
17cm 93行
15cm 82行

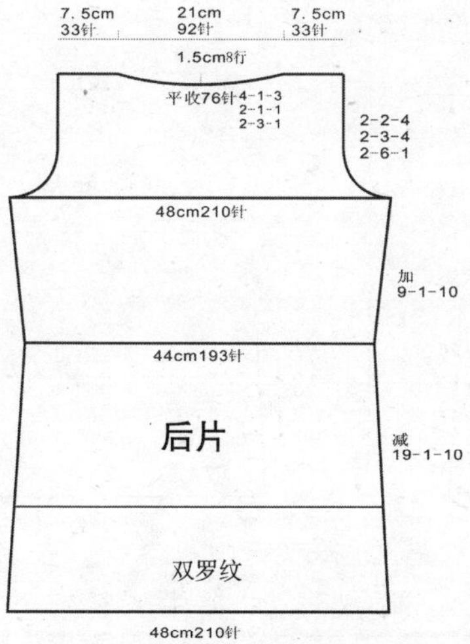

7.5cm 33针　21cm 92针　7.5cm 33针
1.5cm8行
平收76针 4-1-3 2-1-1 2-3-1
2-2-4
2-3-4
2-6-1
48cm210针
加 9-1-10
44cm193针
后片
减 19-1-10
双罗纹
48cm210针

6cm 26针
2-3-4
2-1-14
2-2-6
2-3-3
2-4-3
11cm 60行
32cm140针
袖片
27cm 148行
7-1-14
8-1-12
双罗纹
15cm 82行
20cm88针

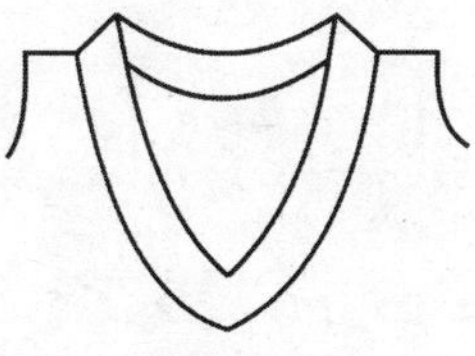

领子结构图

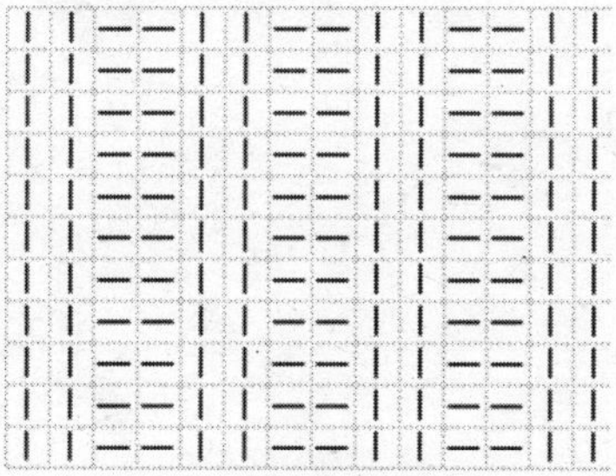

双罗纹

【成品尺寸】衣长65cm　胸围96cm　袖长53cm

【工具】1.7mm棒针

【材料】橙色纯羊毛线

【密度】10cm²：44针×55行

【附件】装饰花2朵　毛毛领1条

【制作过程】前、后片分别按图起针，先织双层平针底边后，改织花样，袖窿和领窝按图加减针，至织完成。袖片按图起针，织10cm双罗纹后，改织下针，至织完成。袖山和袖片按图加减针，全部缝合。领圈挑针，织单罗纹5cm，折边缝合，形成双层圆领。按彩图缝好装饰花和毛毛领，系上腰带，完成。

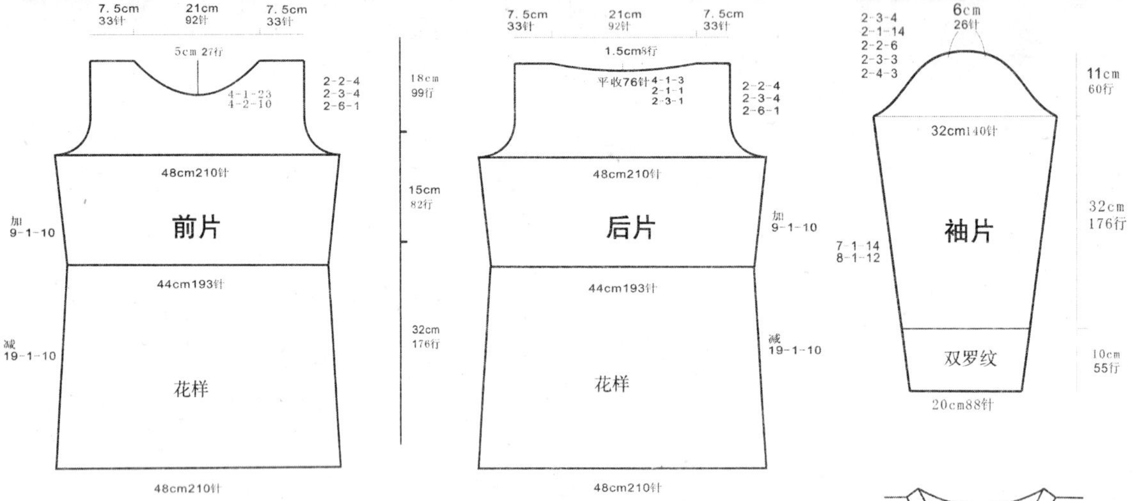

7.5cm 33针　21cm 92针　7.5cm 33针
5cm 27行
4-1-23
4-2-10
2-2-4
2-3-4
2-6-1
18cm 99行
48cm210针
15cm 82行
加 9-1-10
前片
44cm193针
减 19-1-10
32cm 176行
花样
48cm210针

7.5cm 33针　21cm 92针　7.5cm 33针
1.5cm8行
平收76针 4-1-3
2-1-1
2-3-1
2-2-4
2-3-4
2-6-1
48cm210针
加 9-1-10
后片
44cm193针
减 19-1-10
花样
48cm210针

6cm 26针
2-3-4
2-1-14
2-2-6
2-3-3
2-4-3
11cm 60行
32cm140针
7-1-14
8-1-12
袖片
32cm 176行
双罗纹
10cm 55行
20cm88针

5cm 27针　编织方向　腰带　单罗纹　2条
80cm440行

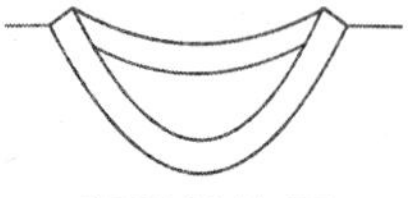

领子结构图

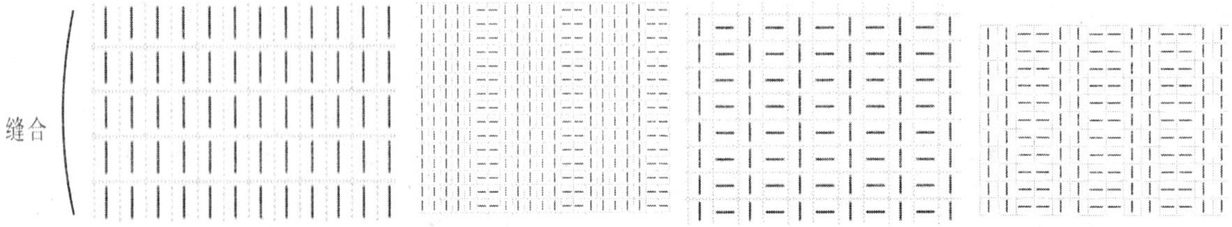

缝合
双层平针底边图解

花样

单罗纹

双罗纹

随性橘色毛衣

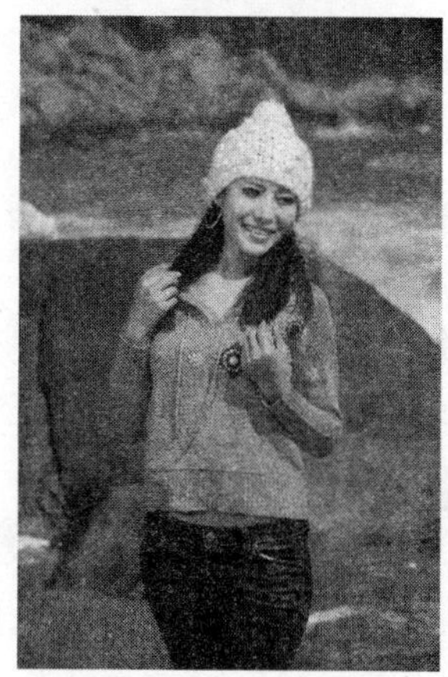

【成品尺寸】衣长65cm　胸围96cm　袖长53cm

【工具】1.7mm棒针

【材料】橙红纯羊毛线

【密度】10cm²：44针×55行

【附件】钩花若干　帽带1条

【制作过程】前、后片分别按图起针，编织双罗纹10cm后改织下针，至编织完成。袖片按图起针，织10cm双罗纹后改织下针，至编织完成，全部缝合。领圈挑针，织下针35cm的长矩形，边缘缝合，形成帽子。用缝衣针缝上钩花和衣袋，串上帽带，门襟另织，沿帽子前领缝合，完成。

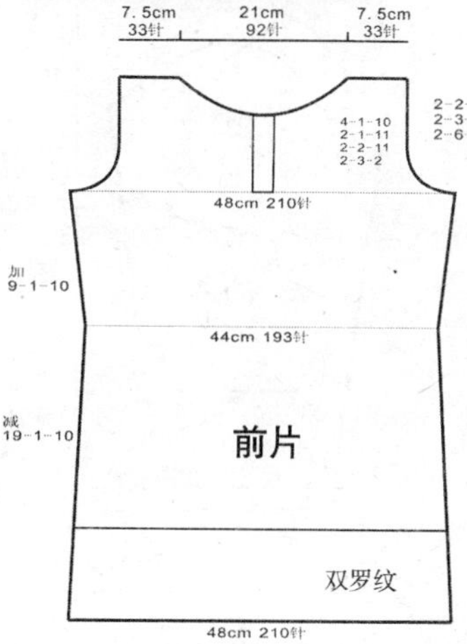

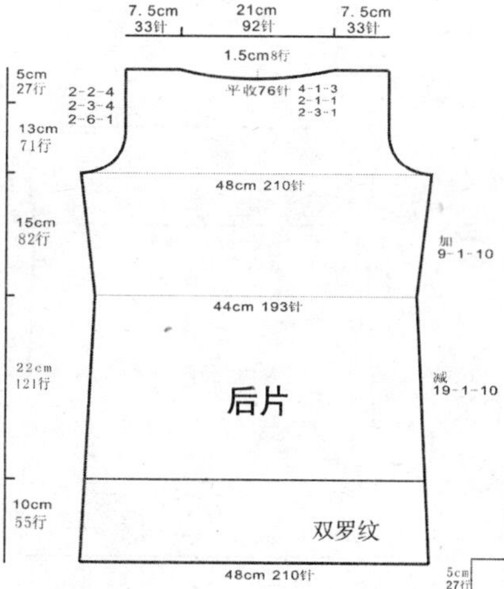

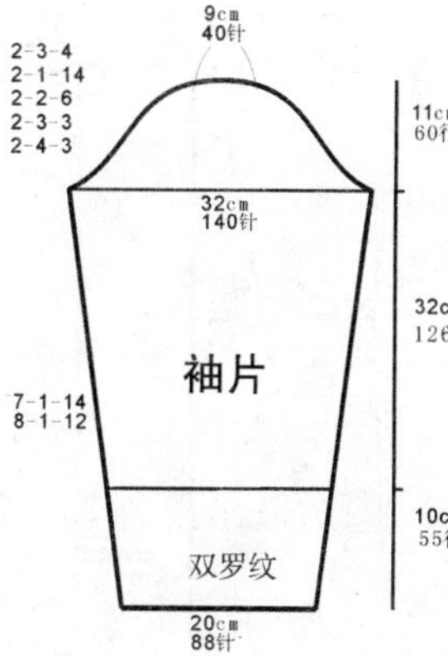

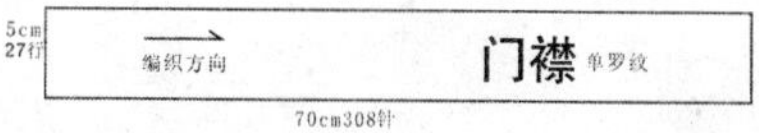

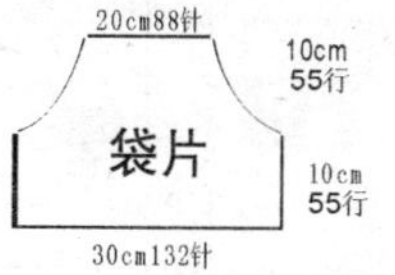

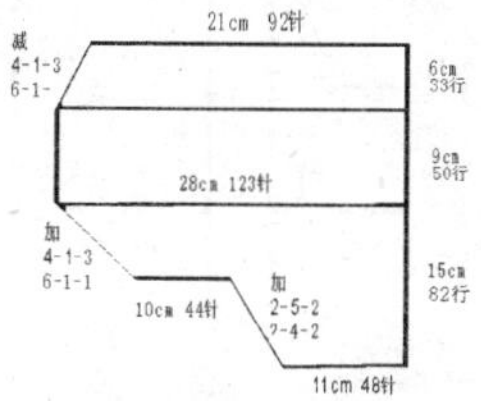

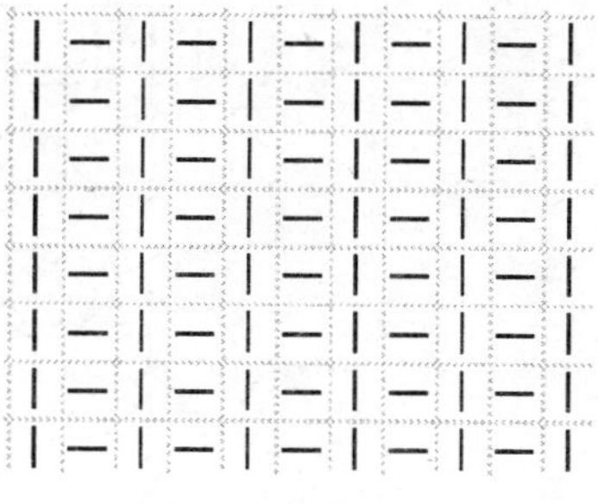

单罗纹

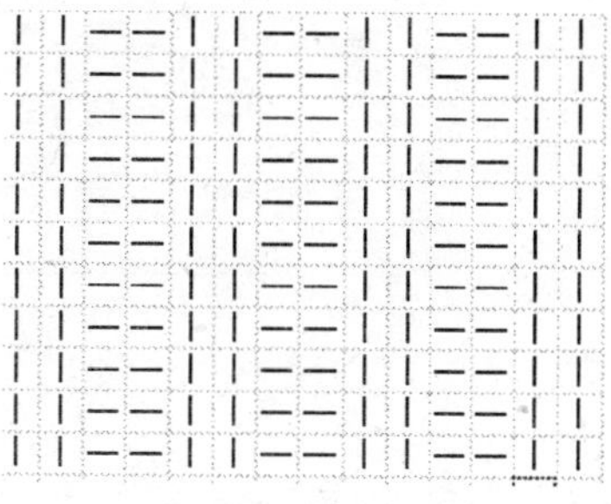

双罗纹

【成品尺寸】衣长65cm　胸围96cm　袖长53cm

【工具】1.7mm棒针

【材料】橙色纯羊毛线

【密度】10cm²：44针×55行

【附件】装饰珠链1条

【制作过程】前片分左右两片，分别按图起针，先织双罗纹8cm后，改织下针，至织完成。门襟为长矩形按图另织双罗纹，与前片缝合。后片同样按图织好，袖片按图起针，织10cm双罗纹后，改织下针，至织完成，全部缝合。领圈挑针，织10cm双罗纹的长方形，形成翻领。扣上装饰珠链，完成。

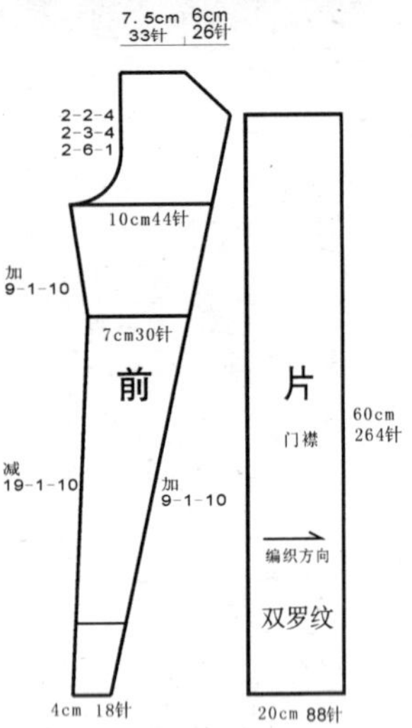

7.5cm 33针　6cm 26针
2-2-4
2-3-4
2-6-1
10cm44针
加 9-1-10
7cm30针
前　片
减 19-1-10
加 9-1-10
4cm 18针
门襟
编织方向
双罗纹
60cm 264针
20cm 88针

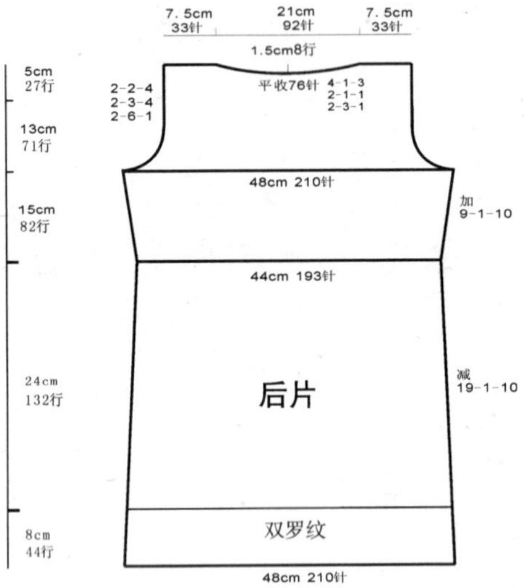

5cm 27行
13cm 71行
15cm 82行
24cm 132行
8cm 44行

7.5cm 33针　21cm 92针　7.5cm 33针
1.5cm8行
平收76针 4-1-3 2-1-1 2-3-1
2-2-4
2-3-4
2-6-1
48cm 210针
加 9-1-10
44cm 193针
后片
减 19-1-10
双罗纹
48cm 210针

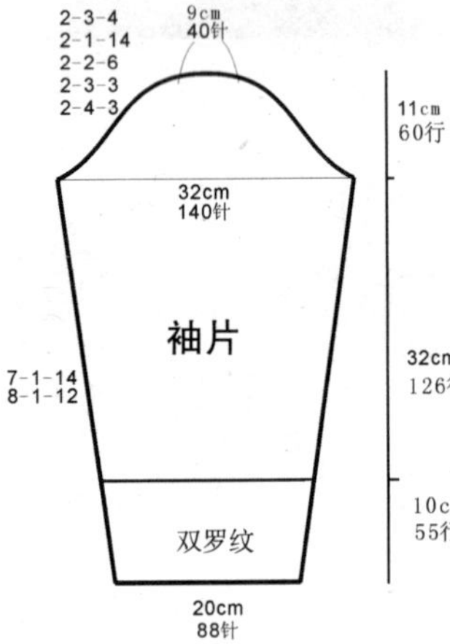

9cm 40针
2-3-4
2-1-14
2-2-6
2-3-3
2-4-3
11cm 60行
32cm 140针
袖片
7-1-14
8-1-12
32cm 126行
10cm 55行
双罗纹
20cm 88针

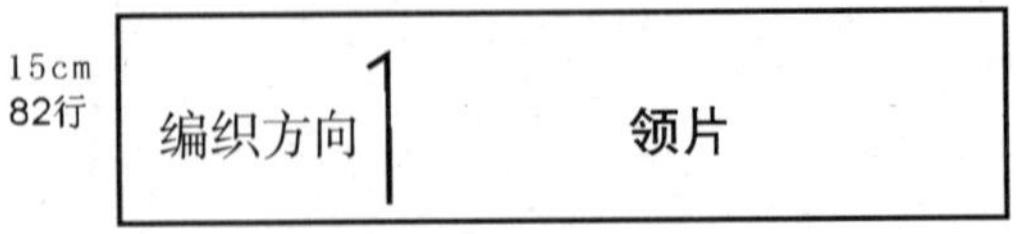

15cm 82行
编织方向
领片
39cm171针

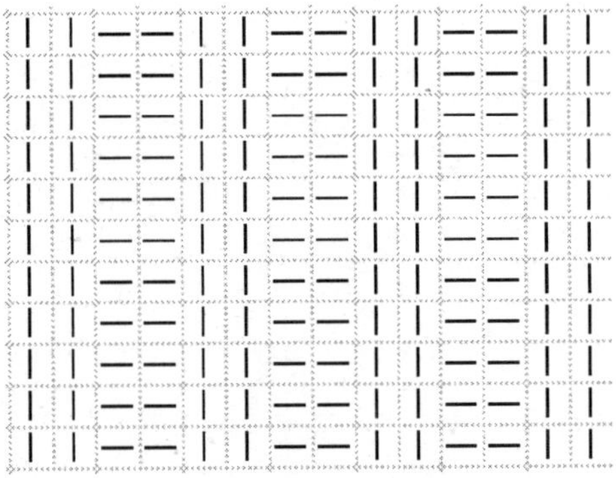

双罗纹

气质白色毛衣

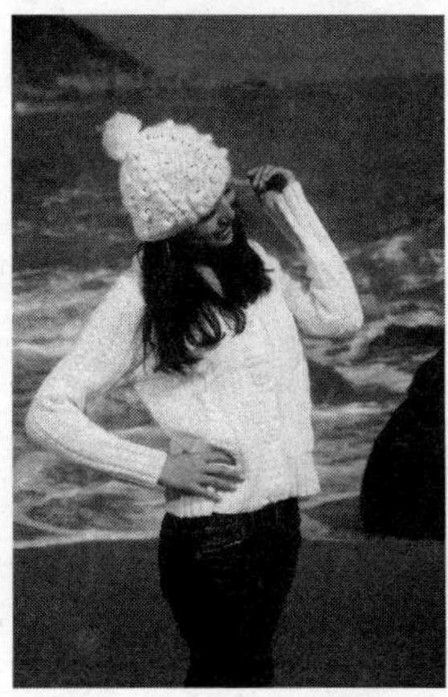

【成品尺寸】衣长57cm　胸围96cm　袖长53cm

【工具】1.7mm棒针

【材料】橙红纯羊毛线

【密度】$10cm^2$：44针×25行

【附件】钩花若干　帽带1条

【制作过程】前、后片分别按图起针，编织双罗纹10cm后改织下针，至编织完成。袖片按图起针，织10cm双罗纹后改织下针，至编织完成，全部缝合。领圈挑针，织下针35cm的长矩形，边缘缝合，形成帽子。用缝衣针缝上钩花和衣袋，串上帽带，门襟另织，沿帽子前领缝合，完成。

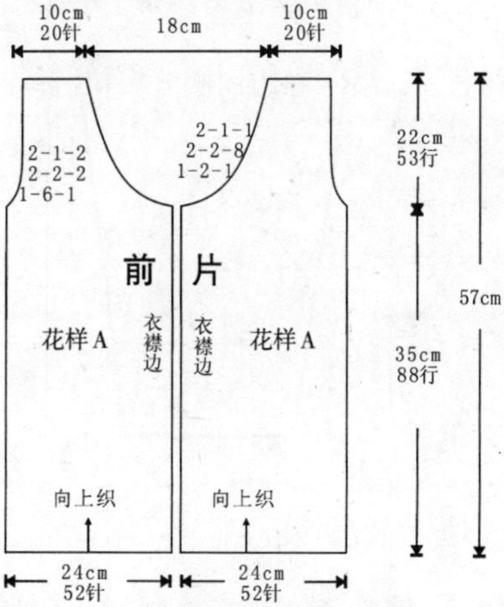

10cm 20针
18cm
10cm 20针
2-1-2
2-2-2
1-6-1
2-1-1
2-2-8
1-2-1
前　片
花样A
衣襟边
衣襟边
花样A
向上织
向上织
24cm 52针
24cm 52针
22cm 53行
35cm 88行
57cm

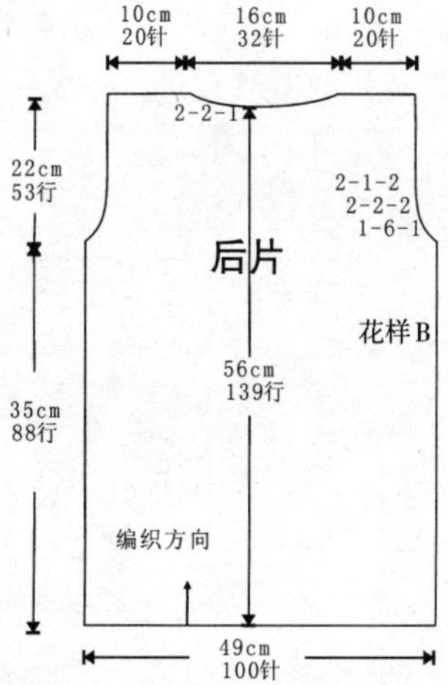

10cm 20针
16cm 32针
10cm 20针
2-2-1
22cm 53行
2-1-2
2-2-2
1-6-1
后片
花样B
56cm 139行
35cm 88行
编织方向
49cm 100针

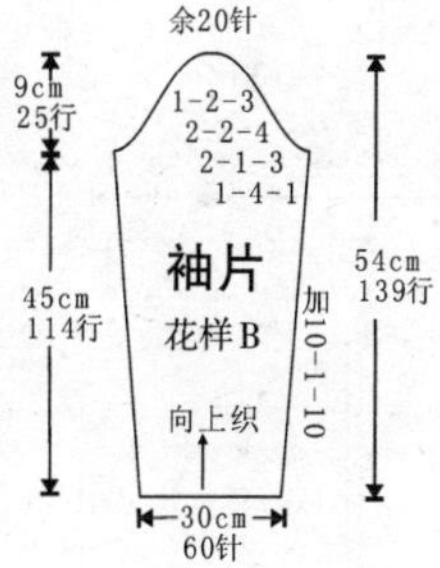

余20针
9cm 25行
1-2-3
2-2-4
2-1-3
1-4-1
袖片
花样B
加10-1-10
45cm 114行
54cm 139行
向上织
30cm 60针

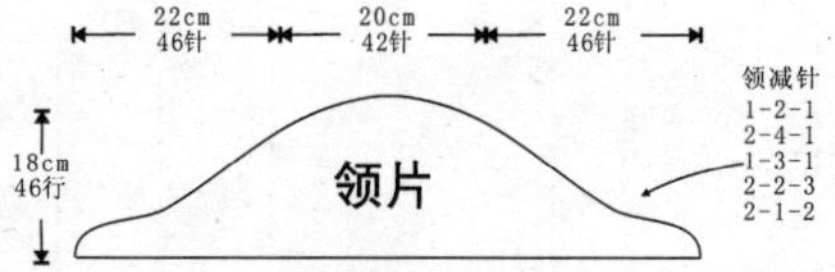

22cm 46针
20cm 42针
22cm 46针
18cm 46行
领片
领减针
1-2-1
2-4-1
1-3-1
2-2-3
2-1-2

花样A

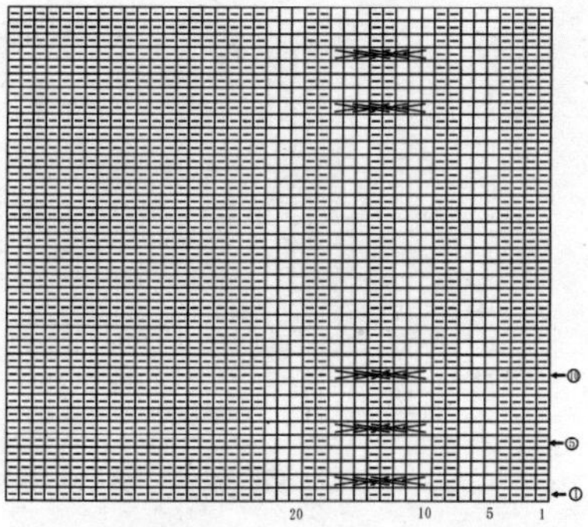

20
10
5
1

花样B

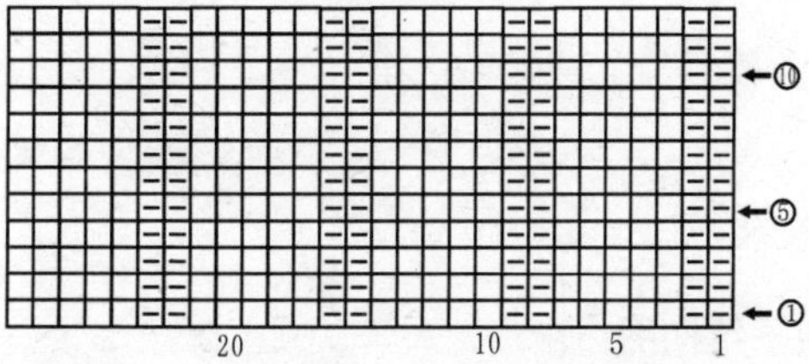

10
5
1
20
10
5
1

【成品尺寸】衣长57cm　胸围98cm　袖长54cm

【工具】7号棒针

【材料】白色棉绒线820g

【密度】10cm²：21针×25行

【附件】拉链1条　毛领1条

【制作过程】1. 二股线编织。

2. 起100针编织双罗纹针下边，编织16行后开始全下针编织后片，共编织到35cm时开始袖窿减针，按结构图减完针后，不加减针编织到56cm时，减出后领窝，两肩部各余10cm。

3. 起52针完成双罗纹针后编织前片花样，编织到35cm时进行袖窿减针，共编织到52cm时进行前衣领减针，按结构图减完针后收针断线。另起针挑织完成装饰袋片。用同样方法完成另一侧前片，减针方向相反。

4. 起60针双罗纹针从袖口编织下针，按结构图所示均匀加针编织袖片，编织45cm后开始袖山减针，按图所示减针后余20针，断线。用同样方法再完成另一片袖片。

5. 沿边对应相应位置缝实。另起针挑织双罗纹领边，完成后缝好毛领，沿衣襟边内侧缝实拉链。

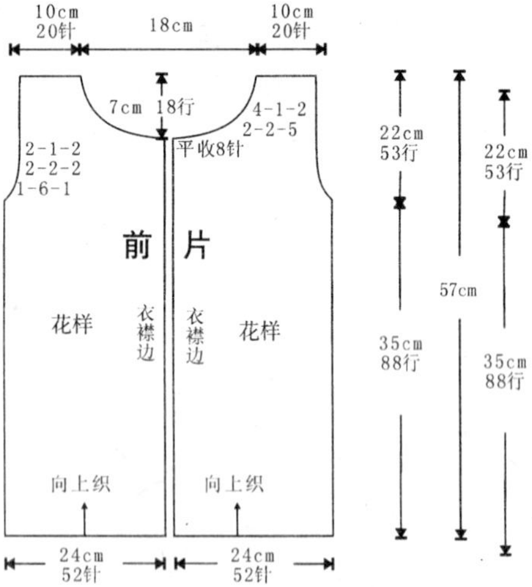

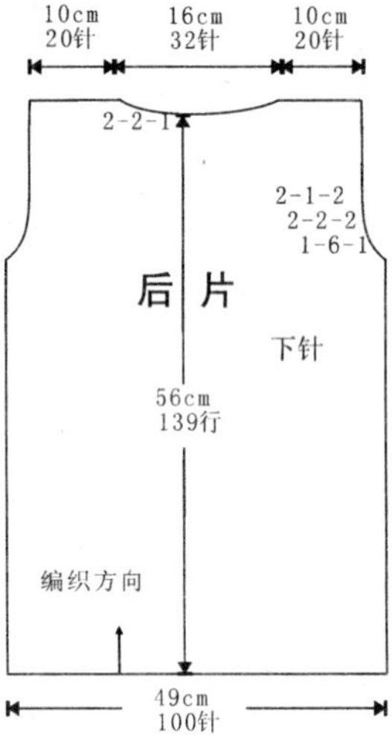

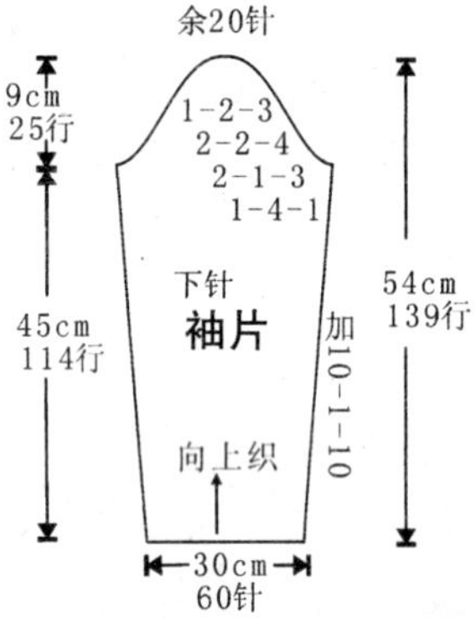

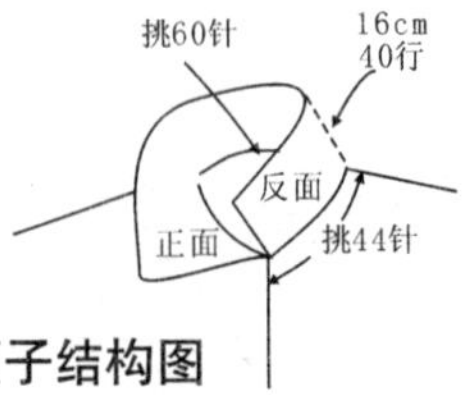

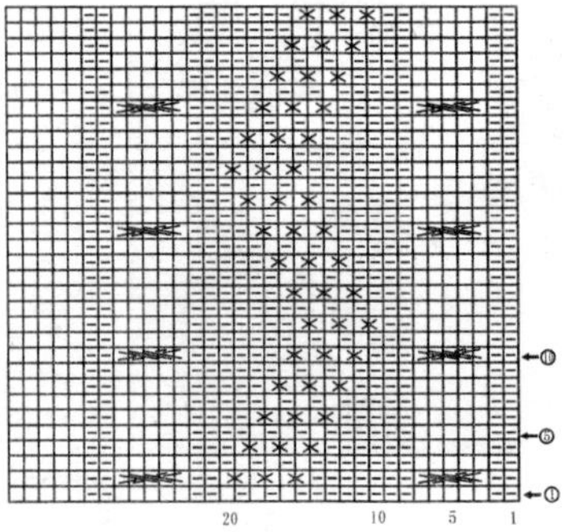

活力花纹毛衫

【成品尺寸】衣长45cm　胸围96cm　袖长53cm

【工具】1.7mm棒针

【材料】白色纯羊毛线

【密度】10cm²：44针×47行

【附件】纽扣1枚 毛毛边若干

【制作过程】前片分左右两片，分别按图起针，织花样A，衣摆圆角部分按图收针，至织完成。后片起针，织花样B，至织完成。袖片按图起针，织花样B，至织完成，全部缝合。按彩图缝上毛毛边和纽扣，完成。

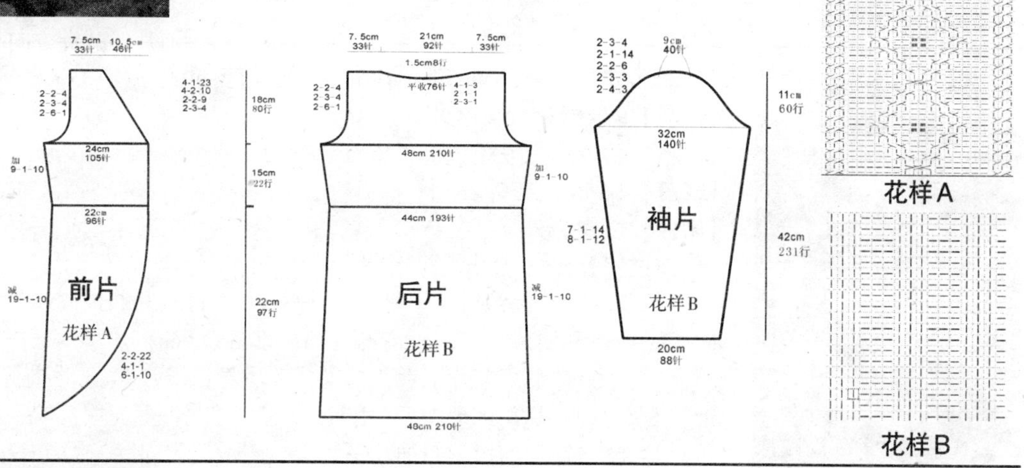

【成品尺寸】衣长55cm　胸围96cm　袖长53cm

【工具】1.7mm棒针

【材料】米白色纯羊毛线

【密度】10cm²：44针×55行

【附件】蕾丝花边若干

【制作过程】前片分左右两片，分别按编织方向起针，织花样，衣摆圆角部分按图收针，至织完成。后片起针，织下针至织完成。袖片按图起针，织花样，至织完成，全部缝合。衣袖和衣片花边另织，与衣片缝合，缝上蕾丝花边，完成。

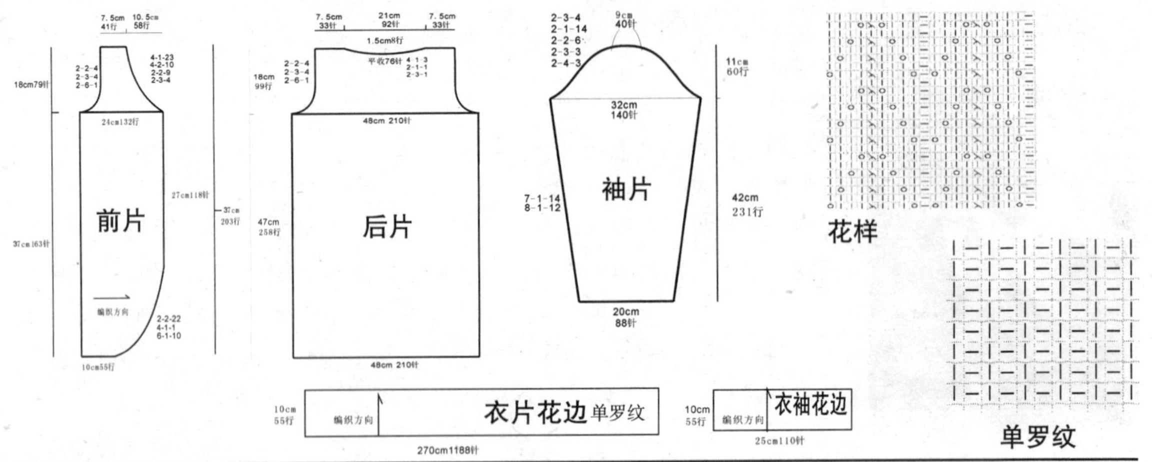

淑女粉红毛衣

【成品尺寸】衣长56cm　胸围96cm　袖长57cm

【工具】9号棒针　锁边机

【材料】粉色丝光毛线620g　大红色开司米线5g

【密度】10cm²：25针×32行

【附件】纽扣5枚

【制作过程】1. 单股线编织。

2. 起120针编织后片下针，共编织到34cm时开始袖窿减针，按结构图减完针后不加减针编织到肩部，两肩部各余9cm。

3. 起60针编织前片下针，袖窿减针后身长织到44cm时进行前领窝减针，按图示减针后肩部余9cm。用同样方法完成另一侧前片，减针方向相反。

4. 起65针从袖口编织袖片下针，按图示均匀加针，编织47cm后开始袖山减针，按图所示减针后余19针，断线。同样方法再完成另一片袖片。沿对应位置将各片缝合，将各边锁边定型，缝好纽扣、肩部绣花装饰。

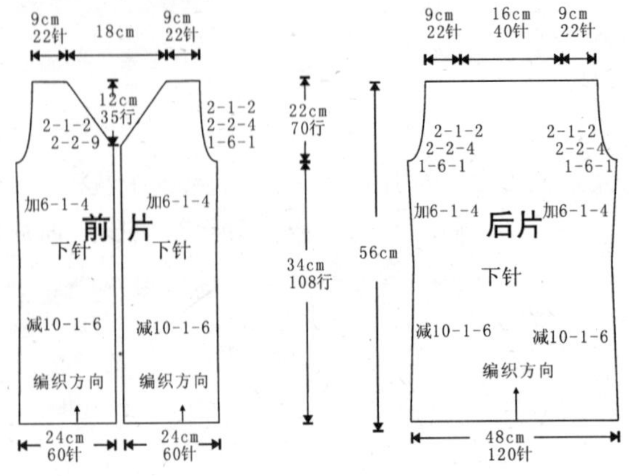

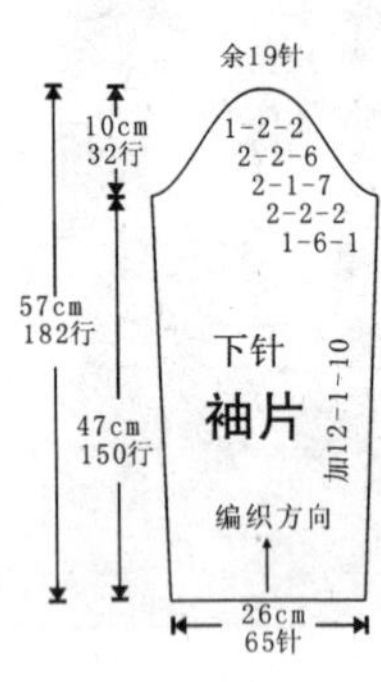

【成品尺寸】衣长57cm　胸围96cm　袖长54cm

【工具】7号棒针

【材料】粉色棉绒线820g

【密度】10cm²：21针×25行

【附件】大纽扣1枚

【制作过程】1. 四股线编织。

2. 起98针双罗纹针编织后片下针，共编织到35cm时开始袖窿减针，按结构图减完针后，不加减针编织到56cm时，减出后领窝，两肩部各余10cm。

3. 起52针编织前上片花样，编织到6cm时进行袖窿减针，共编织到16cm时进行前衣领减针，按结构图减完针后收针断线。用同样方法完成另一侧前上片，减针方向相反。起130针双罗纹针编织下针前下片，不加减针共织30cm，收针断线。

4. 起60针双罗纹针从袖口编织花样，按结构图所示均匀加针编织袖片，编织45cm后开始袖山减针，按图所示减针后余20针，断线。用同样方法再完成另一片袖片。

5. 起68针编织双罗纹针外袖片，按图示两侧减针，最后余20针。用同样方法完成另一片外袖片。沿边对应相应位置缝实。（注意：前片先缝合前上片与领片，再将下身片拿活褶后与已连接完成的前上片缝实；将内、外袖片先缝合，再沿袖窿缝实。）

6. 起针单独编织领片，起198针双罗纹针，共织46行后，收针断线，沿领窝缝合，钉好纽扣。

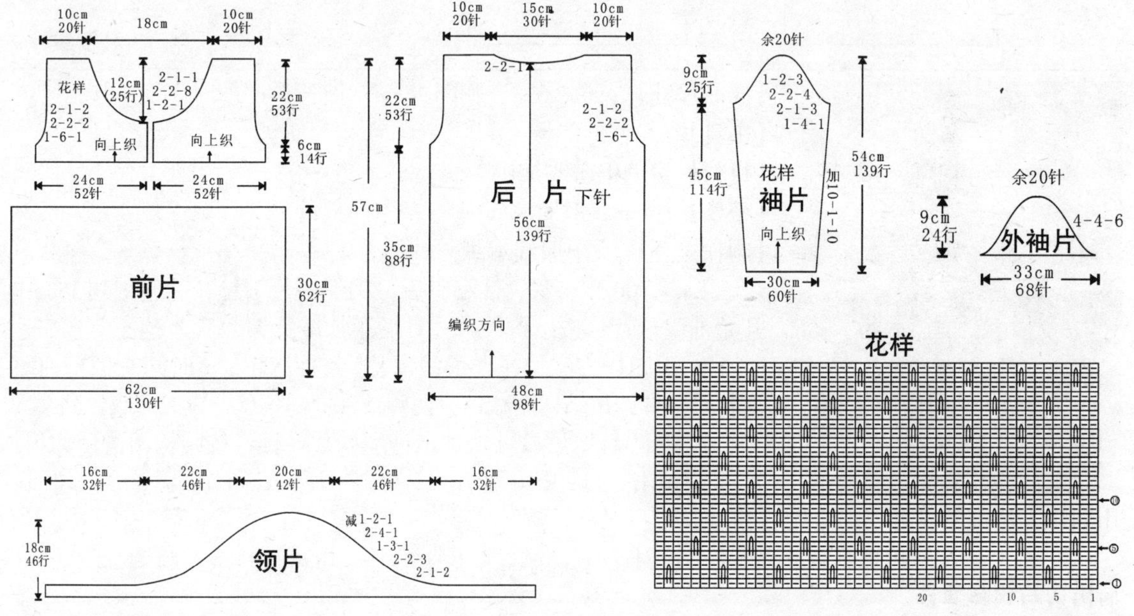

亮丽V领衫

【成品尺寸】衣长65cm　胸围96cm　袖长53cm

【工具】1.7mm棒针

【材料】橙红色纯羊毛线

【密度】10cm²：44针×47行

【附件】金属亮片

【制作过程】 前后片分上下部分组成，下部分分别按图起针，织双罗纹，前片织花样，至织完成。上部分按编织方向织双罗纹，至织完成。袖片按图起针，织双罗纹至织完成，全部缝合。前领部分用亮片打皱褶缝合，完成。

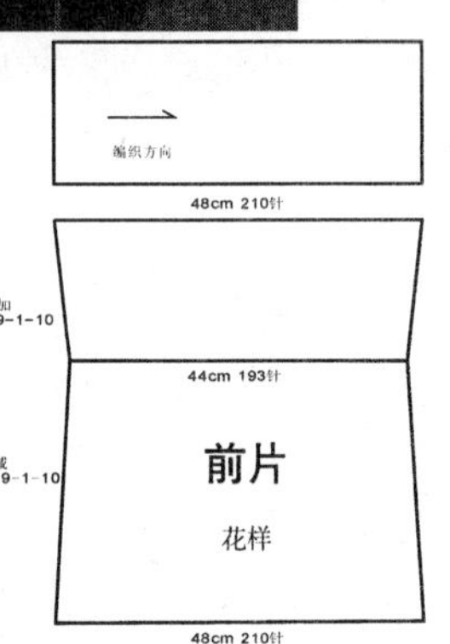

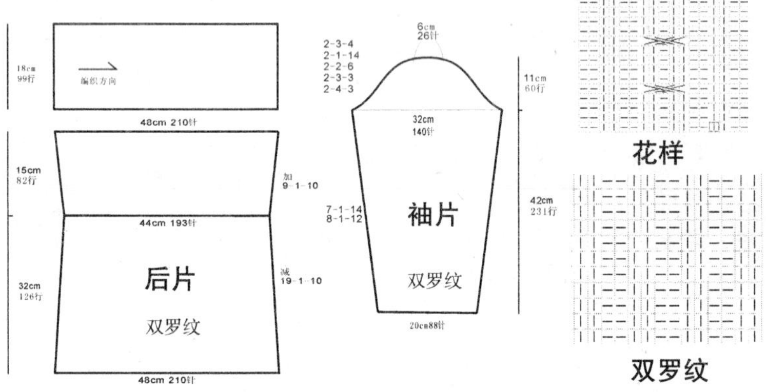

【成品尺寸】衣长57cm　胸围98cm　袖长54cm

【工具】7号棒针

【材料】粉色乐谱线520g

【密度】10cm²：21针×25行

【制作过程】1. 单股线编织。

2. 起100针双罗纹针编织后，编织后片下针，共编织到35cm时开始袖窿减针，按结构图减完针后不加减针编织肩部，各余10cm。

3. 用同样方法按花样编织前片，编织到35cm时同时进行袖窿、前领窝减针，按结构图减针，两侧减针方向相反，完成后收针断线。

4. 起60针双罗纹针从袖口编织袖片花样，按结构图所示均匀加针，编织45cm后开始袖山减针，按图所示减针后余20针，断线。用同样方法再完成另一片袖片。

5. 沿对应相应位置缝合。另起针编织上针装饰领，起8针编织，共编织64cm，将两头重叠拿褶后沿边与领窝缝合。

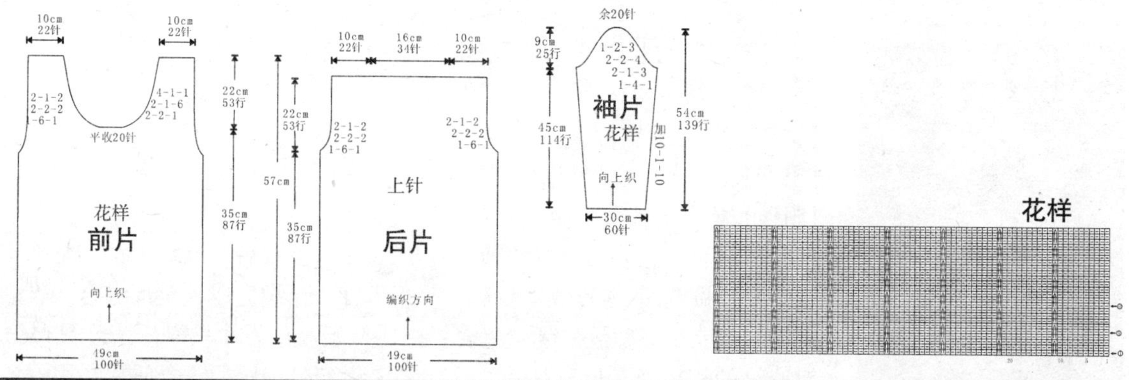

【成品尺寸】衣长55cm　胸围96cm　袖长51cm

【工具】5号棒针

【材料】粉色棉绒线520g

【密度】10cm²：14针×20行

【附件】纽扣3枚

【制作过程】二股线编织。衣片、袖片分别按花样A、B、C编织，先单独完成花样A衣片及袖片下摆，再沿边按图示挑织花样B左、右前片和花样C后片，完成后对应连接肩部、腋下缝合，袖片挑织花样B编织，完成后连接袖隆缝合。注意前片编织时衣襟边不加减针，而且要留出扣眼位置，完成后缝好纽扣。

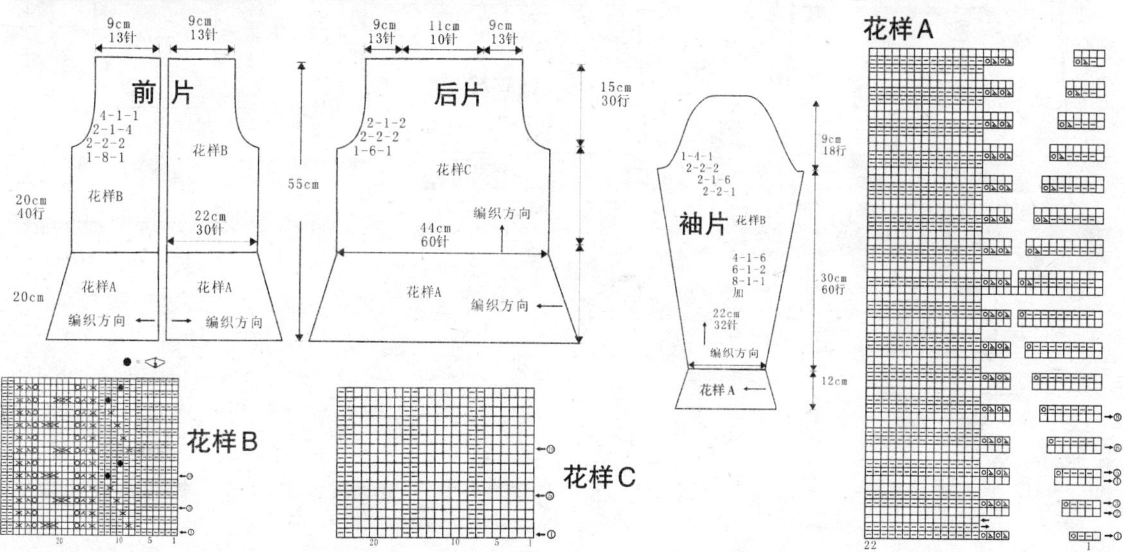

白色简约毛衣

【成品尺寸】衣长65cm　胸围94cm　袖长53cm

【工具】1.7mm棒针

【材料】白色纯羊毛线

【密度】10cm²：44针×55行

【附件】橙色、浅黄色绣花线若干

【制作过程】前后片分别按图起针，织8cm双罗纹后，改织下针，至织完成。袖片按图织10cm双罗纹后，改织下针，至织完成，全部缝合。衣领挑针，织5cm双罗纹，领尖缝合，形成V领。在后片领窝挑针，织15cm双罗纹的长矩形，形成翻领。前片装饰片另织花样，缝合前片，用橙色和浅黄色线绣花，完成。

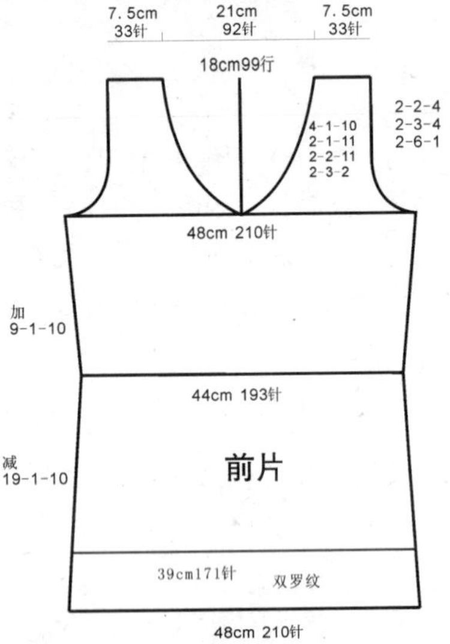

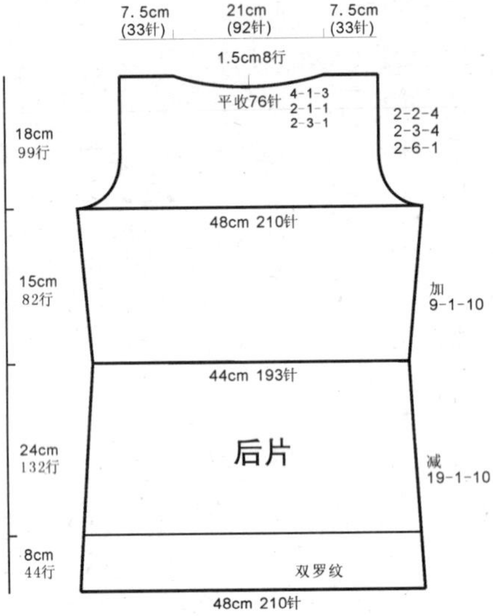

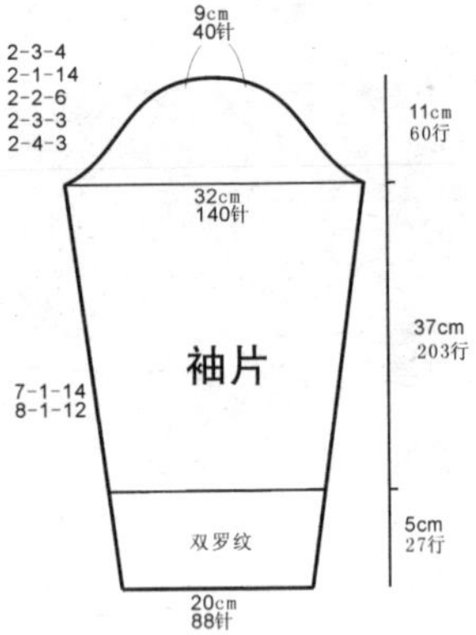

前片：7.5cm 33针　21cm 92针　7.5cm 33针；18cm99行；4-1-10 2-1-11 2-2-11 2-3-2；2-2-4 2-3-4 2-6-1；48cm 210针；加 9-1-10；44cm 193针；减 19-1-10；39cm171针 双罗纹；48cm 210针

18cm 99行　15cm 82行　24cm 132行　8cm 44行

后片：7.5cm (33针)　21cm (92针)　7.5cm (33针)；1.5cm8行；平收76针 4-1-3 2-1-1 2-3-1；2-2-4 2-3-4 2-6-1；48cm 210针；加 9-1-10；44cm 193针；减 19-1-10；双罗纹；48cm 210针

袖片：9cm 40针；2-3-4 2-1-14 2-2-6 2-3-3 2-4-3；11cm 60行；32cm 140针；37cm 203行；7-1-14 8-1-12；双罗纹；5cm 27行；20cm 88针

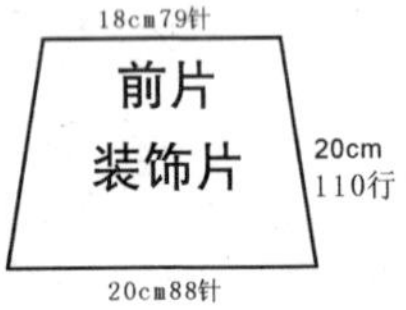

前片装饰片：18cm79针；20cm 110行；20cm88针

领片：15cm 82行　编织方向

领子结构图

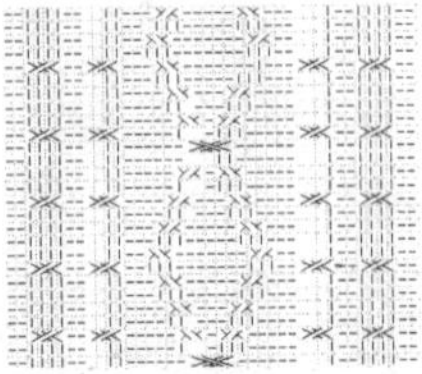

花样

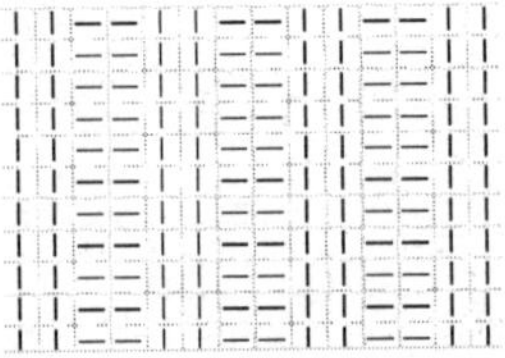

双罗纹

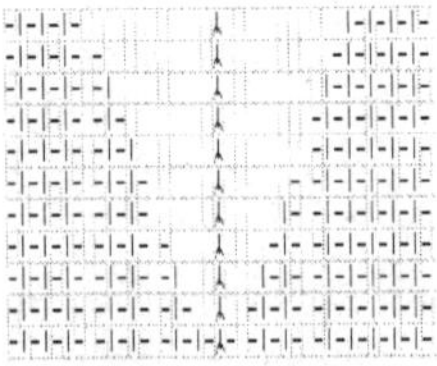

领口花样图解

【成品尺寸】衣长65cm　胸围96cm　袖长53cm

【工具】1.7mm棒针

【材料】白色纯羊毛线

【密度】10cm^2：44针×55行

【附件】拉链1条

【制作过程】前片分左右两片，分别按图起针，织10cm双罗纹后，改织花样A，至织完成。后片和袖片分别起针，织双罗纹10cm后，改织花样B，至织完成，全部缝合。门襟挑针，织下针，褶边缝合，形成双层门襟。领圈挑针，织15cm双罗纹的长方形，装上拉链，形成翻领，完成。

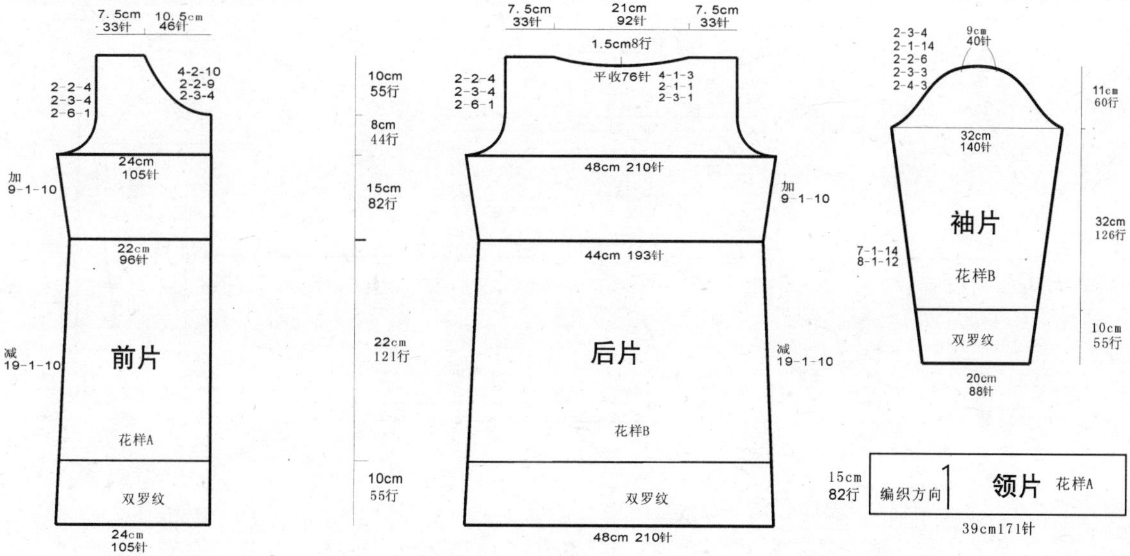

前片
7.5cm 33针　10.5cm 46针
2-2-4
2-3-4
2-6-1
4-2-10
2-2-9
2-3-4
24cm 105针
加 9-1-10
22cm 96针
减 19-1-10
花样A
双罗纹
24cm 105针

10cm 55行
8cm 44行
15cm 82行
22cm 121行
10cm 55行

后片
7.5cm 33针　21cm 92针　7.5cm 33针
1.5cm8行
平收76针　4-1-3　2-1-1　2-3-1
2-2-4
2-3-4
2-6-1
48cm 210针
加 9-1-10
44cm 193针
减 19-1-10
花样B
双罗纹
48cm 210针

袖片
9cm 40针
2-3-4
2-1-14
2-2-6
2-3-3
2-4-3
11cm 60行
32cm 140针
32cm 126行
7-1-14
8-1-12
花样B
双罗纹
10cm 55行
20cm 88针

领片
15cm 82行　编织方向　花样A
39cm171针

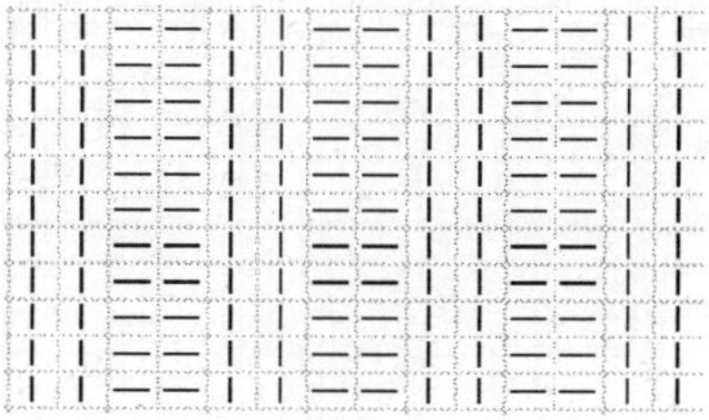

双罗纹

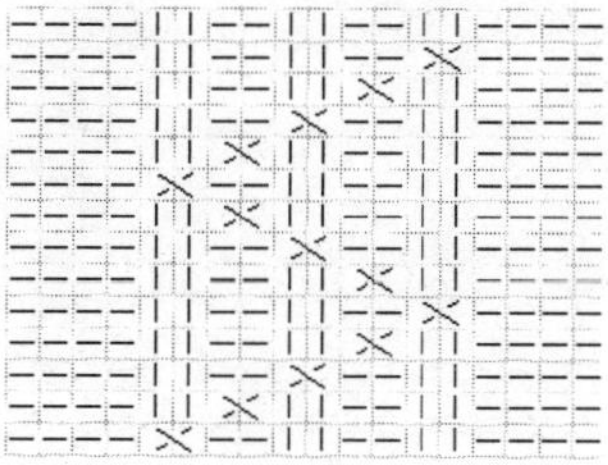

花样A

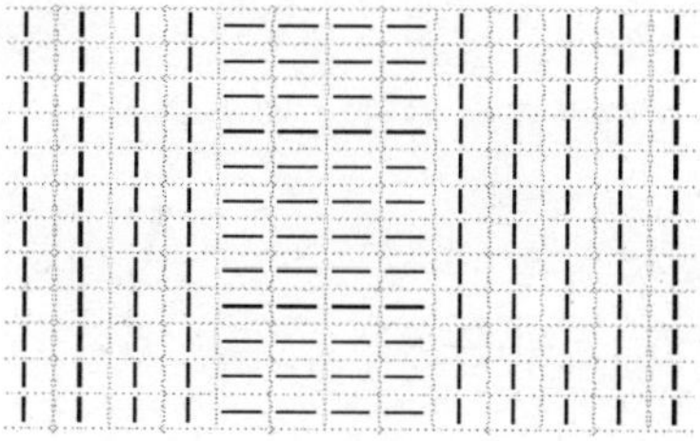

花样B

保暖开襟毛衣

【成品尺寸】衣长49cm　胸围92cm　袖长59cm

【工具】10号棒针　2mm钩针1支

【材料】白色中粗毛线600g

【密度】10cm^2：17针×31行

【附件】纽扣5枚

【制作过程】1. 分A和B两部分进行编织。A部分由下向上编织，按图示两边同时减针，织好后折叠，两条斜线为前门襟。B部分由左门襟下角挑针，按图纸逐渐加针，织到腋下开始平织，再织41cm后逐渐减针，和左边对称。

2. 挑袖，袖口挑58针，织双罗纹，每10行腋下左右两侧各减一针，织到相应长度收针。挑领，挑105针织双罗纹，织12cm，收针。

3. 门襟和领口钩花边装饰。

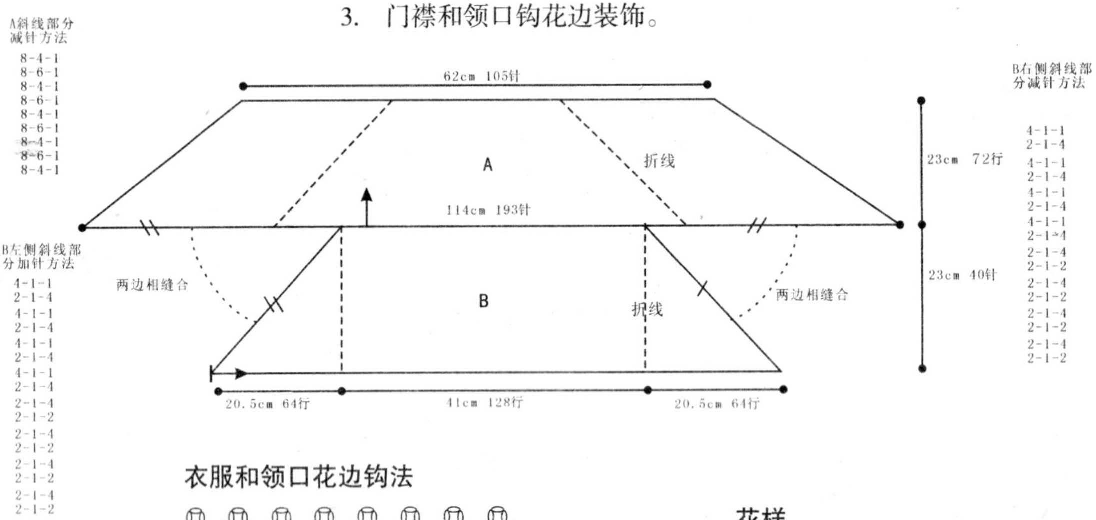

A斜线部分
减针方法

8-4-1
8-6-1
8-4-1
8-6-1
8-4-1
8-6-1
8-4-1
8-6-1
8-4-1

B左侧斜线部
分加针方法

4-1-1
2-1-4
4-1-1
2-1-4
4-1-1
2-1-4
4-1-1
2-1-4
2-1-4
2-1-2
2-1-4
2-1-2
2-1-4
2-1-2
2-1-4
2-1-2

62cm 105针

A

折线

114cm 193针

两边相缝合

B

折线

两边相缝合

20.5cm 64行　41cm 128行　20.5cm 64行

23cm 72行

23cm 40针

B右侧斜线部
分减针方法

4-1-1
2-1-4
4-1-1
2-1-4
4-1-1
2-1-4
4-1-1
2-1-4
2-1-4
2-1-2
2-1-4
2-1-2
2-1-4
2-1-2
2-1-4
2-1-2

衣服和领口花边钩法

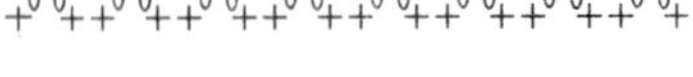

花样

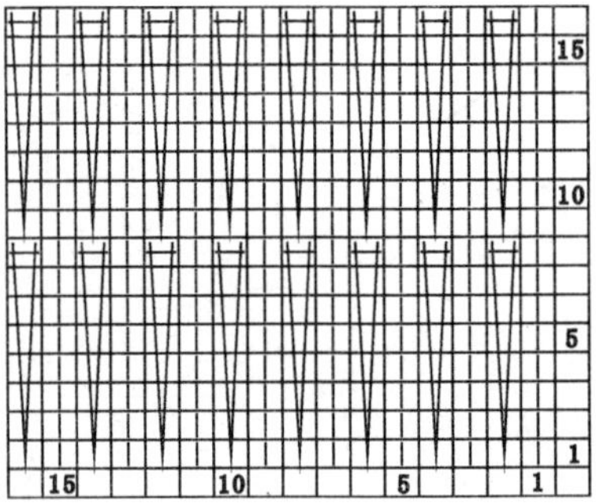

15　10　5　1

折叠缝合后的形状

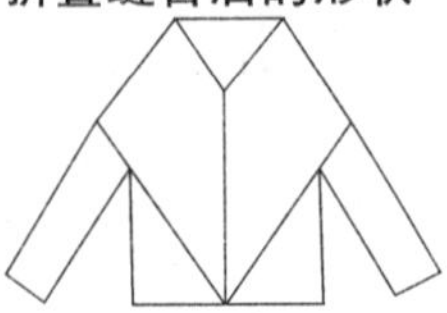

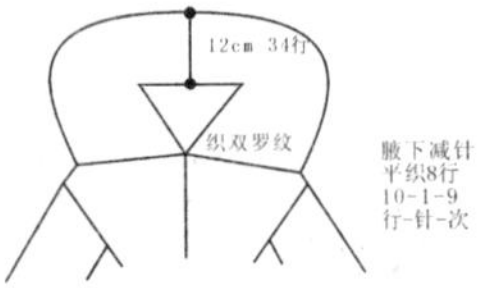

12cm 34行

织双罗纹

腋下减针
平织8行
10-1-9
行-针-次

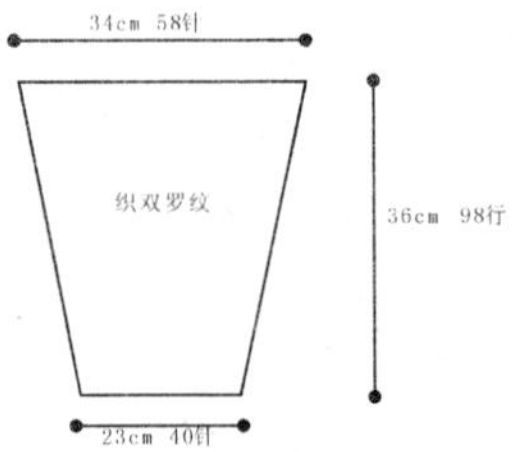

34cm 58针

织双罗纹

36cm 98行

23cm 40针

【成品尺寸】衣长50cm　胸围96cm　袖长54cm

【工具】5号棒针

【材料】原色棉绒线580g

【密度】10cm²：13针×19行

【附件】拉链1条

【制作过程】1. 六股线编织。

2. 起64针编织后片下针，共编织到28cm时开始袖窿减针，按结构图减完针后，不加减针编织到肩部。

3. 起32针编织前片花样，编织到28cm时进行袖窿减针，共编织到44cm时进行前衣领减针，按结构图减完针后收针断线。用同样方法完成另一侧前片，减针方向相反。

4. 起28针编织袖口花样，从花样后编织袖片下针，按结构图所示均匀加针编织袖片，编织45cm后开始袖山减针，按图所示减针后余12针，断线。用同样方法再完成另一片袖片。

5. 沿边对应相应位置缝实。沿领窝挑织下针帽片，共织32cm后，沿帽顶缝合，沿衣襟边内侧缝实拉链。

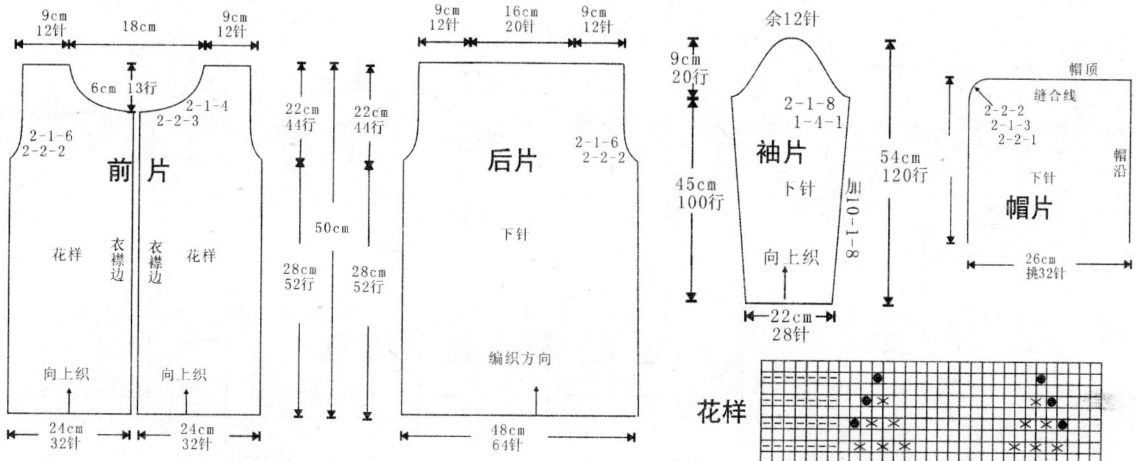

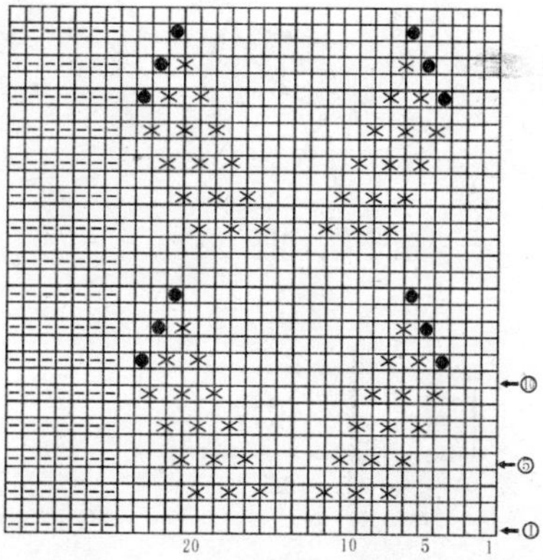

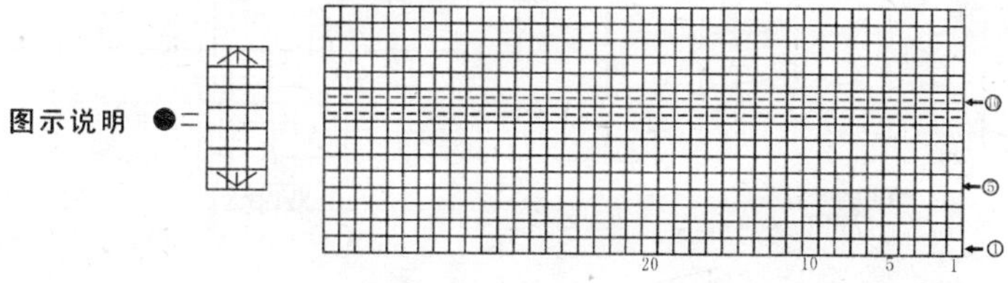

紫色气质衫

【成品尺寸】衣长65cm　胸围96cm　袖长53cm

【工具】1.7mm棒针

【材料】深紫色纯羊毛线

【密度】10cm²：44针×55行

【制作过程】 前片按图起针，织双罗纹10cm后，改织下针，并编入图案，至织完成。后片按图起针，织双罗纹10cm后，改织下针，至织完成。衣身、袖窿和领窝按图加减针。袖片按图起针，织双罗纹10cm后，改织下针至织完成。袖片和袖山按图加减针，全部缝合。领子另织单罗纹，按结构图与领圈缝合，形成翻领，完成。

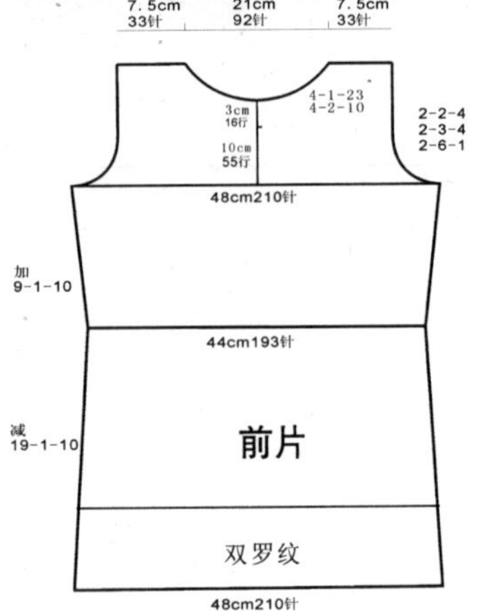

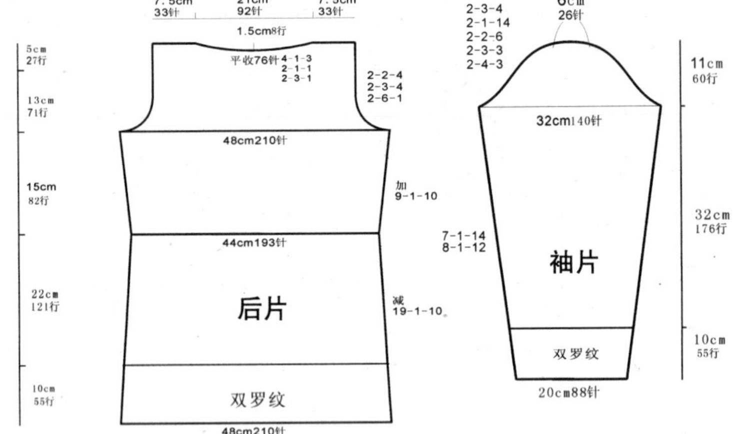

领子结构图

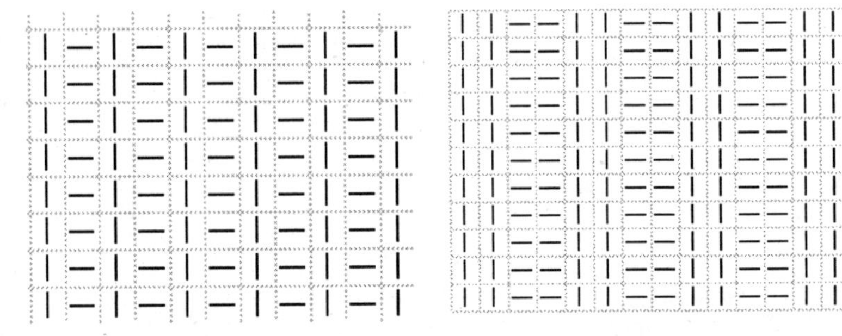

单罗纹　　双罗纹

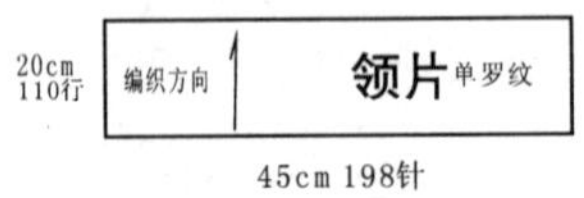

【成品尺寸】衣长65cm　胸围96cm　袖长53cm

【工具】1.7mm棒针

【材料】深紫色纯羊毛线

【密度】10cm²：44针×55行

【附件】亮珠若干 装饰花1朵

【制作过程】前片按图起针，织双罗纹12cm后，改织下针3cm时，用另一支棒针在织完的双罗纹的位置挑针，另织下针3cm，再合成双层下针，至织完成。袖窿和领窝按图加减针，后片按图起针，织双罗纹12cm后，改织下针，至织完成。袖窿和领窝按图加减针。袖片按图起针，织12cm双罗纹后，改织下针，至织完成。袖山和袖片按图加减针，全部缝合。领圈挑198针，织24cm双罗纹，形成高领。按彩图缝好亮珠和装饰花，系上前片装饰带，完成。

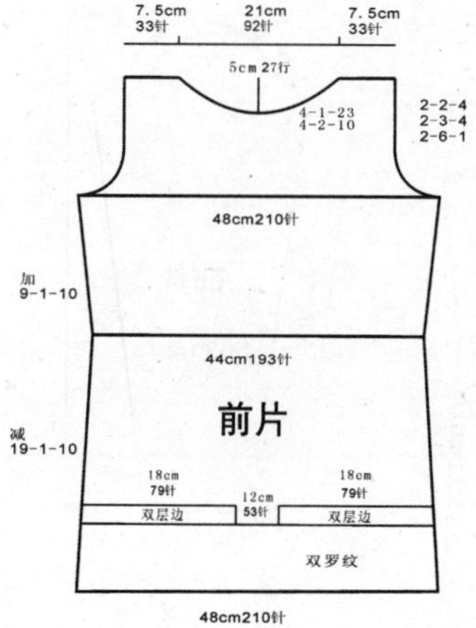

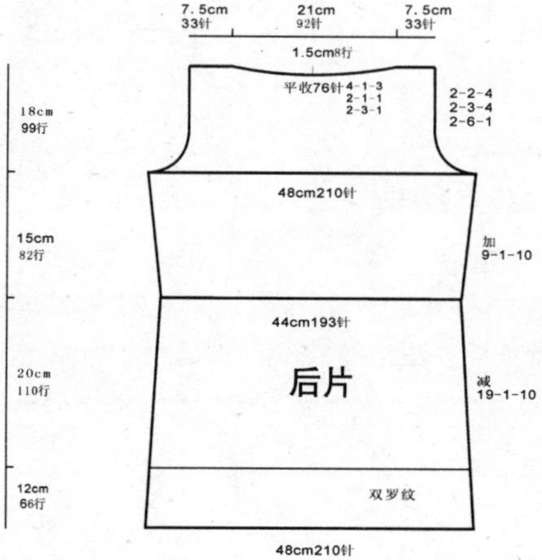

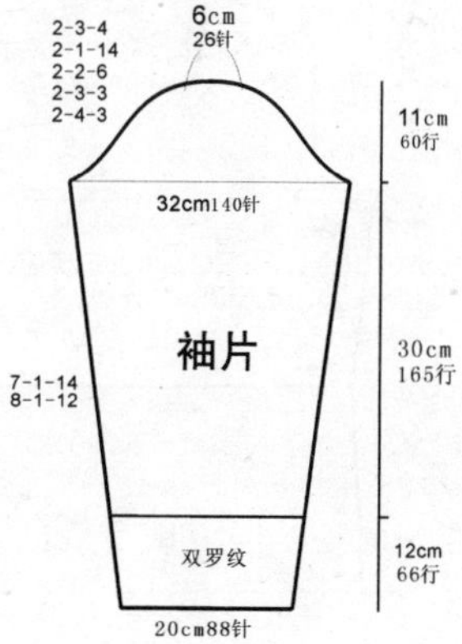

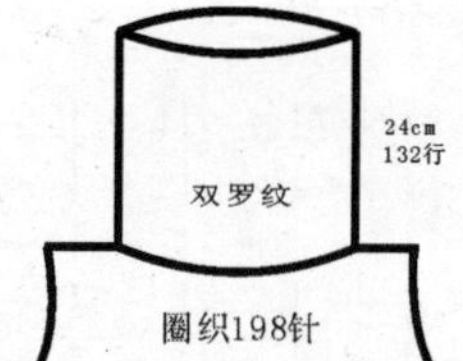

前片
7.5cm 33针　21cm 92针　7.5cm 33针
5cm 27行
4-1-23
4-2-10
2-2-4
2-3-4
2-6-1
48cm210针
加 9-1-10
44cm193针
减 19-1-10
18cm 79针　12cm 53针　18cm 79针
双层边　双层边
双罗纹
48cm210针

18cm 99行
15cm 82行
20cm 110行
12cm 66行

后片
7.5cm 33针　21cm 92针　7.5cm 33针
1.5cm8行
平收76针 4-1-3
2-1-1
2-3-1
2-2-4
2-3-4
2-6-1
48cm210针
加 9-1-10
44cm193针
减 19-1-10
双罗纹
48cm210针

袖片
6cm 26针
2-3-4
2-1-14
2-2-6
2-3-3
2-4-3
11cm 60行
32cm140针
7-1-14
8-1-12
30cm 165行
双罗纹
12cm 66行
20cm88针

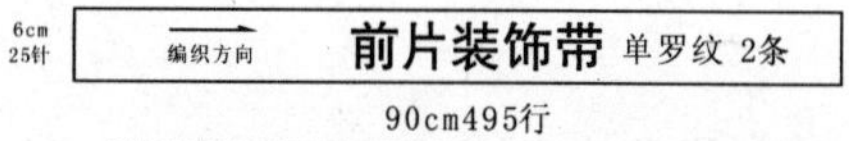

前片装饰带 单罗纹 2条
编织方向
6cm 25针
90cm495行

领子结构图
双罗纹
24cm 132行
圈织198针

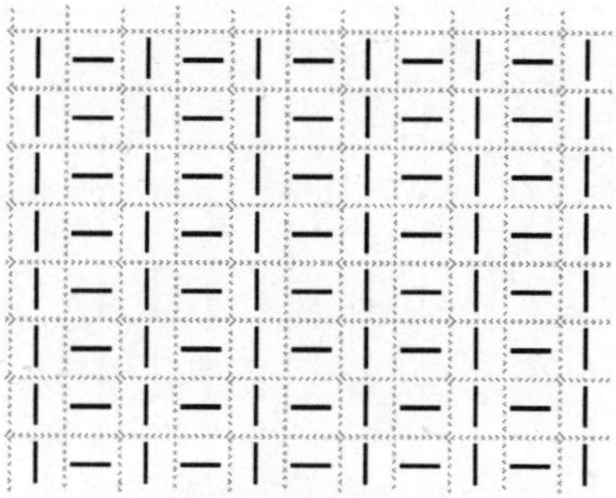

单罗纹

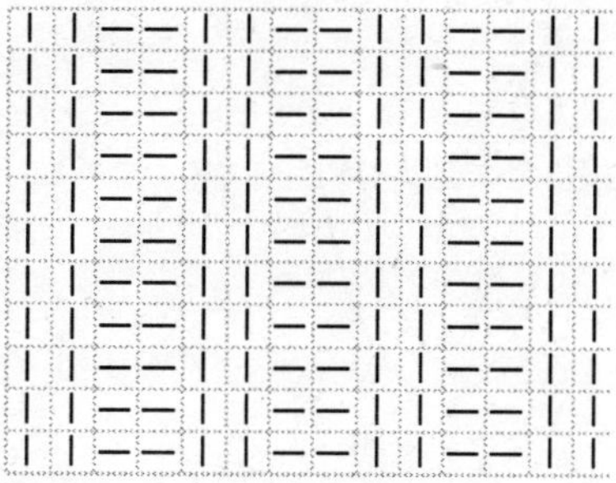

双罗纹

时尚彩色毛衣

【成品尺寸】衣长65cm　胸围96cm　袖长53cm

【工具】1.7mm棒针　小号绣花针

【材料】深紫色、浅紫色纯羊毛线

【密度】10cm²：44针×55行

【附件】亮珠若干　绣花图案若干

【制作过程】前、后片按图起针，织10cm单罗纹后，改织下针，并间色至织完成。衣片、袖窿和领窝按图加减针。袖片按图起针，织12cm单罗纹后，改织下针至织完成。袖片和袖山按图加减针，全部缝合。领边另织，褶边缝合，形成双层V领。前片绣上花朵图案，完成。

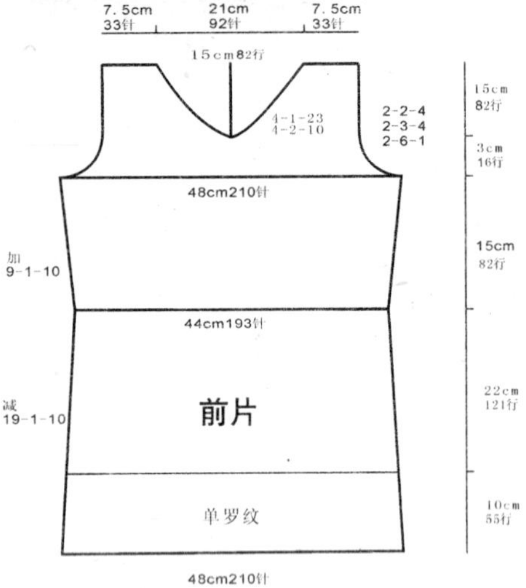

前片：7.5cm 33针　21cm 92针　7.5cm 33针；15cm82行；4-1-23　4-2-10；2-2-4　2-3-4　2-6-1；15cm 82行；3cm 16行；48cm210针；加 9-1-10；15cm 82行；44cm193针；减 19-1-10；22cm 121行；单罗纹 10cm 55行；48cm210针

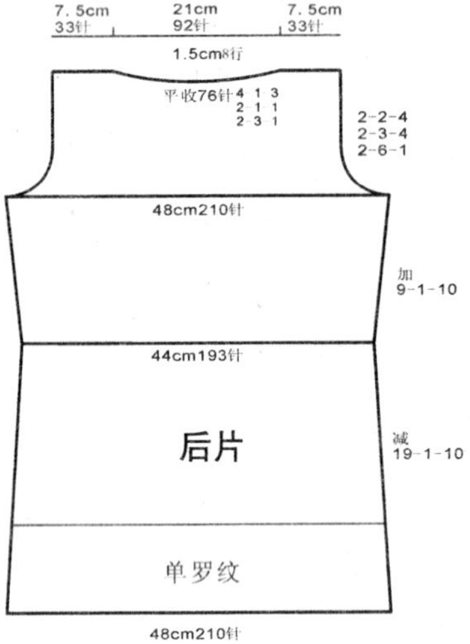

后片：7.5cm 33针　21cm 92针　7.5cm 33针；1.5cm8行；平收76针 4-1-3　2-1-1　2-3-1；2-2-4　2-3-4　2-6-1；48cm210针；加 9-1-10；44cm193针；减 19-1-10；单罗纹；48cm210针

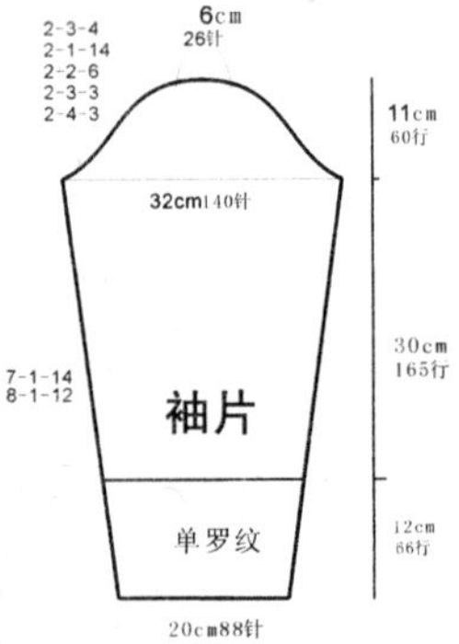

袖片：6cm 26针；2-3-4　2-1-14　2-2-6　2-3-3　2-4-3；11cm 60行；32cm140针；7-1-14　8-1-12；30cm 165行；单罗纹 12cm 66行；20cm88针

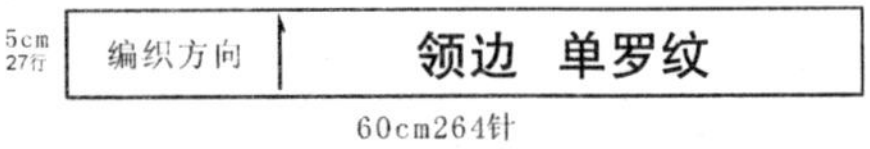

领边　单罗纹：编织方向；5cm 27行；60cm264针

领子结构图

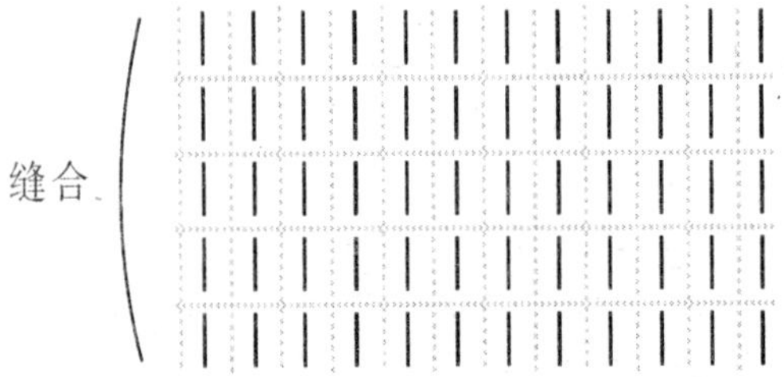

缝合

双层平针底边图解

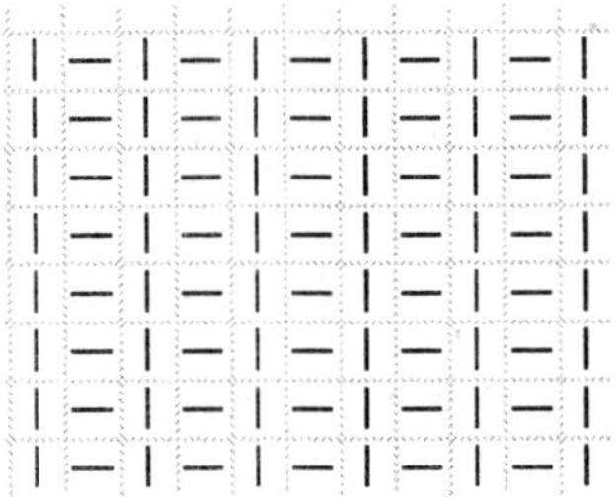

单罗纹

【成品尺寸】衣长65cm 胸围96cm 袖长53cm

【工具】1.7mm棒针

【材料】绿色、紫色、棕色纯羊毛线

【密度】10cm²：44针×47行

【制作过程】前、后片按图起针，织双罗纹并间色至织完成。袖片按图起针，织双罗纹并间色，至织完成。全部缝合，领子挑针，织5cm单罗纹，形成圆领。围巾另织，按图织好，系上垂须，完成。

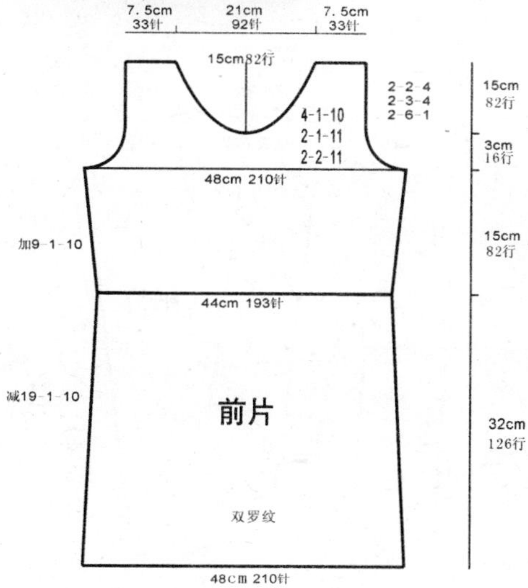

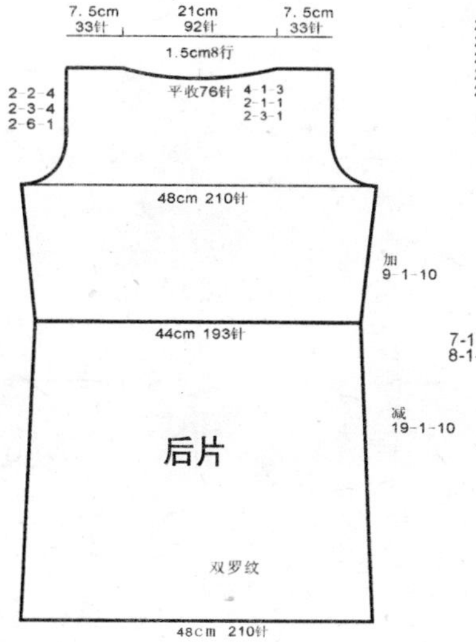

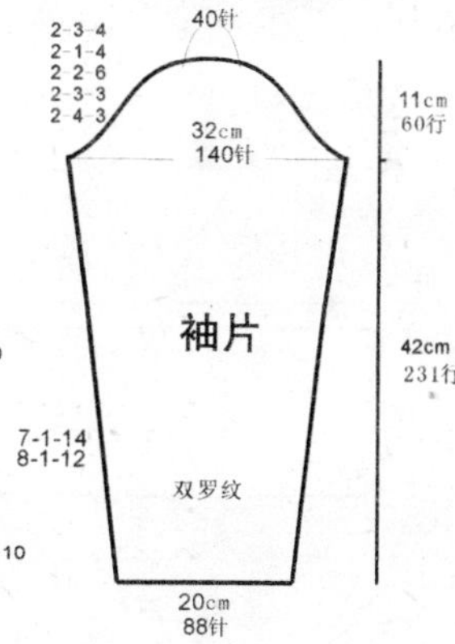

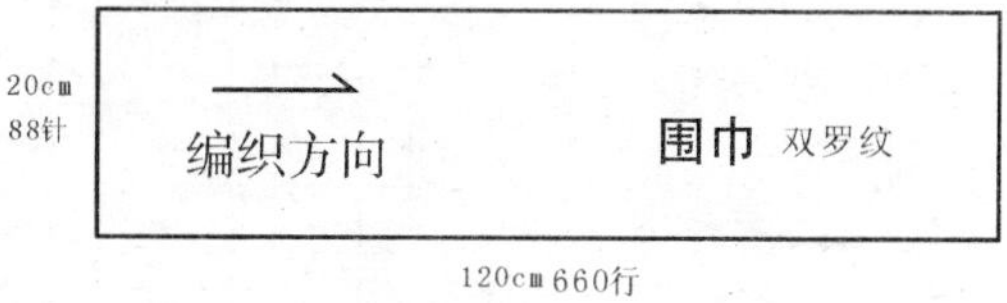

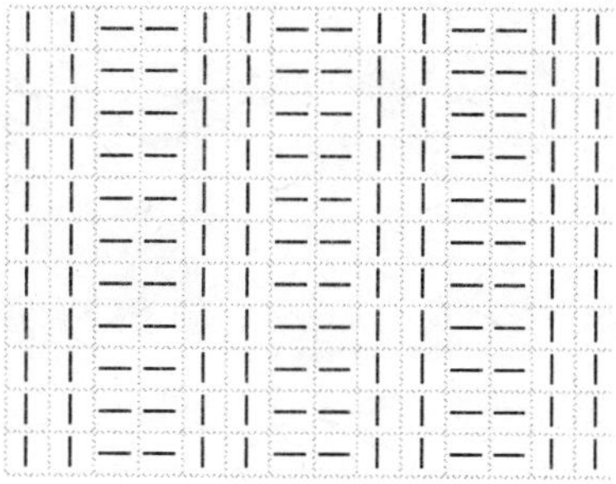

双罗纹

知性修身衫

【成品尺寸】衣长68cm　胸围96cm　袖长53cm

【工具】1.7mm棒针

【材料】灰色纯羊毛线

【密度】10cm²：44针×55行

【制作过程】前、后片分上下部分，上部分分别按图起针，织下针至织完成。下部分分别起针，织10cm单罗纹后，改织下针，至织完成。均匀地打皱褶与上部分缝合。袖片按图起针，织双罗纹10cm后，改织下针至织完成，全部缝合。领圈挑针，织单罗纹5cm，形成圆领。系上前胸装饰带，完成。

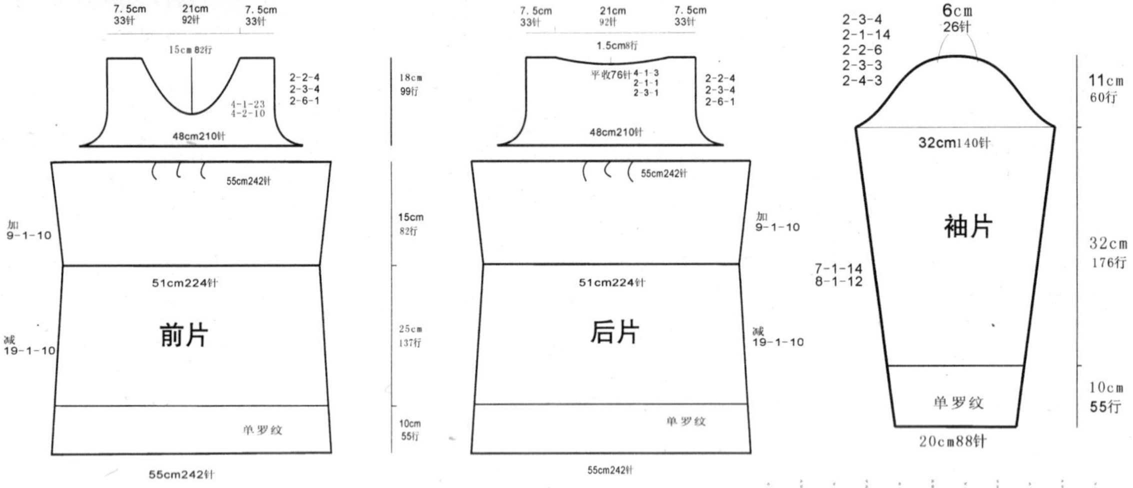

领子结构图

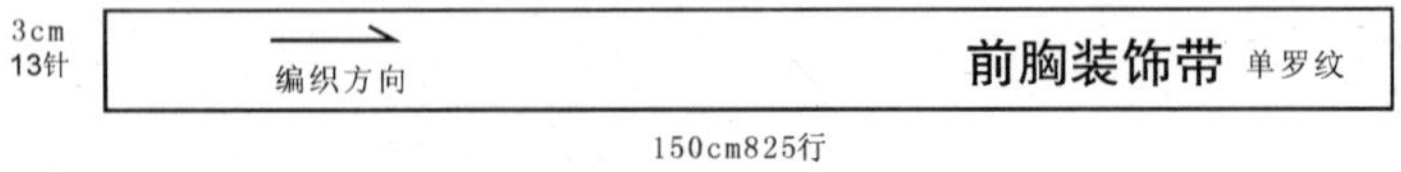

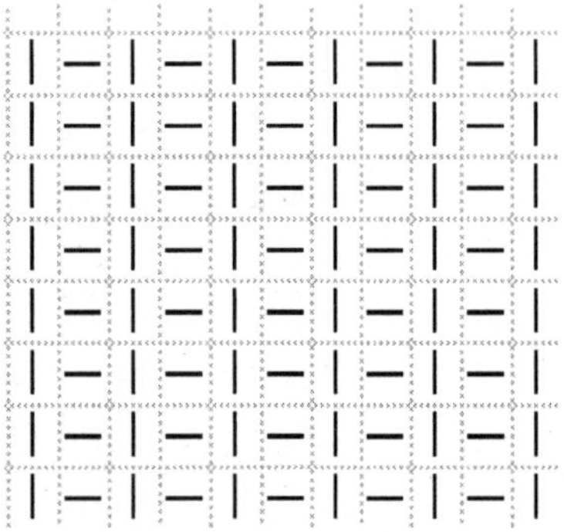

单罗纹

【成品尺寸】衣长62cm　胸围88cm　袖长54cm

【工具】11号棒针

【材料】灰色细毛线540g

【密度】10cm²：25针×32行

【附件】大纽扣3枚

【制作过程】1. 单股线编织。

2. 起110针边花样后编织后片下针，不加减针共织40cm开始袖窿减针，按图减针后，收针断线。

3. 起60针边花样后编织前身片下针，衣襟边同前片一起编织。编织到40cm时开始袖窿减针，编织到身长54cm时，进行前衣领减针，最后肩部余25针，减针方法见图示。用同样方法完成另一侧身片，方向相反。编织时留出扣眼位置。

4. 起78针下针编织口袋片，按图减针后，不加减针织到16cm，袋口递减后形成斜边，口袋全长22cm，收针断线。共织两片。将下边拿活褶、袋边外翻固定后，分别将两袋片贴前片下侧沿边缝实。

5. 起62针从袖口编织下针袖片，编织45cm后开始袖山减针，最后余22针。

6. 整体完成连接身片及袖片缝合。在领边起针挑织边花样领边，挑针时前领各拿活褶，钉好纽扣。

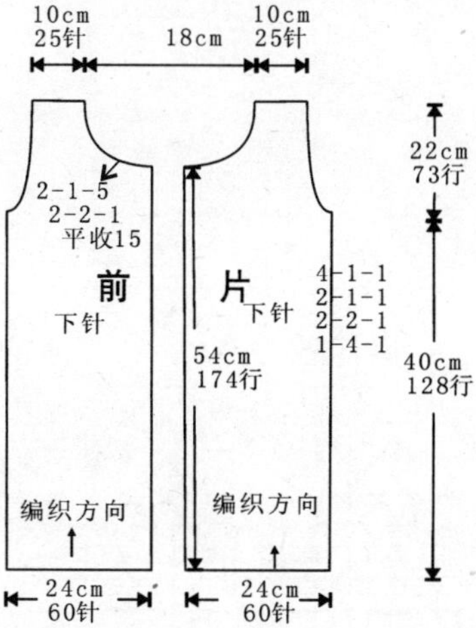

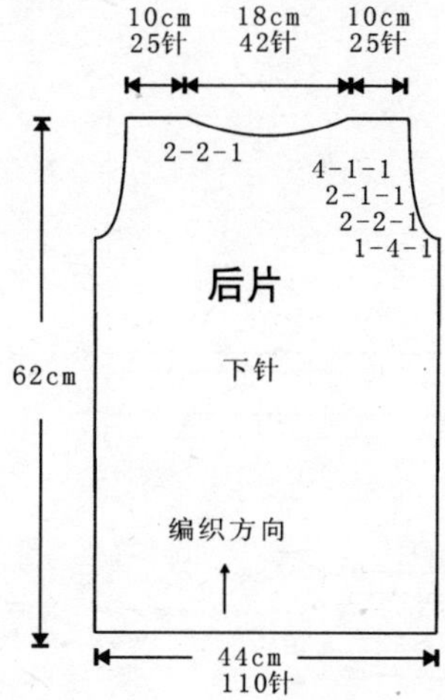

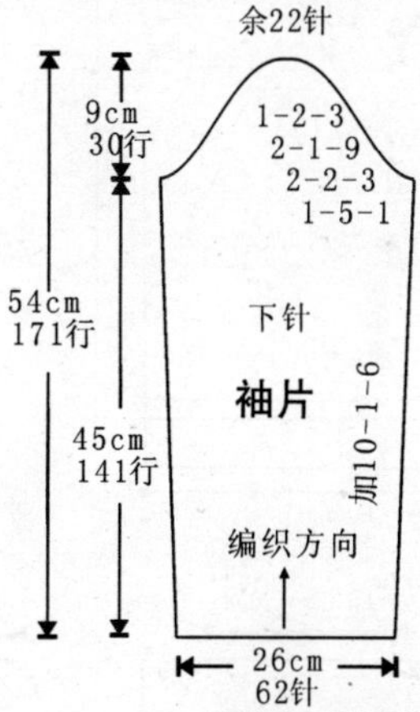

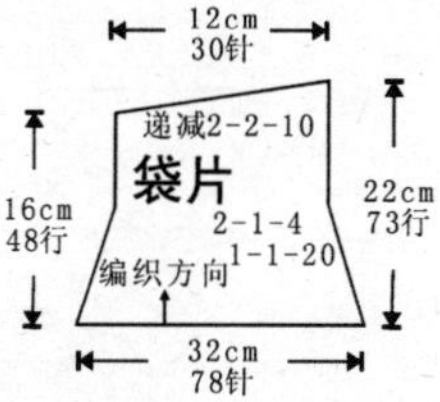

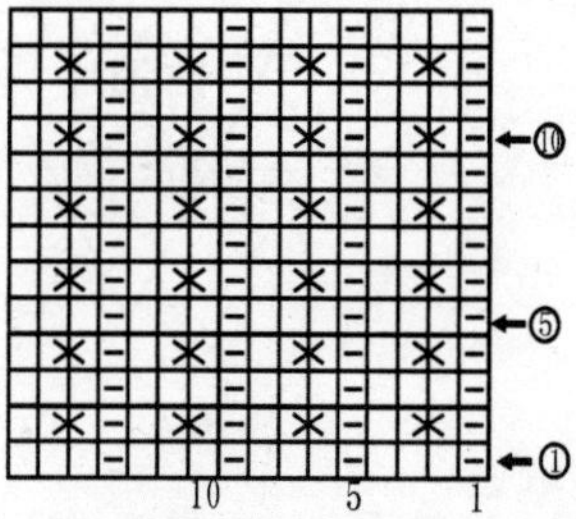

魅力长袖毛衣

【成品尺寸】衣长62cm 胸围96cm 袖长53cm

【工具】1.7mm棒针

【材料】灰色纯羊毛线

【密度】$10cm^2$：37针×42行

【附件】图案带子

【制作过程】前片按图起针，织15cm双罗纹后改织下针，至47cm时分成左右两边，至织完成。横领分左右两边，另织双罗纹10cm，领子门襟另织，按结构图缝合。后片分别按图起针，织双罗纹15cm后，改织下针，至织完成。腰部、袖窿和领窝按结构图加减针。横领另织双罗纹10cm，与领窝缝合。袖片按图起针，织双罗纹15cm后，改织下针至织完成，袖身和袖山按结构图加减针。前、后片领圈叠压好，按彩图全部缝合。图案部分用图案带子装饰，完成。

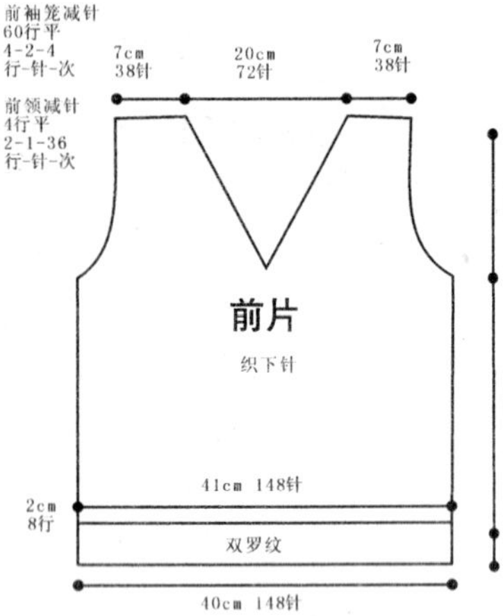

前袖笼减针
60行平
4-2-4
行-针-次

前领减针
4行平
2-1-36
行-针-次

7cm 38针 | 20cm 72针 | 7cm 38针

18cm 76行

前片
织下针

28cm 118行

41cm 148针

2cm 8行

双罗纹

6cm 25行

40cm 148针

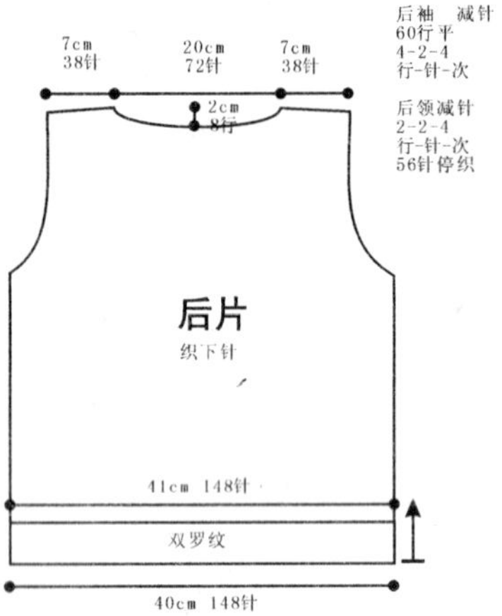

7cm 38针 | 20cm 72针 | 7cm 38针

2cm 8行

后片
织下针

41cm 148针

双罗纹

40cm 148针

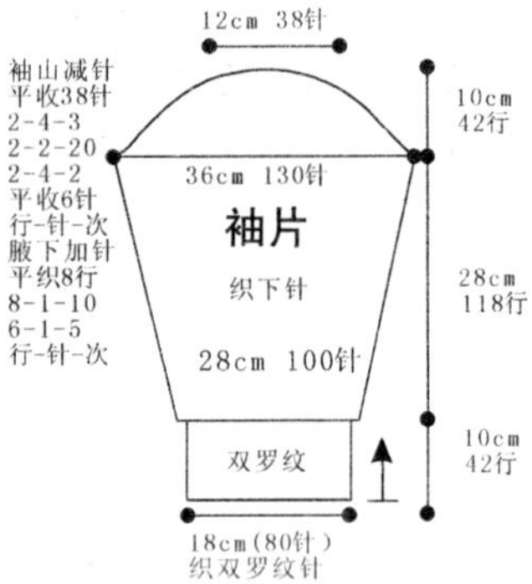

后袖 减针
60行平
4-2-4
行-针-次

后领减针
2-2-4
行-针-次
56针停织

12cm 38针

袖山减针
平收38针
2-4-3
2-2-20
2-4-2
平收6针
行-针-次

腋下加针
平织8行
8-1-10
6-1-5
行-针-次

10cm 42行

36cm 130针

袖片
织下针

28cm 118行

28cm 100针

双罗纹

10cm 42行

18cm(80针)
织双罗纹针

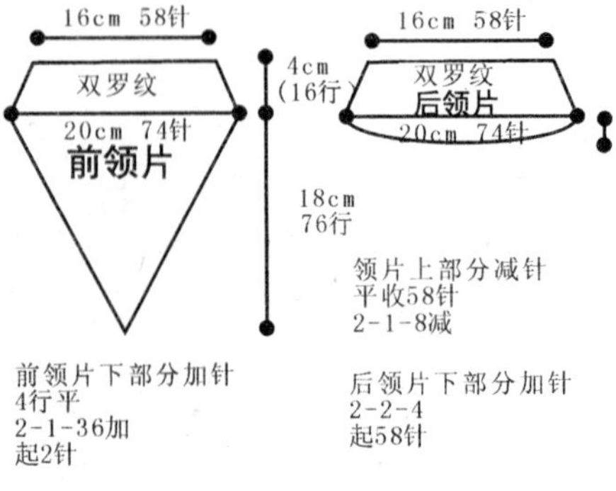

16cm 58针

双罗纹

20cm 74针

前领片

4cm (16行)

18cm 76行

前领片下部分加针
4行平
2-1-36加
起2针

16cm 58针

双罗纹

后领片

20cm 74针

领片上部分减针
平收58针
2-1-8减

后领片下部分加针
2-2-4
起58针

钩针部分

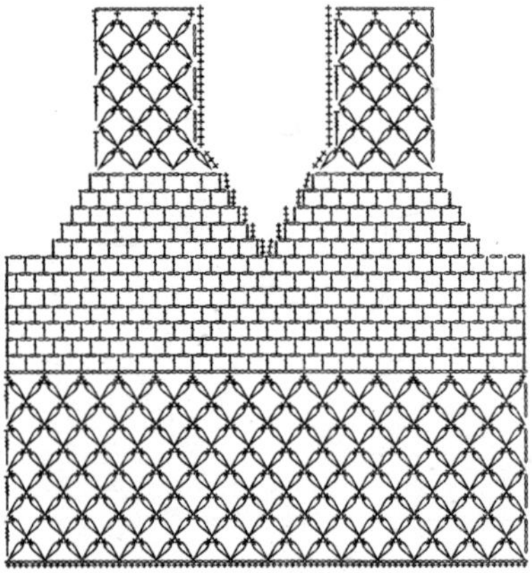

【成品尺寸】衣长62cm　胸围82cm　袖长48cm

【工具】14号、13号棒针各1副　1.5mm钩针1支

【材料】灰色细毛线600g 黄色毛线50g

【密度】10cm²：37针×42行

【制作过程】1. 14号棒针起针148针，织双罗纹，织6cm换13号棒针织下针。织28cm后按图留袖窿及领窝，袖窿按机器袖的方法减针。然后按图钩出钩针部分，叠放缝合在前片。

2. 袖片由袖口织起，起80针织双罗纹边，织10cm后每4针加1针，共加20针，然后按图示腋下加针。

3. 前领片另起2针，每2行两边各加1针，加至74针，平织4行，再每2行两边各减1针减至58针，平收。后领片起58针，每2行两边各加2针加至74针，再每2行两边各减1针减至58针，平收。

4. 另起整个领口宽度织8行下针，将领口包起，将两个领片对应缝合在领口。

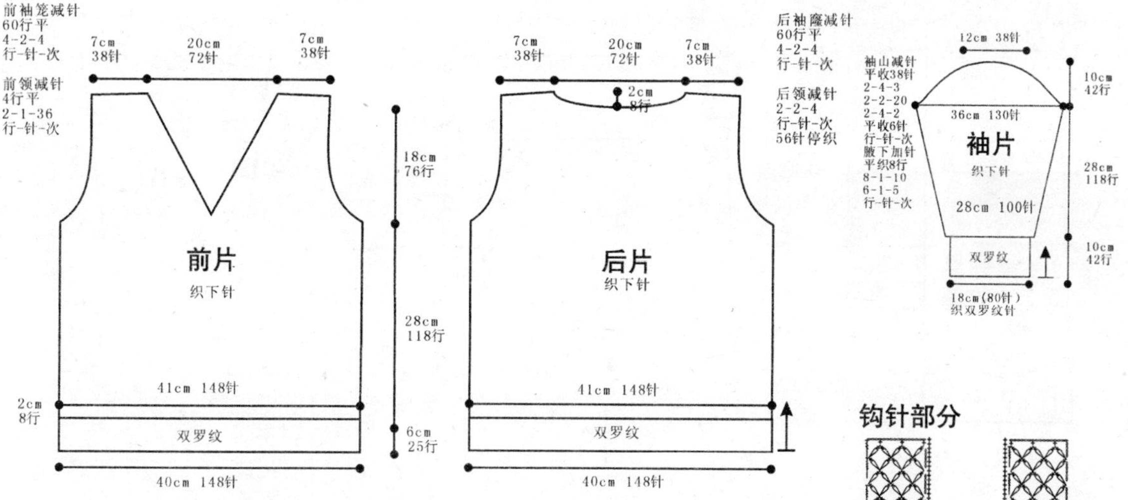

前袖笼减针
60行平
4-2-4
行-针-次

前领减针
4行平
2-1-36
行-针-次

7cm 38针　20cm 72针　7cm 38针

18cm 76行

前片
织下针

28cm 118行

41cm 148针

2cm 8行

双罗纹

6cm 25行

40cm 148针

7cm 38针　20cm 72针　7cm 38针

2cm 8行

后片
织下针

41cm 148针

双罗纹

40cm 148针

后袖窿减针
60行平
4-2-4
行-针-次

后领减针
2-2-4
行-针-次
56针停织

12cm 38针

袖山减针
平收38针
2-4-3
2-2-20
2-4-2
平收6针
行-针-次
腋下加针
平织8行
8-1-10
6-1-5
行-针-次

10cm 42行

36cm 130针

袖片
织下针

28cm 118行

28cm 100针

双罗纹

10cm 42行

18cm(80针)
织双罗纹针

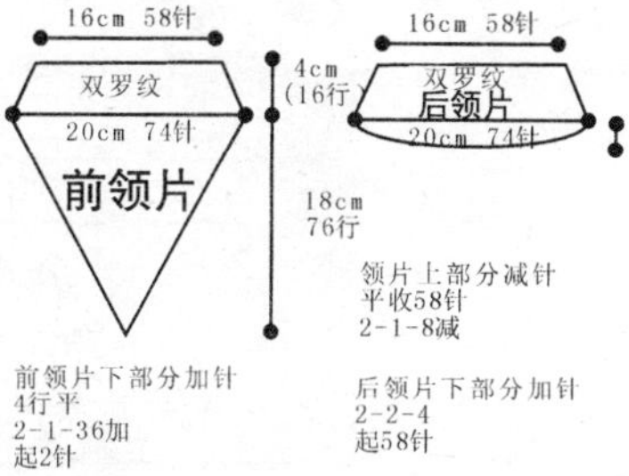

16cm 58针

双罗纹

20cm 74针

前领片

4cm (16行)

18cm 76行

前领片下部分加针
4行平
2-1-36加
起2针

16cm 58针

双罗纹

后领片

20cm 74针

领片上部分减针
平收58针
2-1-8减

后领片下部分加针
2-2-4
起58针

钩针部分

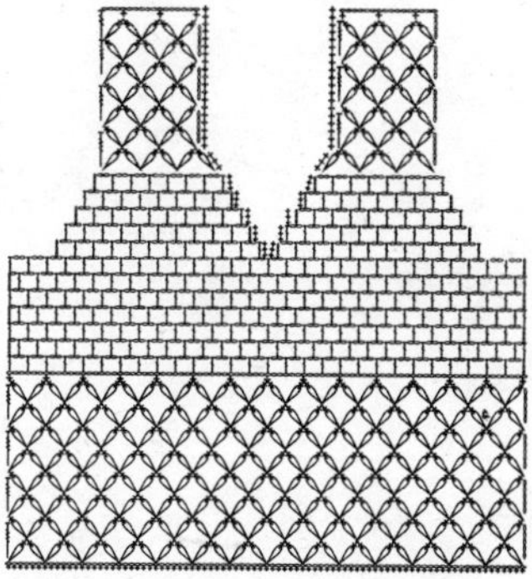

亮丽白色毛衣

【成品尺寸】衣长65cm　胸围96cm　袖长53cm

【工具】1.7mm棒针

【材料】白色纯羊毛线

【密度】10cm²：44针×47行

【附件】纽扣5枚　绣花若干

【制作过程】前片分左右两片，分别按图起针，先织双层平针底边后，改织花样，至织完成。后片和袖片按图先织双层平针底边后，改织下针，至织完成，全部缝合。门襟和领圈挑针，织平针，褶边缝合，形成双层门襟和领圈。缝上绣花、纽扣，完成。

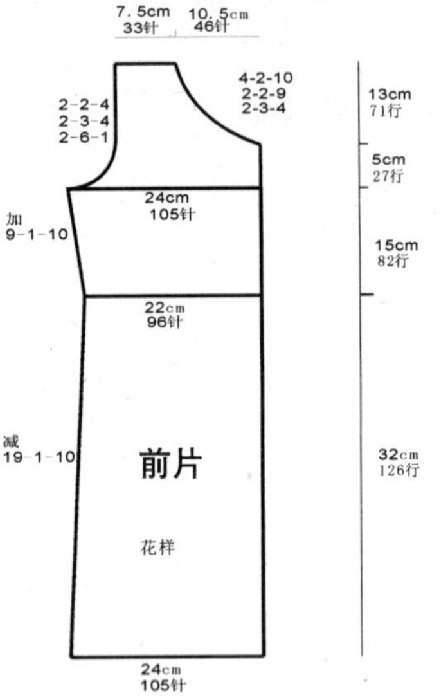

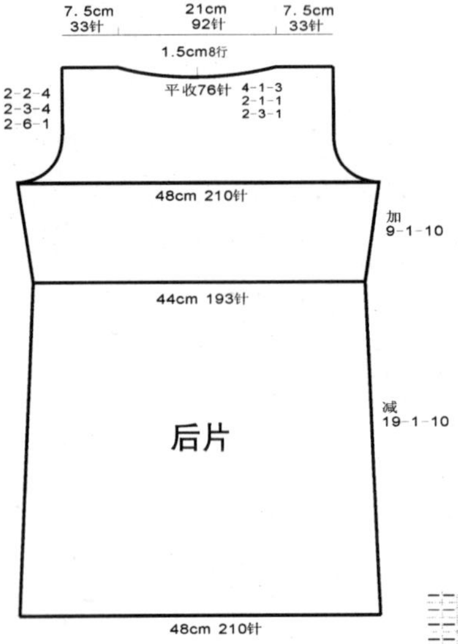

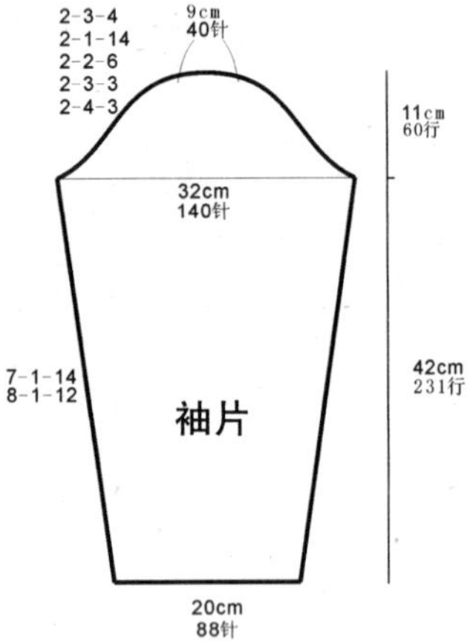

前片
7.5cm 33针　10.5cm 46针
4-2-10
2-2-9
2-3-4
2-2-4
2-3-4
2-6-1
13cm 71行
5cm 27行
24cm 105针
加 9-1-10
15cm 82行
22cm 96针
减 19-1-10
32cm 126行
花样
24cm 105针

后片
7.5cm 33针　21cm 92针　7.5cm 33针
1.5cm8行
平收76针　4-1-3
2-1-1
2-3-1
2-2-4
2-3-4
2-6-1
48cm 210针
加 9-1-10
44cm 193针
减 19-1-10
48cm 210针

袖片
2-3-4
2-1-14
2-2-6
2-3-3
2-4-3
9cm 40针
11cm 60行
32cm 140针
7-1-14
8-1-12
42cm 231行
20cm 88针

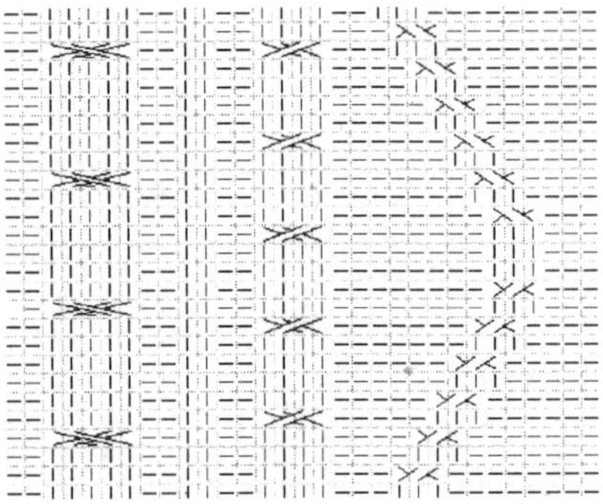

花样

【成品尺寸】衣长56cm　胸围96cm　袖长57cm

【工具】9号棒针

【材料】白色棉绒线600g　黑色棉绒线70g

【密度】$10cm^2$：25针×32行

【附件】纽扣6枚

【制作过程】1. 单股线编织。

2. 用黑色线起120针双罗纹针边，然后改为白色线编织后片下针，共编织到34cm时开始袖窿减针，按结构图减完针后，不加减针编织到肩部，两肩部各余9cm。

3. 用同样方法起120针编织前片下针，袖窿减针后身长织到48cm时，进行前领窝减针，按图示减针后肩部余9cm。

4. 用同样起针法从袖口编织65针袖片下针，按图示均匀加针，编织47cm后开始袖山减针，按图所示减针后余19针，断线。用同样方法再完成另一片袖片。

5. 起20针黑色线编织下针肩部装饰过肩，不加减针织9cm，织2片。

6. 对应前后片缝合，分别将黑色过肩沿肩缝缝实后再缝合袖片，沿领窝下针领边，向内对折后沿边缝实。缝好纽扣及装饰带。

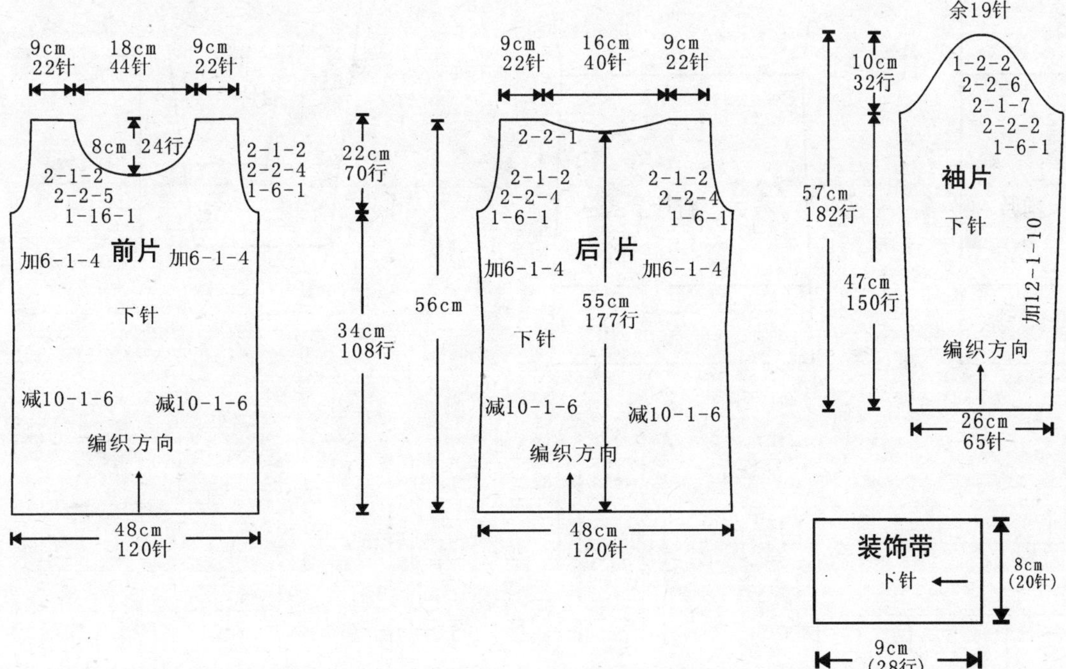

俏丽花纹毛衣

【成品尺寸】衣长85cm　胸围96cm　袖长53cm

【工具】1.7mm棒针

【材料】米白色纯羊毛线

【密度】10cm²：44针×55行

【附件】纽扣5枚

【制作过程】前片分左右两片，分别按图起针，织双罗纹15cm后改织花样，至织完成。后片按图织好，袖片按图起针，织双罗纹15cm后，改织花样，至织完成，全部缝合。门襟为长矩形另织，与前片缝合。衣领挑针，织15cm双罗纹，形成翻领，缝上纽扣，完成。

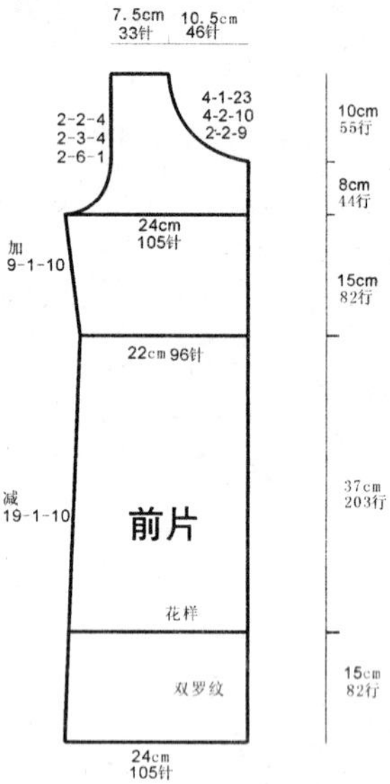

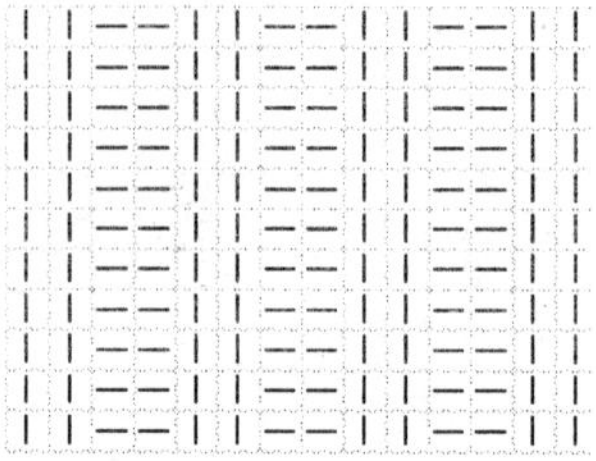

前片：7.5cm 33针　10.5cm 46针　2-2-4　2-3-4　2-6-1　4-1-23　4-2-10　2-2-9　10cm 55行　8cm 44行　24cm 105针　加 9-1-10　15cm 82行　22cm 96针　减 19-1-10　37cm 203行　花样　15cm 82行　双罗纹　24cm 105针

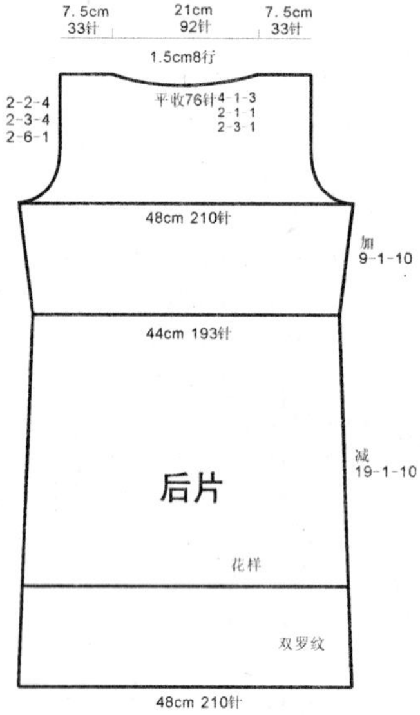

后片：7.5cm 33针　21cm 92针　7.5cm 33针　1.5cm8行　平收76针　4-1-3　2-1-1　2-3-1　2-2-4　2-3-4　2-6-1　48cm 210针　加 9-1-10　44cm 193针　减 19-1-10　花样　双罗纹　48cm 210针

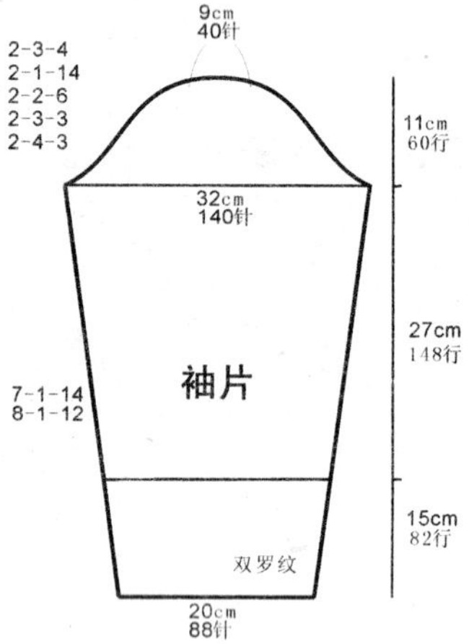

袖片：9cm 40针　2-3-4　2-1-14　2-2-6　2-3-3　2-4-3　11cm 60行　32cm 140针　7-1-14　8-1-12　27cm 148行　15cm 82行　双罗纹　20cm 88针

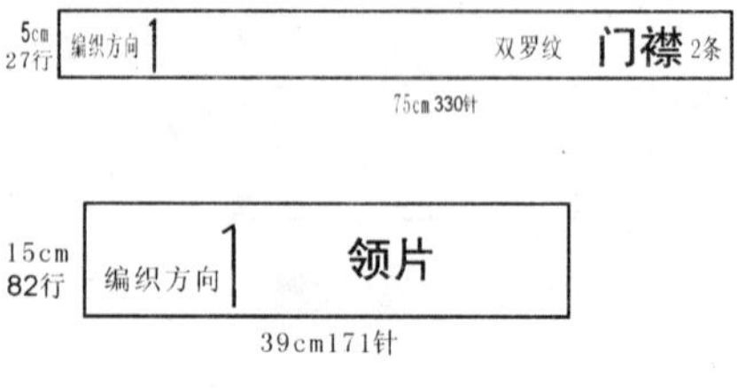

门襟2条：5cm 27行　编织方向　双罗纹　75cm 330针

领片：15cm 82行　编织方向　39cm171针

双罗纹

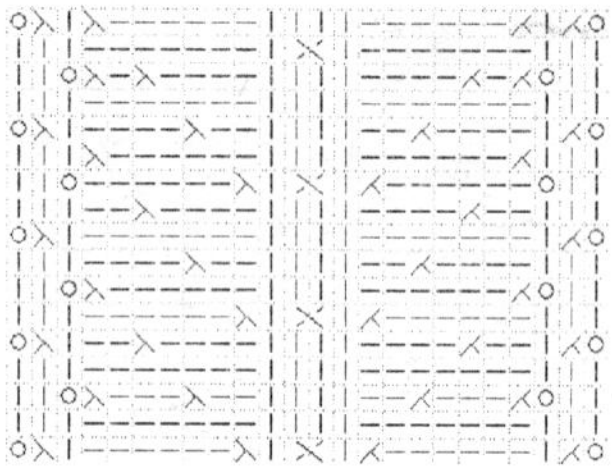

花样

【成品尺寸】衣长80cm　胸围96cm　袖长53cm

【工具】1.7mm棒针

【材料】白色纯羊毛线

【密度】10cm²：44针×55行

【附件】纽扣1枚

【制作过程】前片按图起针，织双罗纹10cm后，即编入花样，至织完成。后片起针织双罗纹至织完成，袖片按图织好，全部缝合。领圈挑228针，织20cm双罗纹的长方形，按彩图缝上纽扣，形成可做翻领的高领，完成。

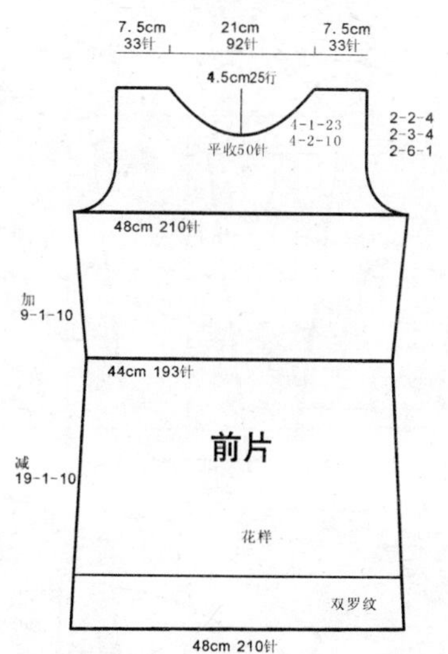

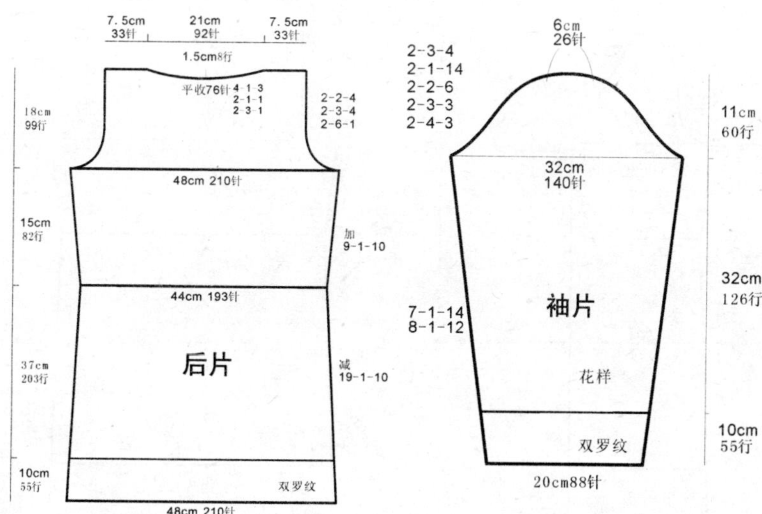

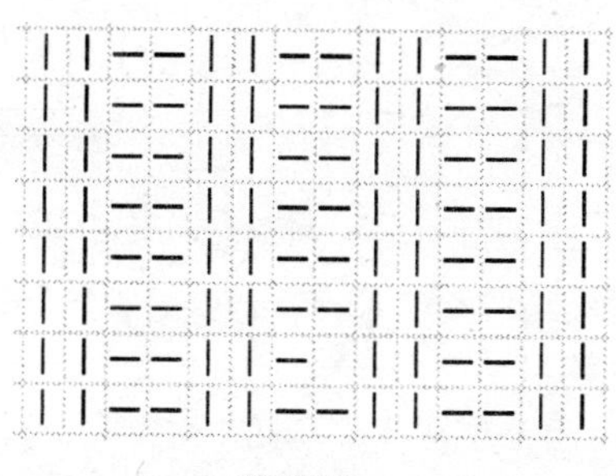
双罗纹

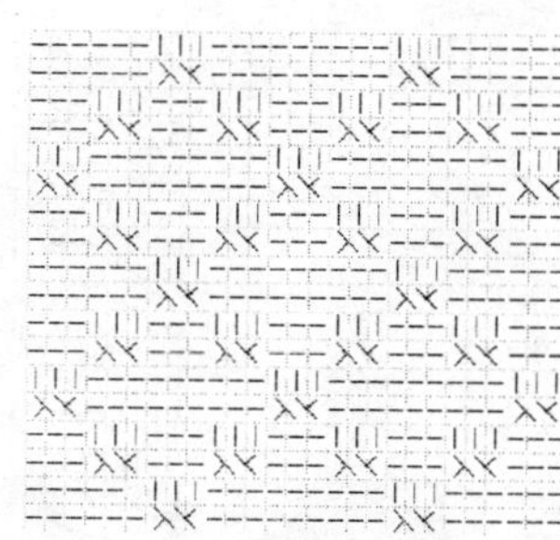
花样

【成品尺寸】衣长85cm　胸围96cm　袖长53cm

【工具】1.7mm棒针

【材料】米白色纯羊毛线

【密度】10cm²：44针×55行

【附件】纽扣3枚

【制作过程】前片分左右两片，分别按图起针，织双罗纹15cm后，改织花样A，至织完成。后片按图织好，袖片按图起针，织双罗纹15cm后，改织花样B，至织完成，全部缝合。门襟按图另织，与前片缝合，形成翻领。缝上纽扣，完成。

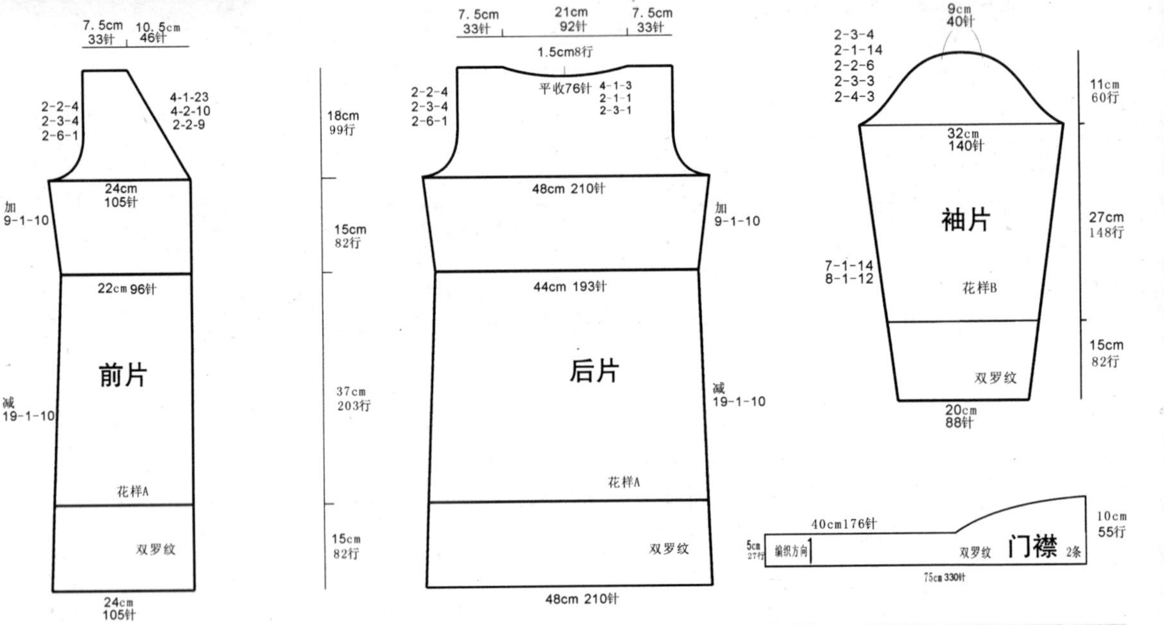

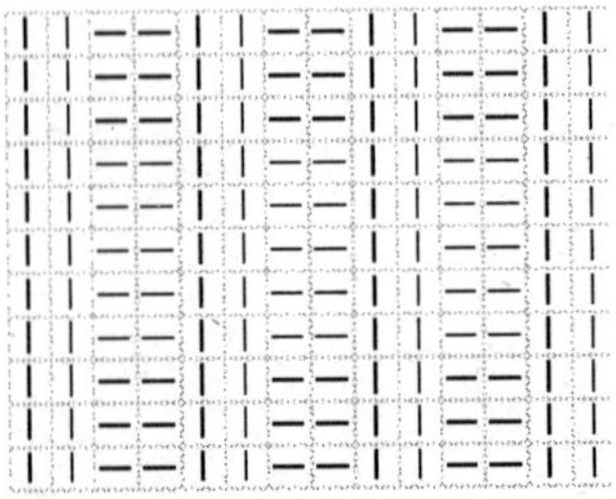

前片：7.5cm 33针　10.5cm 46针；2-2-4　2-3-4　2-6-1；4-1-23　4-2-10　2-2-9；24cm 105针；加 9-1-10；22cm 96针；减 19-1-10；花样A；双罗纹；24cm 105针

18cm 99行；15cm 82行；37cm 203行；15cm 82行

后片：7.5cm 33针　21cm 92针　7.5cm 33针；1.5cm8行；平收76针　4-1-3　2-1-1　2-3-1；2-2-4　2-3-4　2-6-1；48cm 210针；加 9-1-10；44cm 193针；减 19-1-10；花样A；双罗纹；48cm 210针

袖片：9cm 40针；2-3-4　2-1-14　2-2-6　2-3-3　2-4-3；11cm 60行；32cm 140针；27cm 148行；7-1-14　8-1-12；花样B；15cm 82行；双罗纹；20cm 88针

门襟 2条：40cm176针；10cm 55行；5cm 27行；编织方向；双罗纹；75cm 330针

双罗纹

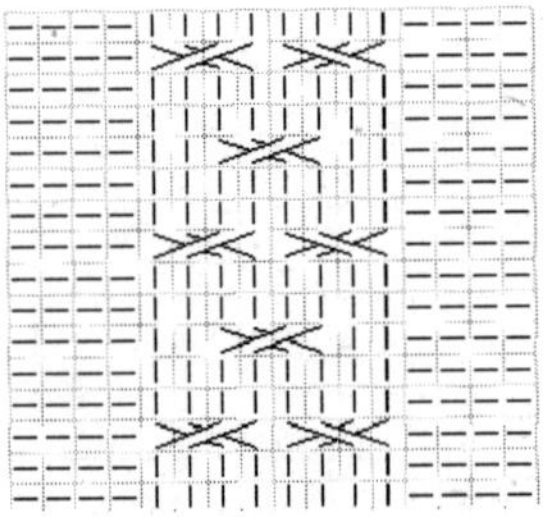

花样A

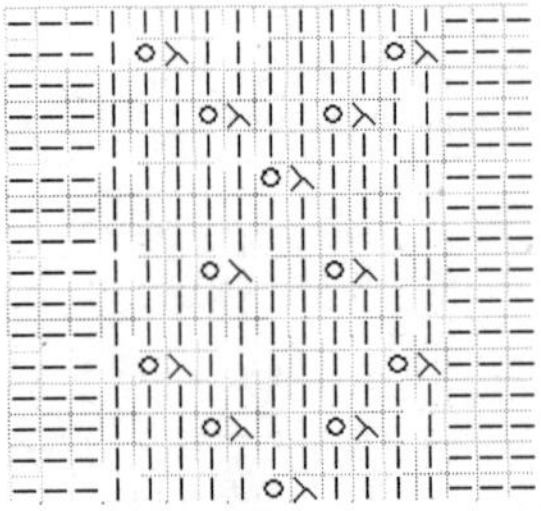

花样B

前卫黑色毛衣

【成品尺寸】衣长68cm　胸围96cm　袖长53cm

【工具】1.7mm棒针

【材料】黑色纯羊毛线

【密度】10cm²：44针×55行

【附件】亮片若干　蕾丝布料若干

【制作过程】前后片分别按图起针，织单罗纹5cm后，改织花样至织完成。袖窿和领窝按图加减针，袖片按图织10cm单罗纹袖口，袖窿织5cm单罗纹后，改织花样。完成后，与蕾丝布料缝制的衣袖缝合，然后与前后片缝合。领圈挑针，织下针5cm，褶边缝合，形成双层圆领。缝上亮片，衣下摆用蕾丝布料缝制，完成。

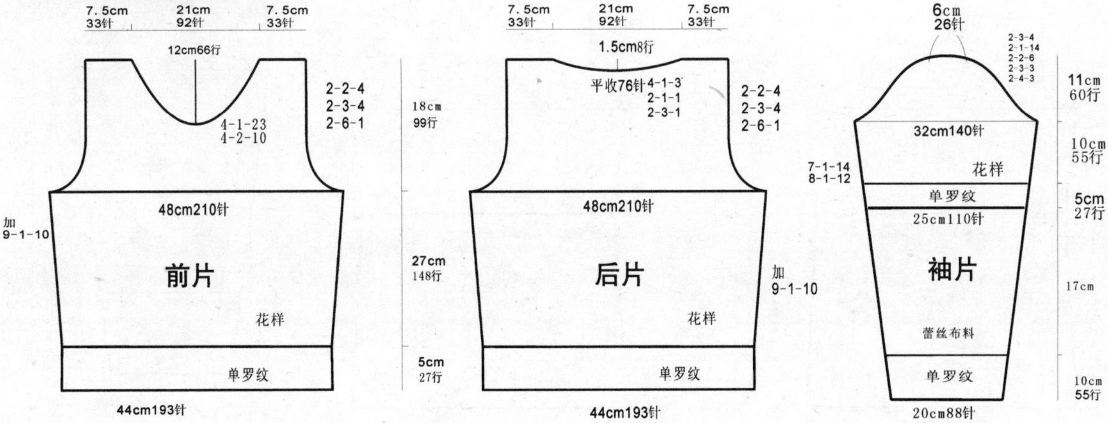

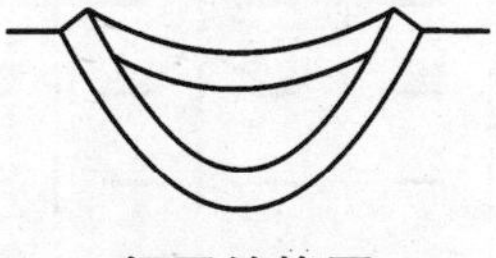

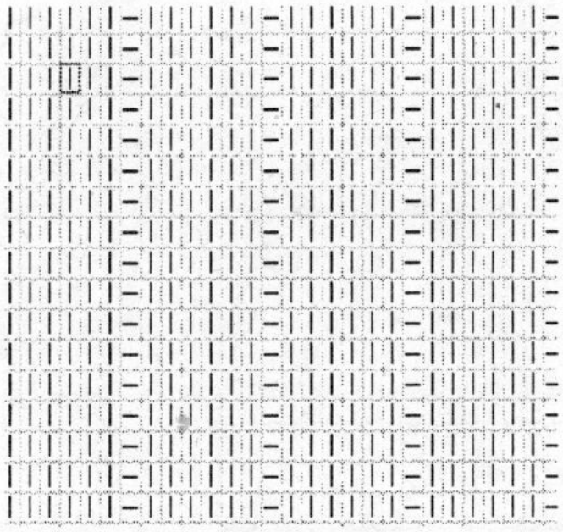

花样

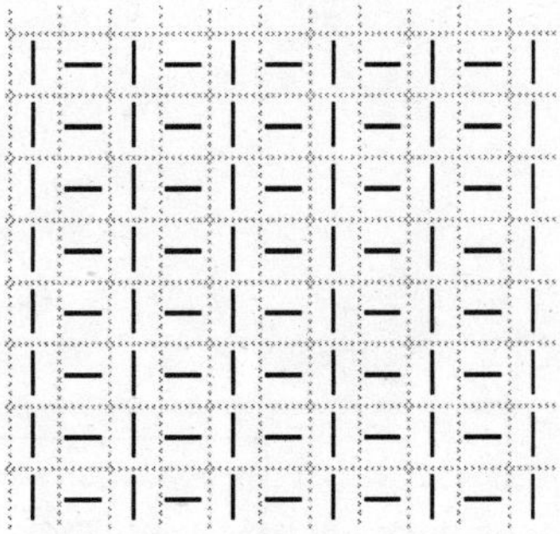

单罗纹

【成品尺寸】衣长65cm　胸围96cm　袖长53cm

【工具】1.7mm棒针

【材料】墨绿色纯羊毛线

【密度】10cm²：44针×55行

【附件】亮片若干

【制作过程】前后片分别按图起针，织单罗纹至织完成，袖窿和领窝按图加减针。袖片按图起针，织单罗纹15cm的袖口后，与蕾丝布料缝制的衣袖缝合，再与前后片缝合。领圈挑针，织下针5cm，褶边缝合，领尖缝合，形成双层V领。缝上领子衬边和亮片，完成。

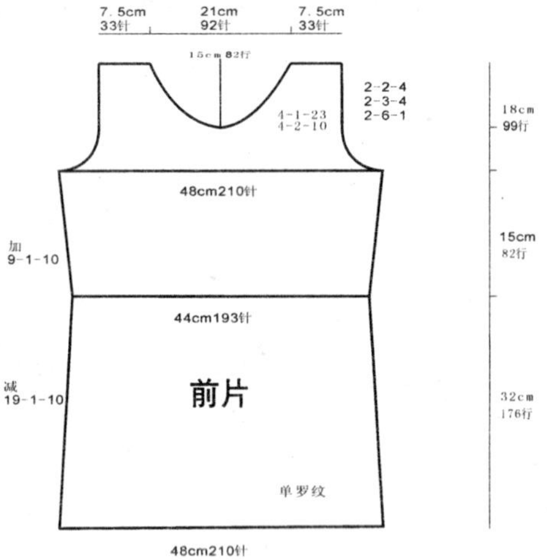

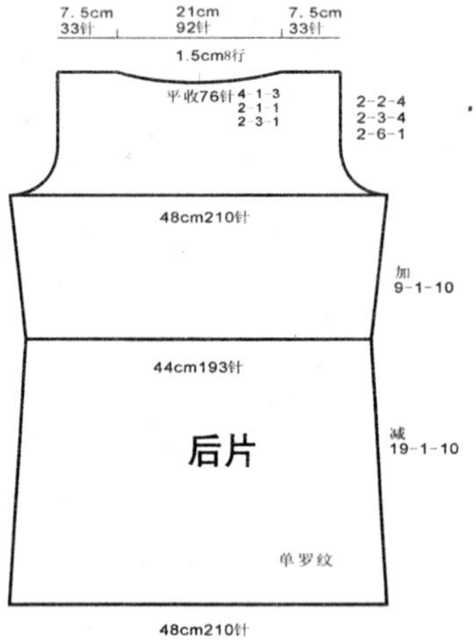

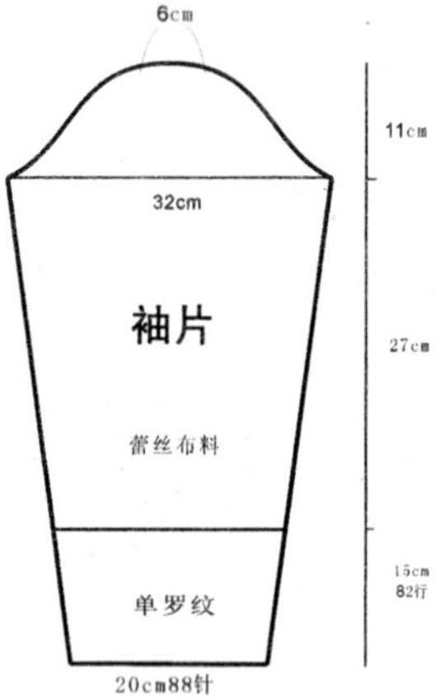

前片：7.5cm 33针　21cm 92针　7.5cm 33针　15cm 82行　2-2-4　2-3-4　2-6-1　4-1-23　4-2-10　18cm 99行　48cm210针　加 9-1-10　15cm 82行　44cm193针　减 19-1-10　32cm 176行　单罗纹　48cm210针

后片：7.5cm 33针　21cm 92针　7.5cm 33针　1.5cm8行　平收76针 4-1-3　2-1-1　2-3-1　2-2-4　2-3-4　2-6-1　48cm210针　加 9-1-10　44cm193针　减 19-1-10　单罗纹　48cm210针

袖片：6cm　11cm　32cm　27cm　蕾丝布料　单罗纹　15cm 82行　20cm88针

领子结构图

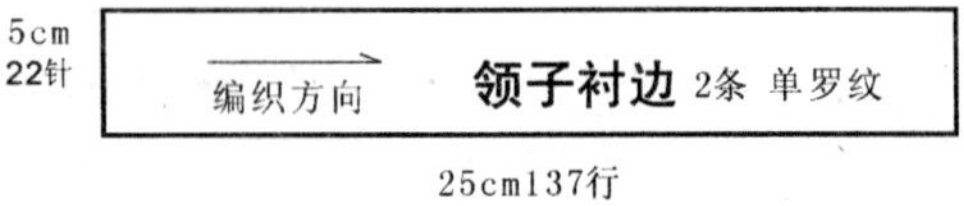

领子衬边 2条 单罗纹　编织方向　5cm 22针　25cm137行

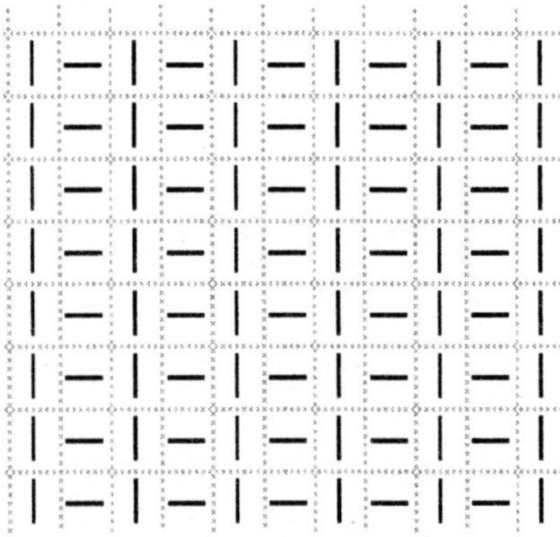

单罗纹

秀丽V领毛衣

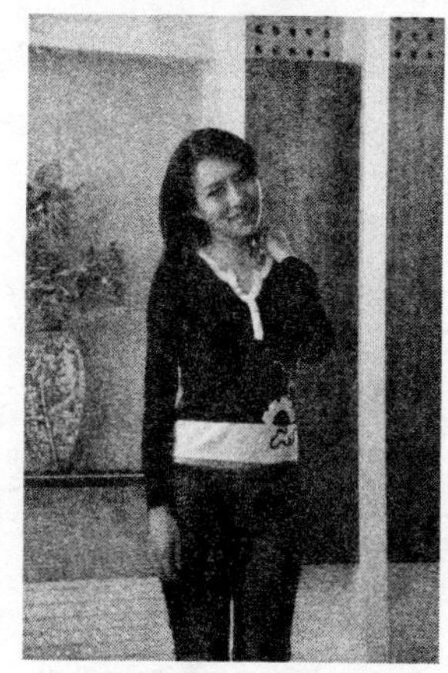

【成品尺寸】衣长65cm　胸围96cm　袖长53cm

【工具】1.7mm棒针

【材料】墨绿色、白色纯羊毛线

【密度】10cm²：44针×55行

【附件】装饰花、亮珠若干

【制作过程】前、后片按图起针，先织双层平针底边后，改织下针，至织完成。袖窿和领窝按图加减针，袖片按图起针，织10cm单罗纹后，改织下针，至织完成。衣袖和袖山按图加减针，全部缝合。领圈挑针，织5cm单罗纹，再织门襟5cm，缝上装饰花和亮珠，完成。

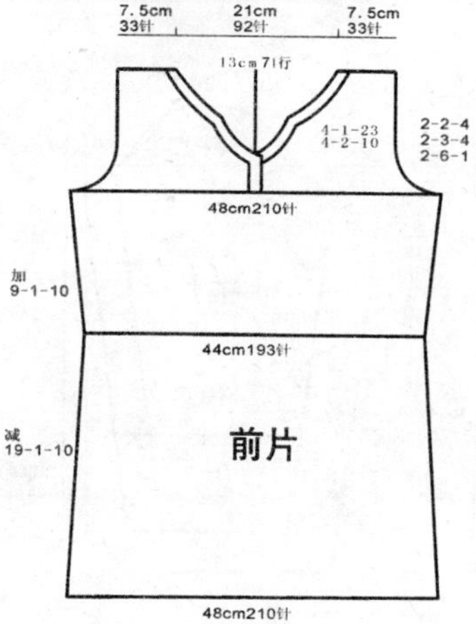

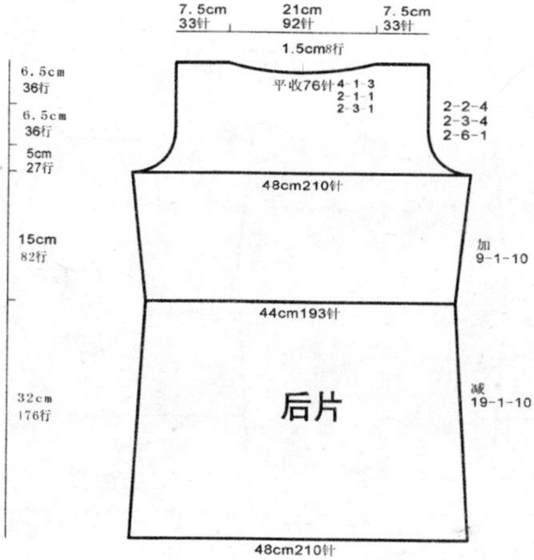

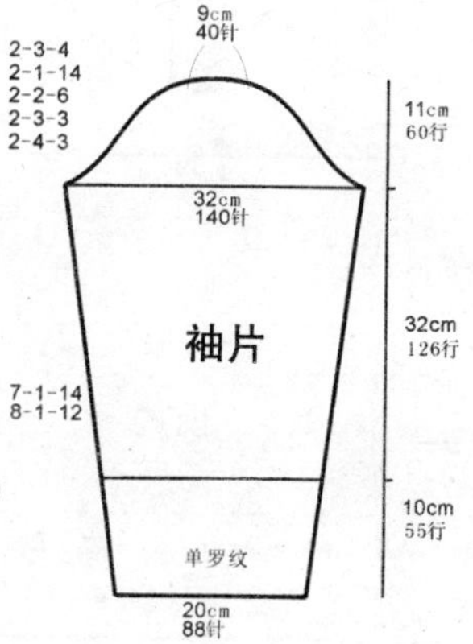

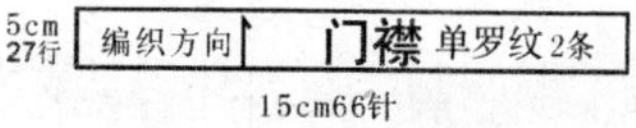

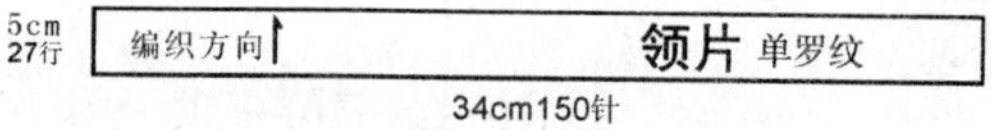

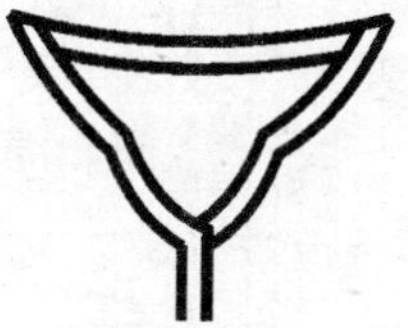

领子结构图

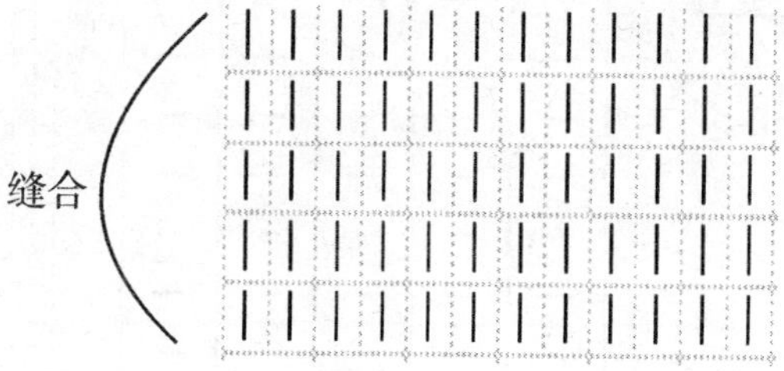

双层平针底边

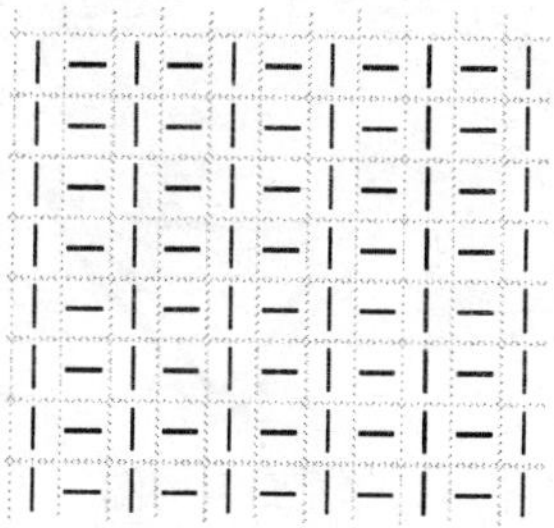

单罗纹

【成品尺寸】 衣长65cm　胸围96cm　袖长53cm

【工具】 1.7mm棒针

【材料】 墨绿色纯羊毛线

【密度】 10cm²：44针×55行

【附件】 亮片若干　蕾丝布料若干

【制作过程】 前后片按图起针，织单罗纹15cm后，改织花样，至织完成，袖窿和领窝按图加减针。衣袖按图起针，织10cm单罗纹袖口，衣袖用蕾丝布料缝制，全部缝合。领圈挑针，织5cm单罗纹，折边缝合，再织领尖5cm单罗纹，折边缝合，领尖缝合，形成V领。缝上亮片，完成。

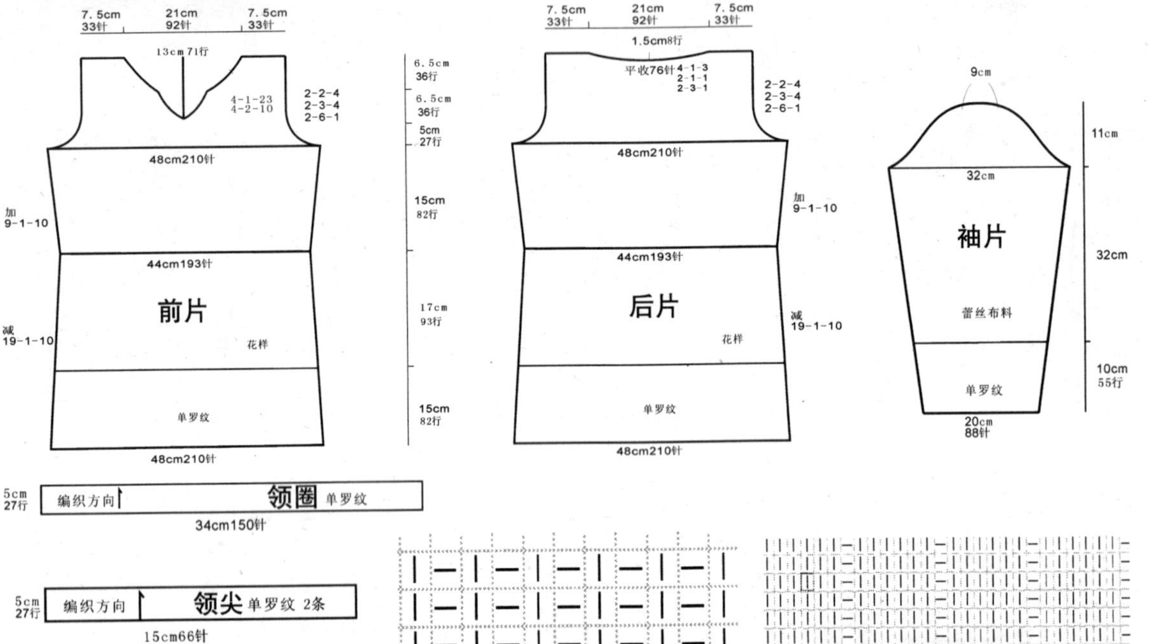

前片：7.5cm 33针　21cm 92针　7.5cm 33针　13cm 71行　4-1-23　4-2-10　2-2-4　2-3-4　2-6-1　48cm210针　加 9-1-10　44cm193针　减 19-1-10　花样　单罗纹　48cm210针

6.5cm 36行　6.5cm 36行　5cm 27行　15cm 82行　17cm 93行　15cm 82行

后片：7.5cm 33针　21cm 92针　7.5cm 33针　1.5cm8行　平收76针 4-1-3　2-1-1　2-3-1　2-2-4　2-3-4　2-6-1　48cm210针　加 9-1-10　44cm193针　减 19-1-10　花样　单罗纹　48cm210针

袖片：9cm　11cm　32cm　32cm　蕾丝布料　10cm 55行　单罗纹　20cm 88针

领圈：5cm 27行　编织方向　单罗纹　34cm150针

领尖：5cm 27行　编织方向　单罗纹 2条　15cm66针

领子结构图

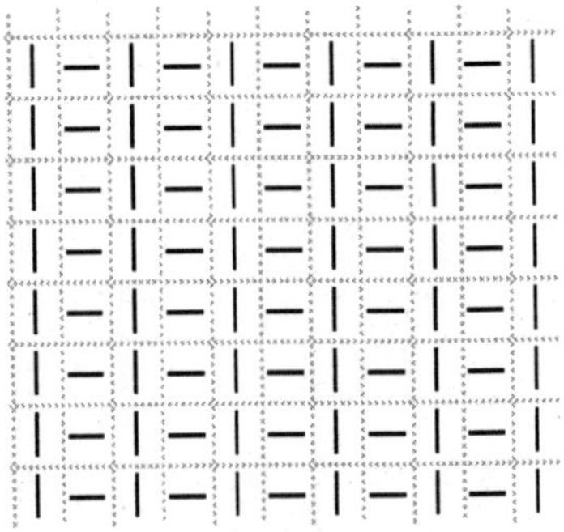

单罗纹

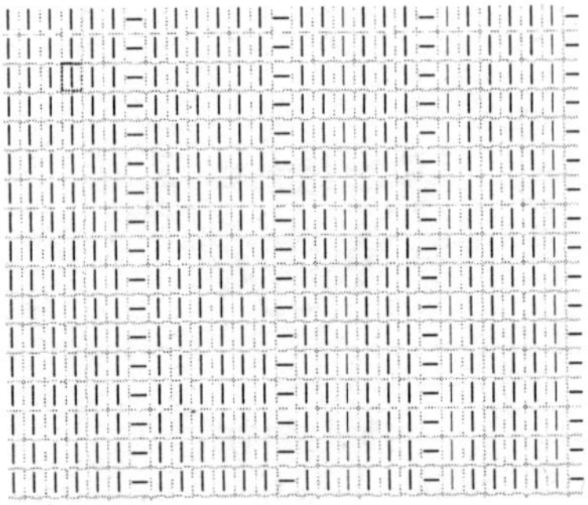

花样

【成品尺寸】衣长65cm　胸围96cm　袖长53cm

【工具】1.7mm棒针

【材料】深蓝色、白色单股纯羊毛线

【密度】10cm²：44针×55行

【制作过程】1. 内前片：按编织方向起210针，先用白色线织双层平针底边，后改织下针，并按彩图间色，腰围按结构图加减针，织至47cm时开始减针织袖窿，再织8cm时开领窝，织至长度后两肩位留7.5cm。

2. 外前片：织法与内前片一样，注意长度就可以了，袖窿织3cm时开领窝，衣片上的开孔处，先减10针，第2行加10针。

3. 后片：织法与内前片一样，袖窿织16.5cm时开领窝。

4. 衣袖：按编织方向起20针，先织双层平针底边，后改织下针，均匀加针，织42cm时，收针织袖山，织完留6cm，袖口用白色线另织，缝到袖口上。最后依次把内前片、外前片、后片和衣袖缝合。两前片领圈分别挑针，织5cm下针，褶边缝合，形成双层圆领。

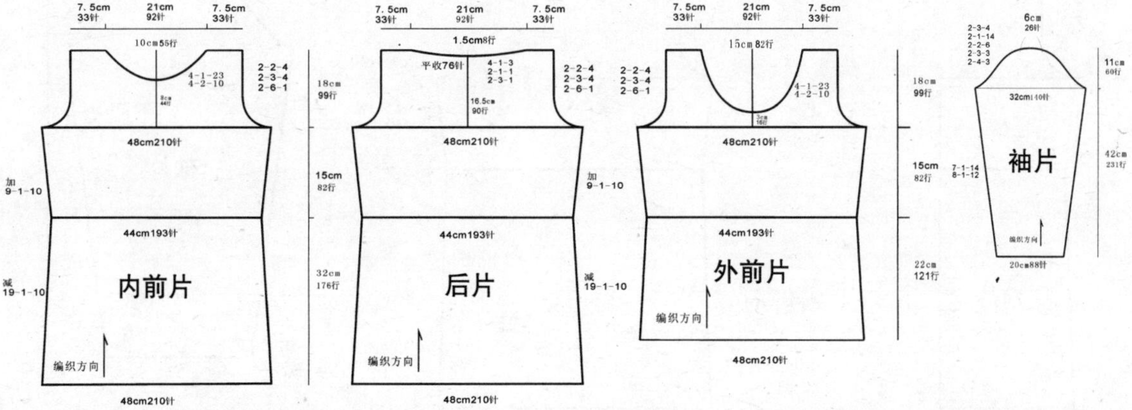

7.5cm 33针　21cm 92针　7.5cm 33针
10cm55行
4-1-23
4-2-10
8cm 44行
2-2-4
2-3-4
2-6-1
48cm210针
加 9-1-10
44cm193针
减 19-1-10
内前片
编织方向
48cm210针

7.5cm 33针　21cm 92针　7.5cm 33针
1.5cm8行
平收76针
4-1-3
2-1-1
2-3-1
16.5cm 90行
18cm 99行
2-2-4
2-3-4
2-6-1
48cm210针
15cm 82行
44cm193针
32cm 176行
后片
编织方向
48cm210针

7.5cm 33针　21cm 92针　7.5cm 33针
15cm 82行
2-2-4
2-3-4
2-6-1
4-1-23
4-2-10
3cm 16行
48cm210针
加 9-1-10
44cm193针
减 19-1-10
外前片
编织方向
48cm210针

6cm 26针
2-3-4
2-1-14
2-2-6
2-3-3
2-4-3
18cm 99行
11cm 60行
32cm140针
15cm 82行
7-1-14
8-1-12
袖片
42cm 231行
22cm 121行
编织方向
20cm88针

领子结构图

5cm 22行
编织方向
袖口衬边 下针 2条
20cm88针

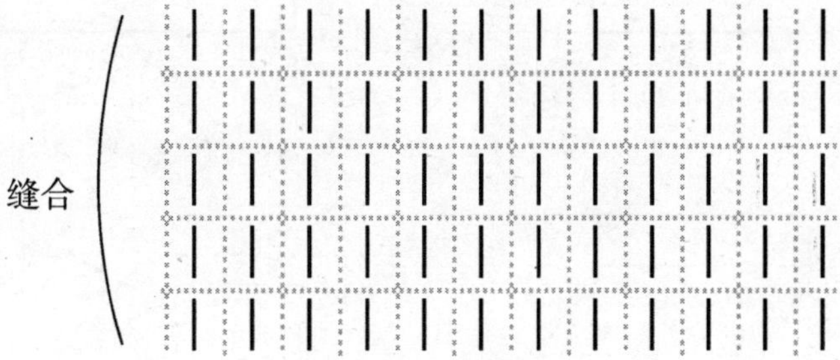

缝合

双层平针底边图解

潮流开襟毛衣

【成品尺寸】衣长65cm　胸围96cm　袖长53cm
【工具】1.7mm棒针
【材料】米白色纯羊毛线
【密度】10cm²：44针×54行
【附件】装饰珠链1条　蕾丝花边若干
【制作过程】前片分左右两片，分别按图起针，织单罗纹10cm后改织花样A，至织完成。后片按图织好，袖片按图起针，织单罗纹10cm后，改织花样B，至织完成，全部缝合。门襟按图另织，与前片缝合。按彩图缝上蕾丝花边和珠链，完成。

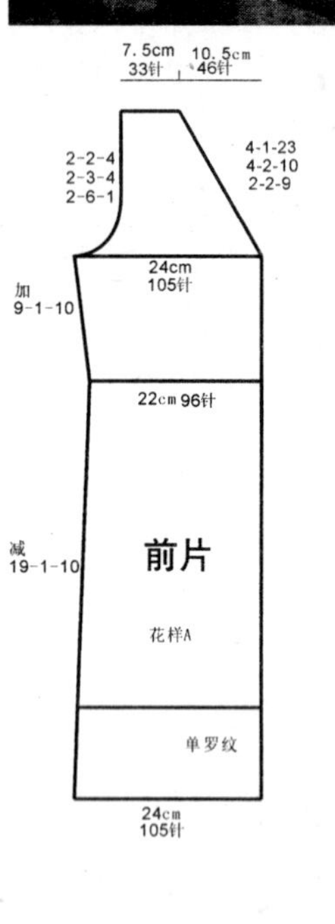

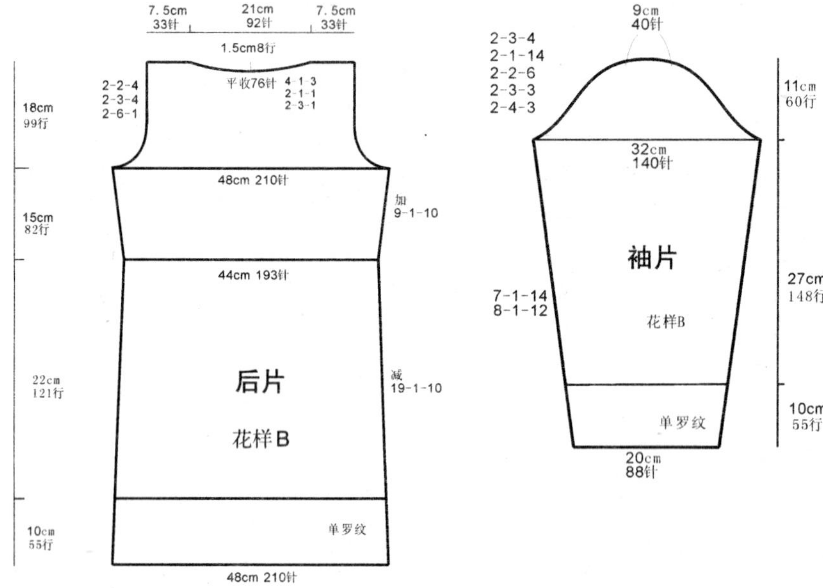

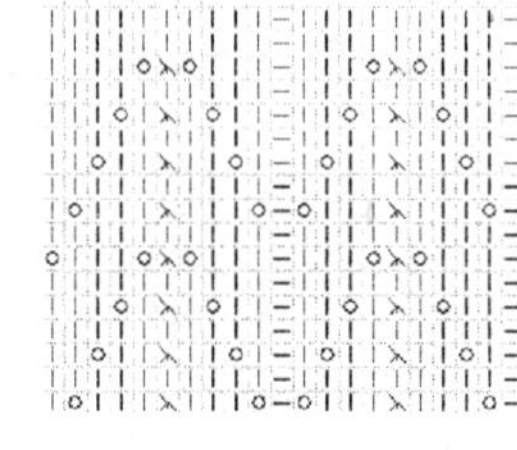
花样A

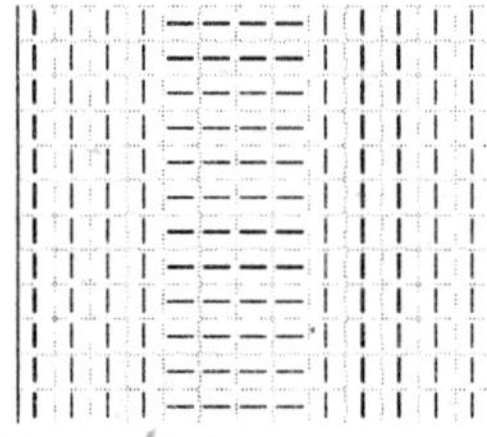
花样B

单罗纹

【成品尺寸】衣长55cm　胸围96cm　袖长53cm

【工具】1.7mm棒针

【材料】白色纯羊毛线

【密度】10cm²：44针×55行

【附件】纽扣1枚

【制作过程】前片分左右两片，分别按图起针，织下针，衣摆圆角部分按图收针，至织完成。后片起针，织下针至织完成。袖片按图织好，全部缝合。沿着后片下摆、前片门襟、后领窝挑针，织15cm单罗纹，形成衣边。缝上纽扣，完成。

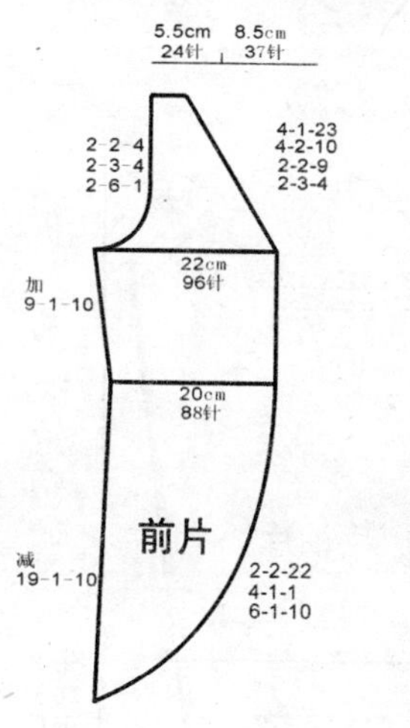

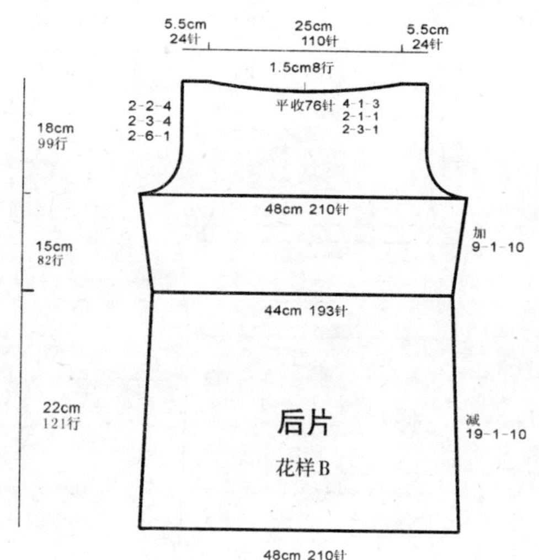

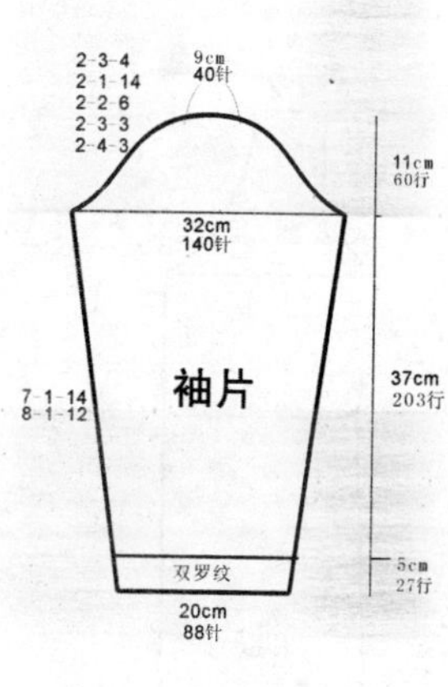

15cm 82行　编织方向　门襟衣边 单罗纹

183cm805针

单罗纹

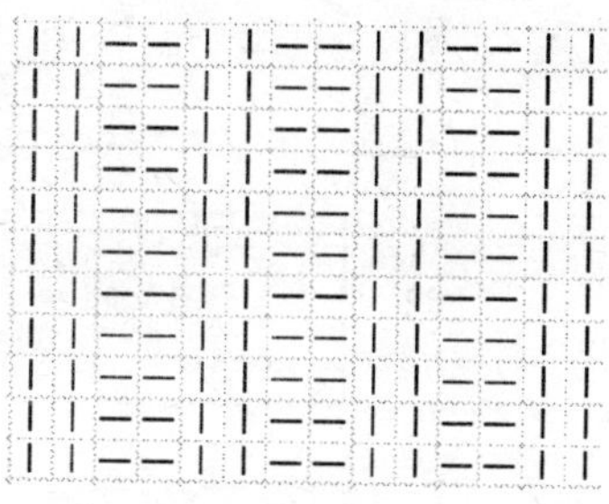

双罗纹

柔美花纹毛衣

【成品尺寸】衣长65cm　胸围96cm　袖长53cm

【工具】1.7mm棒针

【材料】米白色纯羊毛线

【密度】10cm²：44针×55行

【附件】纽扣3枚

【制作过程】前片分左右两片，分别按图起针，织双罗纹15cm后改织下针，至织完成，后片和袖片按图织好。全部缝合，领圈挑针，织双罗纹15cm的长方形，形成翻领。门襟至领边用钩针钩织狗牙花边，缝上纽扣。绣好图案，完成。

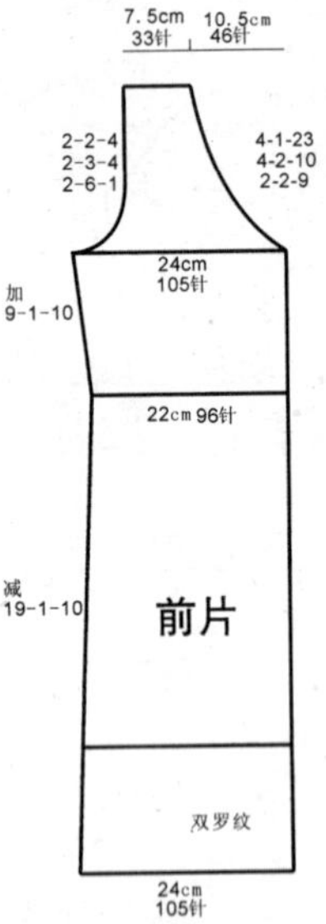

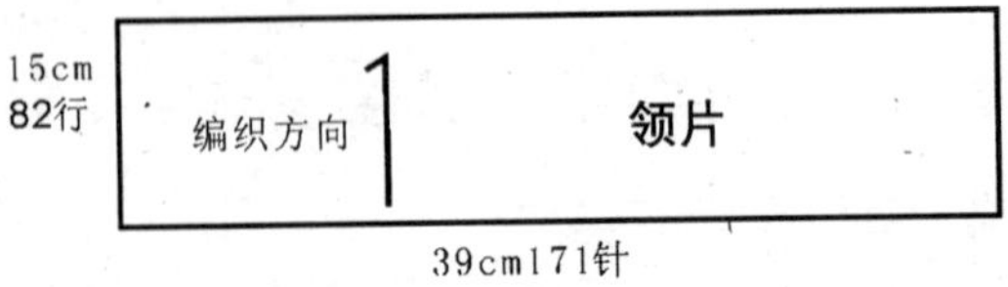

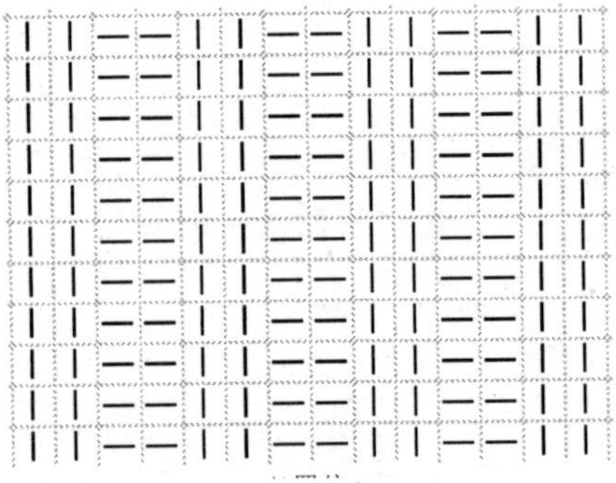

前片
7.5cm 33针　10.5cm 46针
2-2-4
2-3-4
2-6-1
4-1-23
4-2-10
2-2-9
24cm 105针
加 9-1-10
22cm 96针
减 19-1-10
双罗纹
24cm 105针

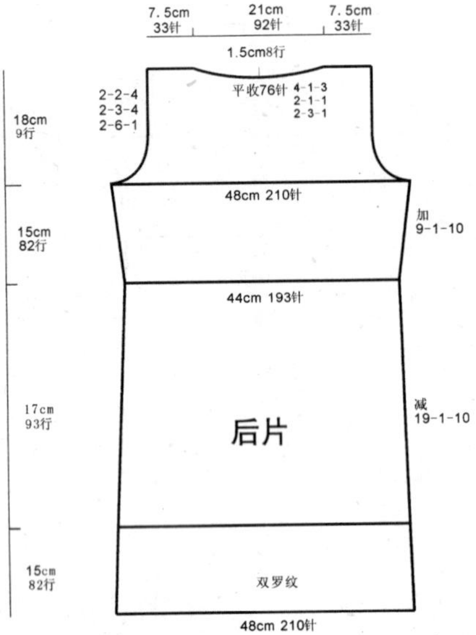

18cm 9行
15cm 82行
17cm 93行
15cm 82行

后片
7.5cm 33针　21cm 92针　7.5cm 33针
1.5cm8行
平收76针 4-1-3 2-1-1 2-3-1
2-2-4
2-3-4
2-6-1
48cm 210针
加 9-1-10
44cm 193针
减 19-1-10
双罗纹
48cm 210针

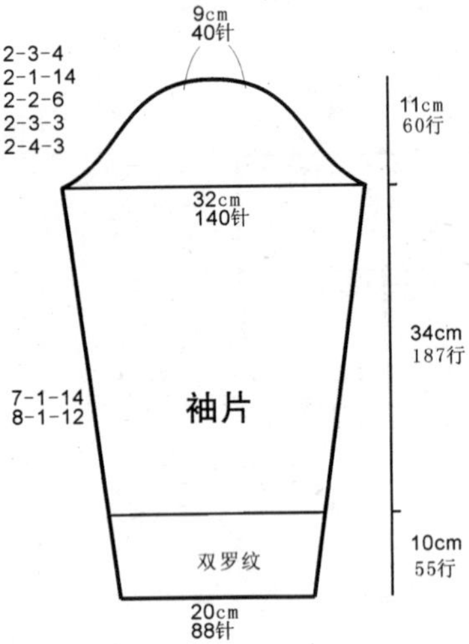

袖片
9cm 40针
2-3-4
2-1-14
2-2-6
2-3-3
2-4-3
11cm 60行
32cm 140针
34cm 187行
7-1-14
8-1-12
双罗纹
10cm 55行
20cm 88针

领片
15cm 82行
编织方向
39cm171针

双罗纹

【成品尺寸】衣长65cm　胸围96cm　袖长53cm

【工具】1.7mm棒针

【材料】白色纯羊毛线

【密度】10cm²：44针×55行

【附件】纽扣5枚

【制作过程】前片分左右两片，分别按图起针，织双罗纹10cm后，改织花样A，至织完成。后片按图织好，袖片按图起针，织双罗纹10cm后，改织花样B，至织完成，全部缝合。门襟为长矩形另织，与前片缝合，缝上纽扣，完成。

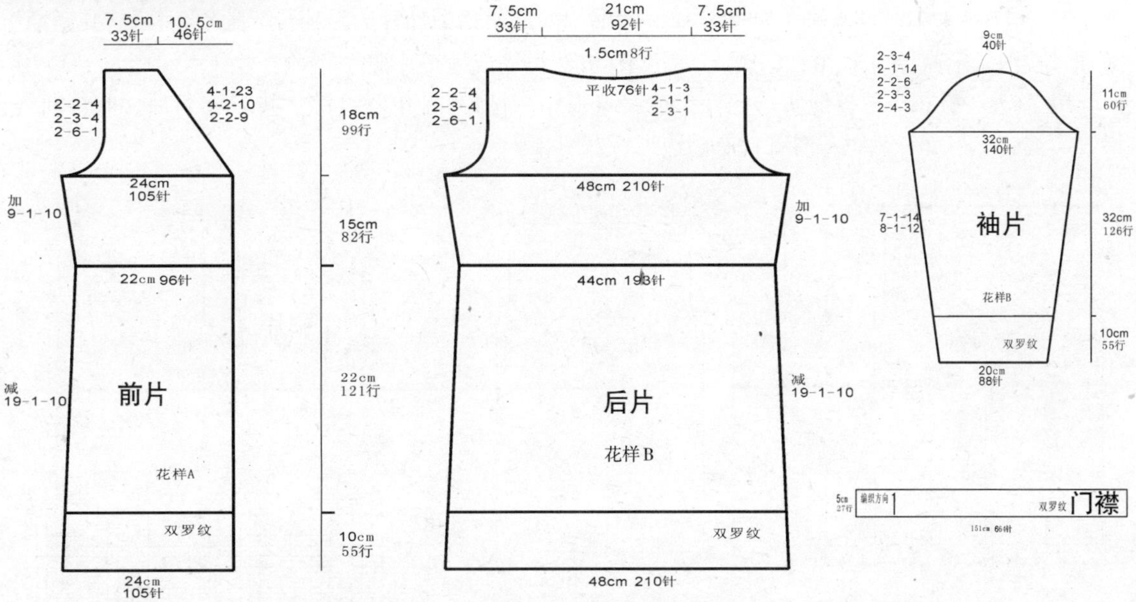

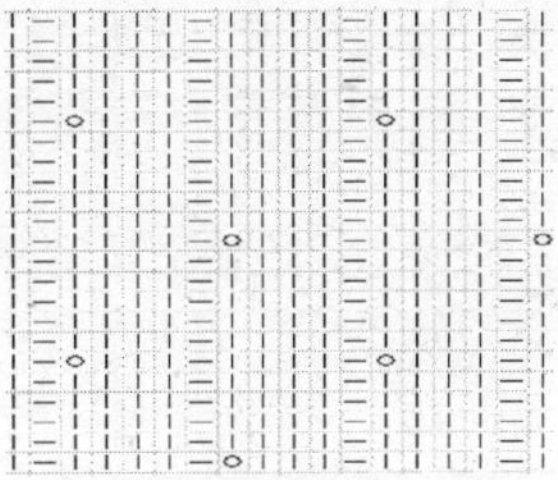

前片　7.5cm 33针　10.5cm 46针　2-2-4　2-3-4　2-6-1　4-1-23　4-2-10　2-2-9　18cm 99行　24cm 105针　加 9-1-10　15cm 82行　22cm 96针　减 19-1-10　22cm 121行　花样A　双罗纹　10cm 55行　24cm 105针

后片　7.5cm 33针　21cm 92针　7.5cm 33针　1.5cm 8行　平收76针　4-1-3　2-1-1　2-3-1　2-2-4　2-3-4　2-6-1　48cm 210针　加 9-1-10　44cm 193针　减 19-1-10　花样B　双罗纹　48cm 210针

袖片　9cm 40针　2-3-4　2-1-14　2-2-6　2-3-3　2-4-3　11cm 60行　32cm 140针　7-1-14　8-1-12　32cm 126行　花样B　双罗纹　10cm 55行　20cm 88针

门襟　5cm 27行　编织方向　双罗纹　151cm 664针

花样A

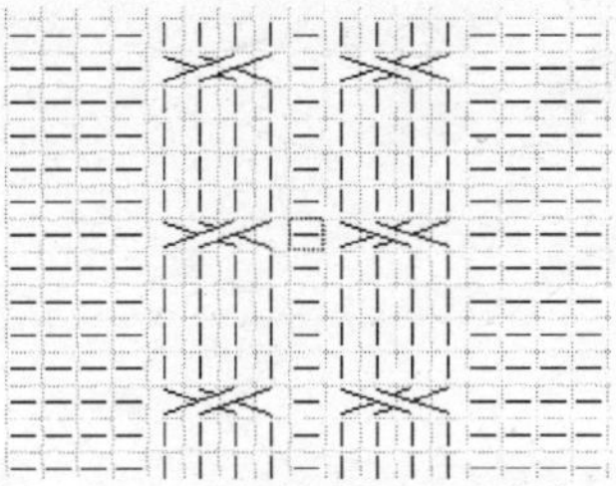

花样B

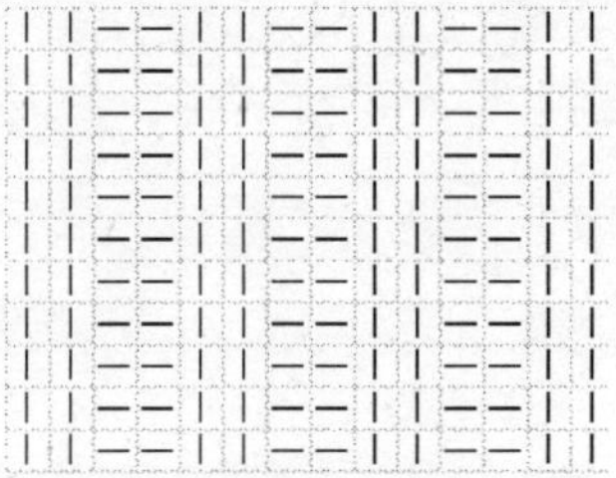

双罗纹

【成品尺寸】衣长57cm　胸围96cm　袖长54cm

【工具】7号棒针

【材料】白色棉绒线820g

【密度】$10cm^2$：21针×25行

【附件】纽扣5枚

【制作过程】1. 2股线编织。

2. 起100针编织双罗纹针后片，共编织到35cm时开始袖窿减针，按结构图减完针后，不加减针编织到56cm时，减出后领窝，两肩部各余10cm。

3. 起52针完成双罗纹针后编织前片花样，编织到35cm时进行袖窿减针，共编织到52cm时进行前衣领减针，按结构图减完针后收针断线。用同样方法完成另一侧前片，减针方向相反。

4. 起60针双罗纹针从袖口编织花样，按结构图所示均匀加针编织袖片，编织45cm后开始袖山减针，按图所示减针后余20针，断线。用同样方法再完成另一片袖片。

5. 沿边对应相应位置缝实。起针单独编织领片，起134针单罗纹针，共织46行后，收针断线，沿领窝缝合。另起针挑织双罗纹针衣襟边，钉好纽扣。

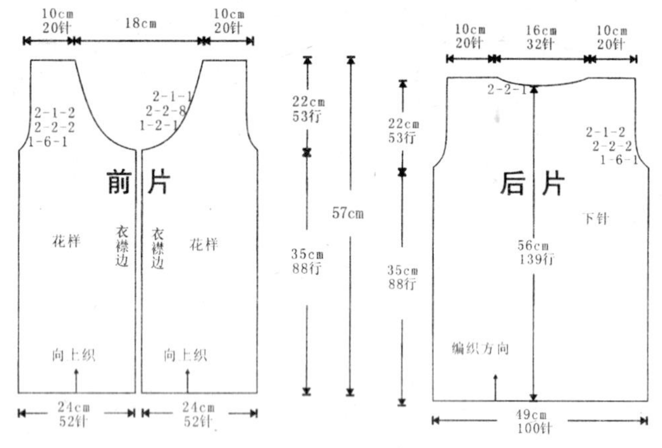

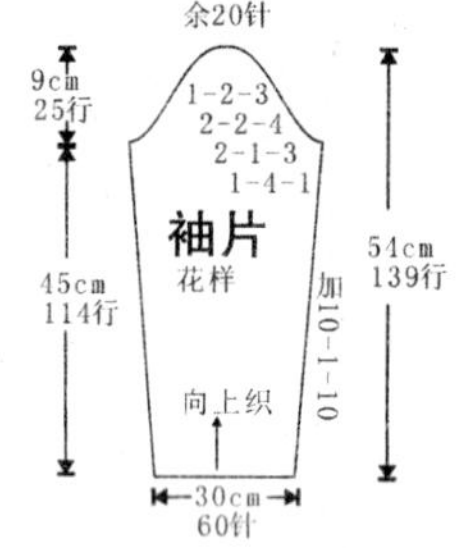

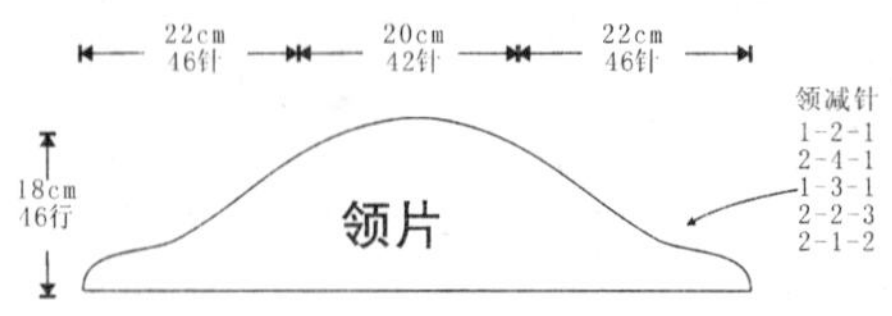

花样

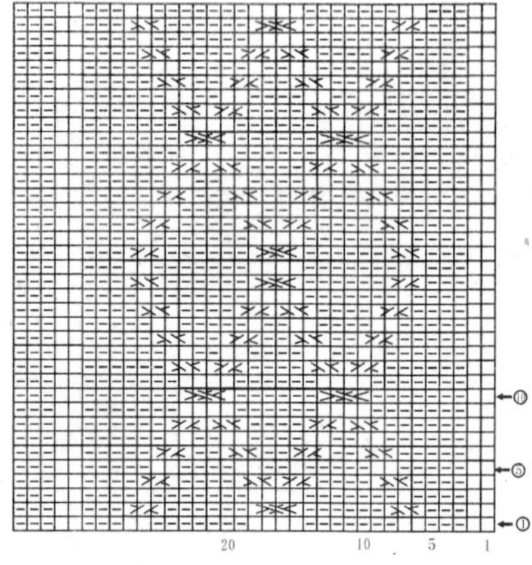

秀丽短款毛衣

【成品尺寸】衣长65cm　胸围96cm　袖长53cm

【工具】1.7mm棒针

【材料】杏色 橙色纯羊毛线

【密度】10cm²：44针×55行

【附件】纽扣3枚　亮珠若干

【制作过程】内前片按图起针，织12cm双罗纹后，改织下针，至织完成。外前片按图起针，织12cm双罗纹后，改织花样A并分成左右两片，至织完成。后片按图起针，织12cm双罗纹后改织花样B，至织完成。袖片按图起针，织12cm双罗纹后，改织花样B，至织完成。外前片领圈和门襟另织，与前片缝合，内前片和外前片重叠，全部缝合。领圈挑198针，织双罗纹24cm，形成高领。缝上纽扣和亮珠，完成。

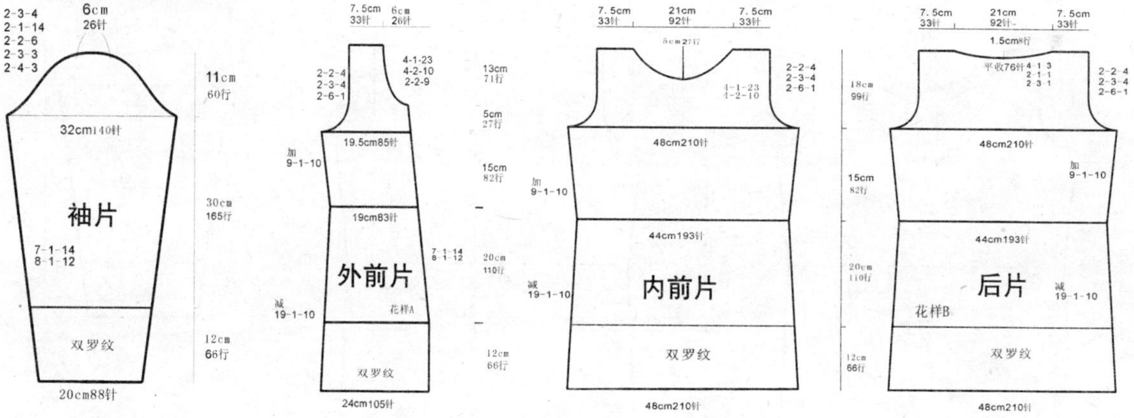

袖片　外前片　内前片　后片

领子结构图

门襟 2条 双罗纹　52cm228针

外前片领圈 双罗纹　41cm180针

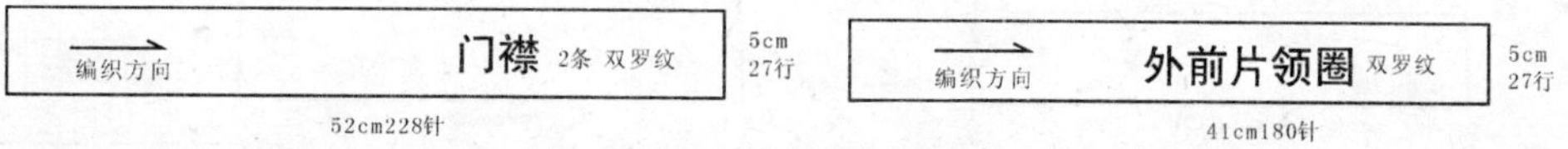

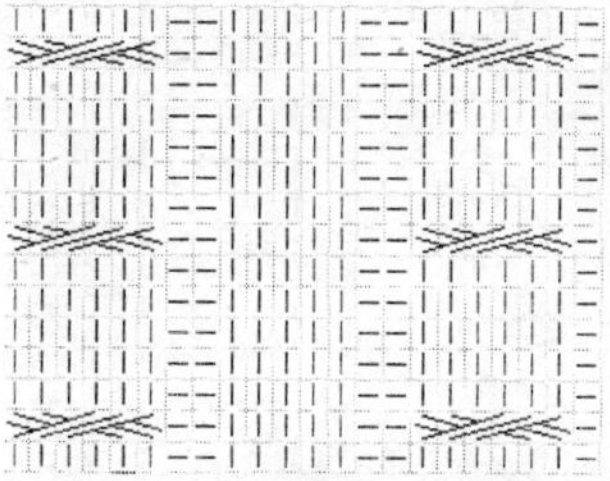

花样A 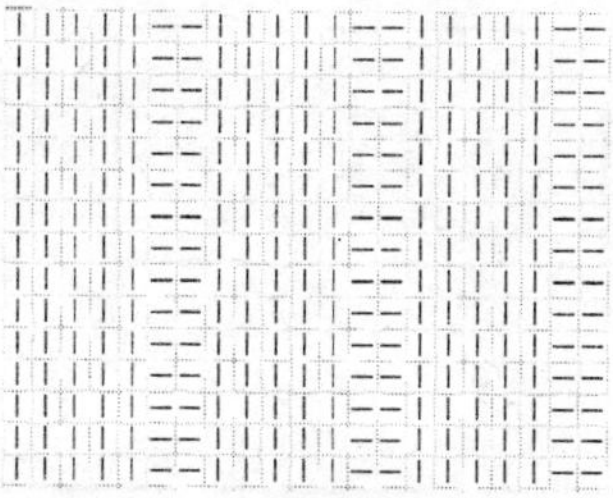　花样B 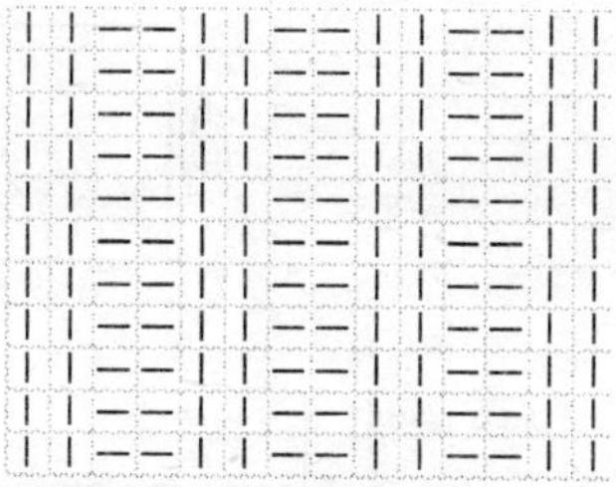　双罗纹

【成品尺寸】衣长65cm　胸围96cm　袖长53cm
【工具】1.7mm棒针
【材料】橙色纯羊毛线
【密度】10cm²：44针×55行
【附件】纽扣6枚　装饰花若干
【制作过程】前后片分别按图起针，编织双罗纹10cm后改织下针，至编织完成。袖片按图起针，织10cm双罗纹后，改织下针，至织完成，全部缝合。领子挑针织双罗纹15cm，门襟另织，与前片和领子缝合，形成翻领。按彩图缝上装饰花和纽扣，完成。

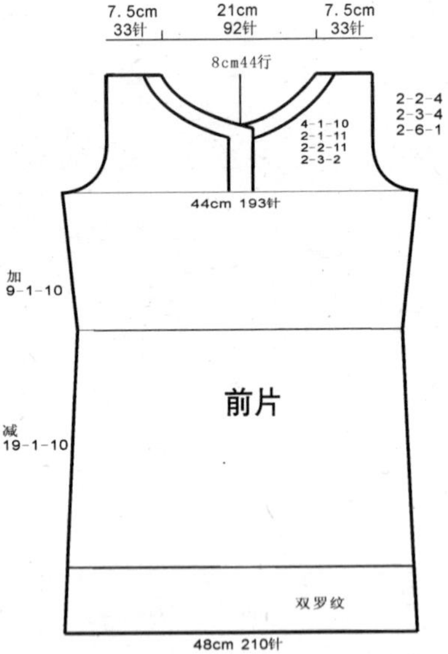

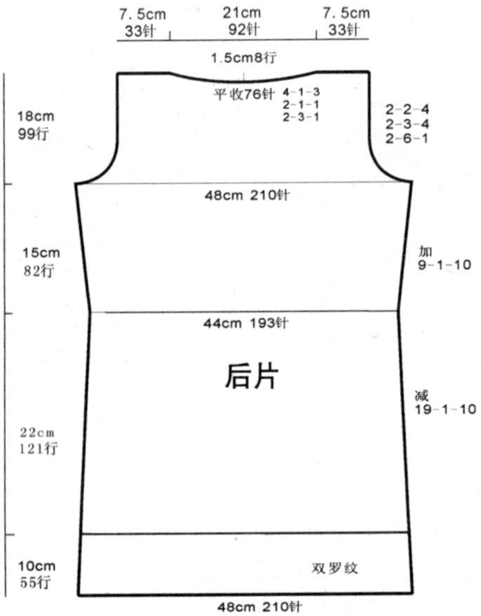

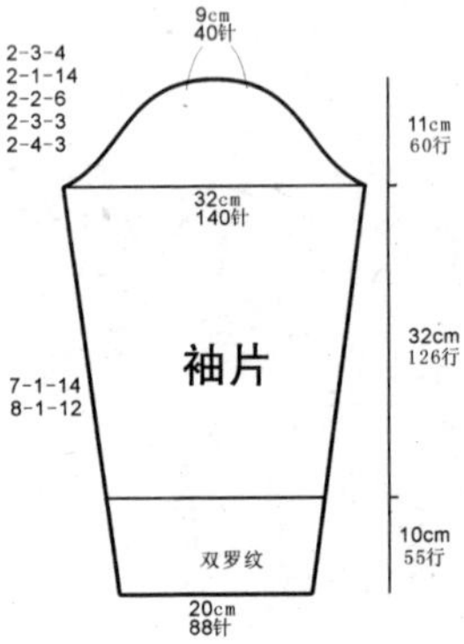

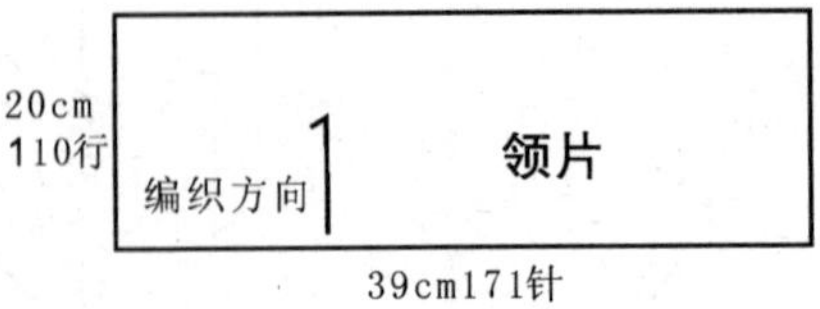

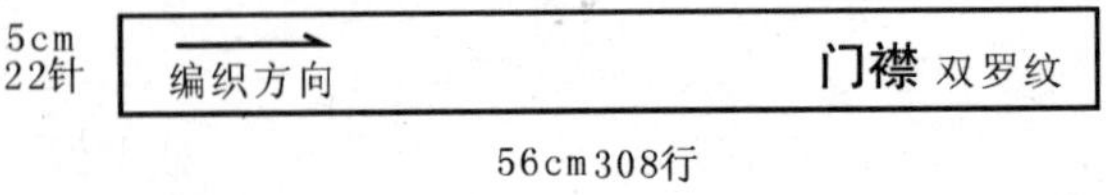

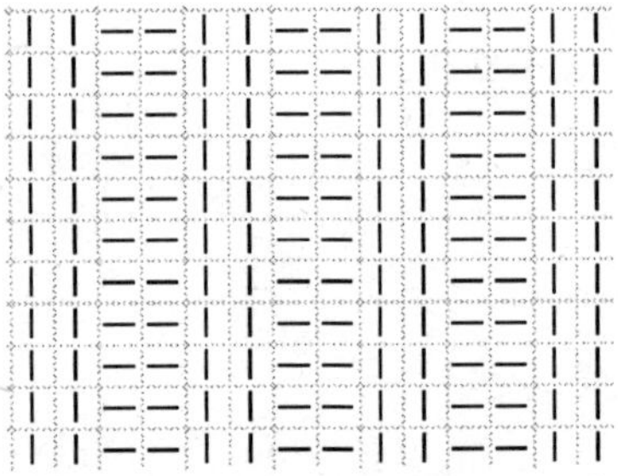

【成品尺寸】衣长58cm　胸围98cm　袖长54cm
【工具】7号棒针
【材料】棕色羊绒线820g
【密度】10cm²：21针×25行
【附件】拉链1条　大纽扣3枚　毛领1条
【制作过程】1. 单股线编织。

2. 起100针编织双罗纹针下边，编织16行后开始全下针编织后片，共编织到35cm时开始袖窿减针，按结构图减完针后，不加减针编织到56cm时，减出后领窝，两肩部各余10cm。

3. 起52针完成双罗纹针后编织前片下针，编织到35cm时进行袖窿减针，共编织到52cm时进行前衣领减针，按结构图减完针后收针断线。用同样方法完成另一侧前片，减针方向相反。

4. 起60针双罗纹针从袖口编织下针，按结构图所示均匀加针编织袖片，编织45cm后开始袖山减针，按图所示减针后余20针，断线。用同样方法再完成另一片袖片。

5. 另起针编织装饰口袋，起20针下针，织30行后收针断线，共织两片，贴前片下侧沿口袋边外侧缝实。口袋位置可根据个人喜好随意固定。

6. 沿边对应相应位置缝实。将毛领沿领窝缝实后，在衣襟边内侧缝实拉链。另起针沿拉链边挑织双罗纹针衣襟边，挑至毛领与领窝缝合处。

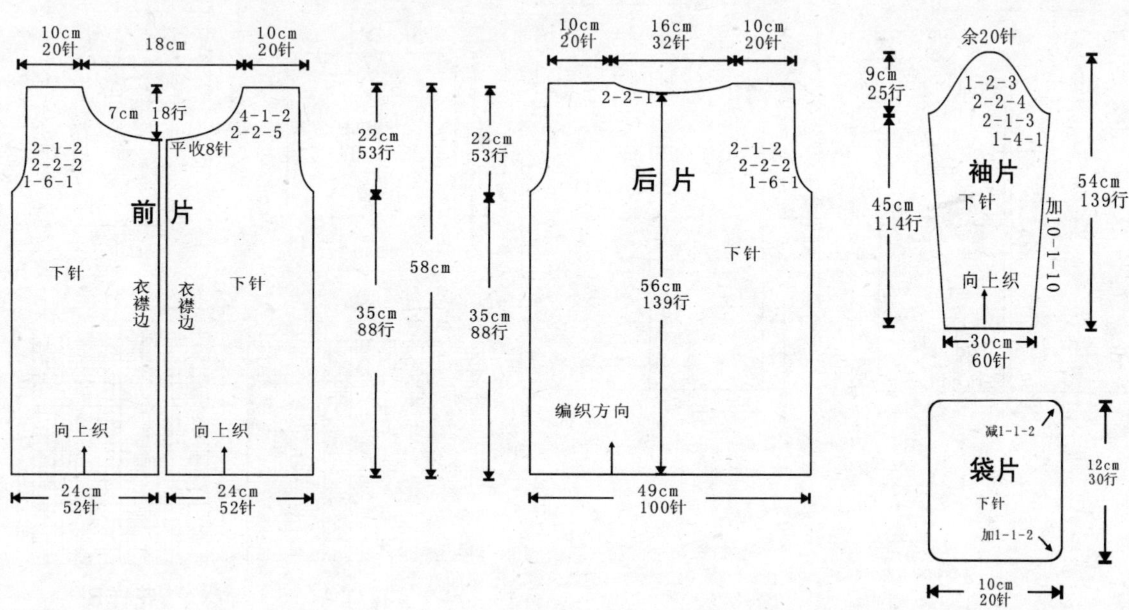

橘色连帽衫

【成品尺寸】衣长58cm　胸围98cm　袖长54cm

【工具】7号棒针

【材料】橘褐色毛绒线720g

【密度】10cm²：21针×25行

【附件】拉链1条　纽扣3枚　装饰毛边

【制作过程】1. 单股线编织。

2. 起100针编织双罗纹针下边，编织16行后开始全下针编织后片，共编织到35cm时开始袖窿减针，按结构图减完针后，不加减针编织到56cm时，减出后领窝，两肩部各余10cm。

3. 起52针双罗纹针开始编织前片，按花样A编织到35cm时进行袖窿减针，共编织到52cm时进行前衣领减针，按结构图减完针后收针断线。用同样方法完成另一侧前片，减针方向相反。

4. 起60针从袖口编织袖片花样B，按结构图所示均匀加针编织，编织45cm后开始袖山减针，按图所示减针后余20针，断线。用同样方法再完成另一片袖片。

5. 沿边对应相应位置缝实，沿领边挑织下针帽片，沿帽顶边缝合。沿帽边缝合装饰毛边。

6. 缝实拉链后，另起针单独编织单罗纹针装饰边，沿右前片拉链缝合线缝实，钉好装饰纽扣。

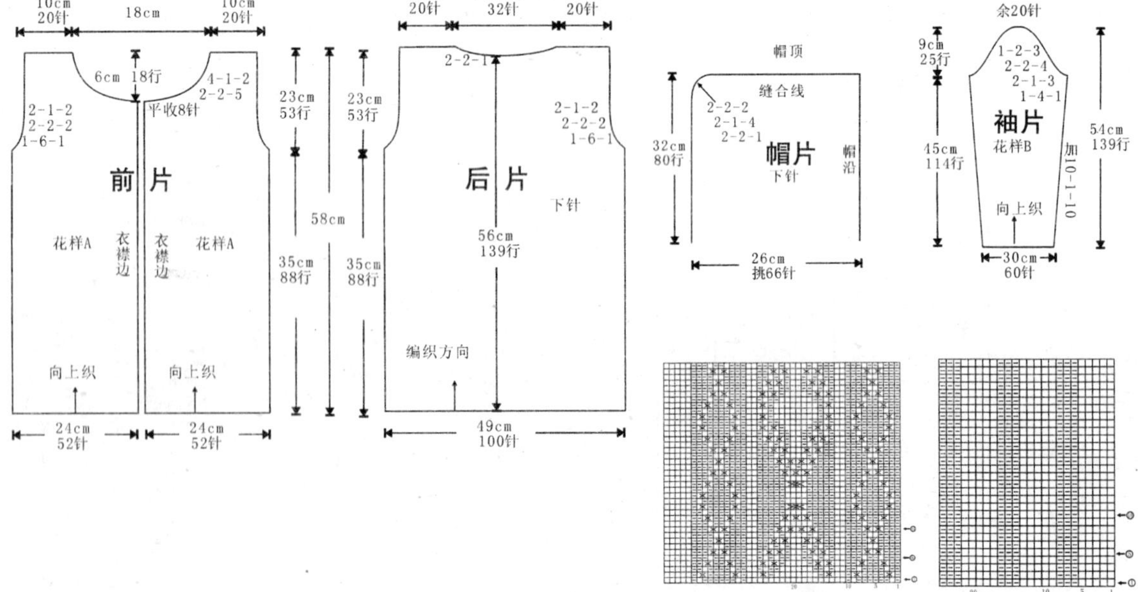

【成品尺寸】衣长58cm　胸围98cm　袖长54cm

【工具】7号棒针

【材料】橘褐色毛绒线720g

【密度】10cm²：21针×25行

【附件】拉链1条　装饰毛边

【制作过程】1. 单股线编织。

2. 起100针编织3上3下针下边，编织16行后开始全下针编织后片，共编织到35cm时开始袖窿减针，按结构图减完针后，不加减针编织到56cm时，减出后领窝，两肩部各余10cm。

3. 起52针同样针法编织前片，编织花样A到35cm时进行袖窿减针，共编织到52cm时进行前衣领减针，按结构图减完针后收针断线。用同样方法完成另一侧前片，减针方向相反。

4. 起60针从袖口编织袖片花样B，按结构图所示均匀加针编织，编织45cm后开始袖山减针，按图所示减针后余20针，断线。用同样方法再完成另一片袖片。

5. 另起16针单独编织单罗纹针装饰腰带片，腰带长度按个人喜好确定，穿入腰间固定的装饰扣内。

6. 沿边对应相应位置缝实，沿领边挑织下针帽片，沿边缝合。缝实拉链，沿帽边缝合装饰毛边。

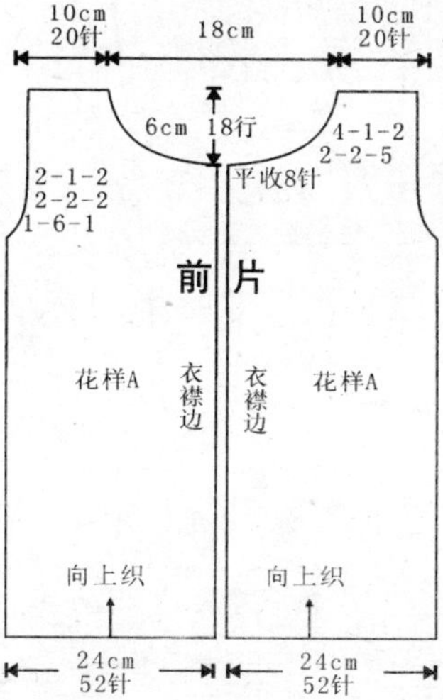

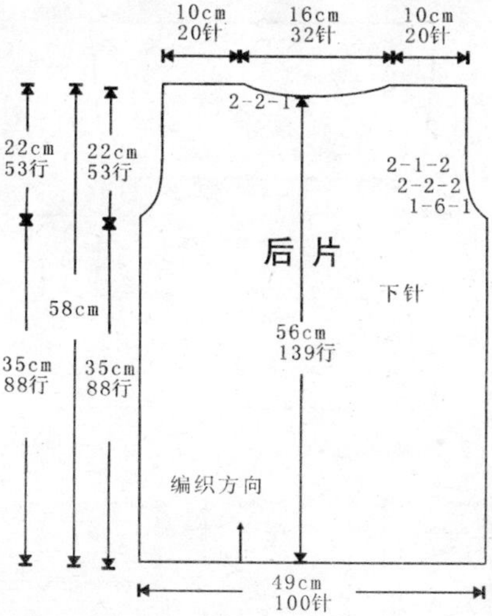

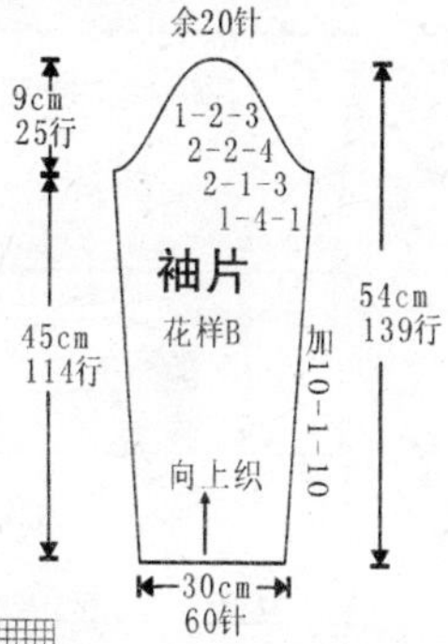

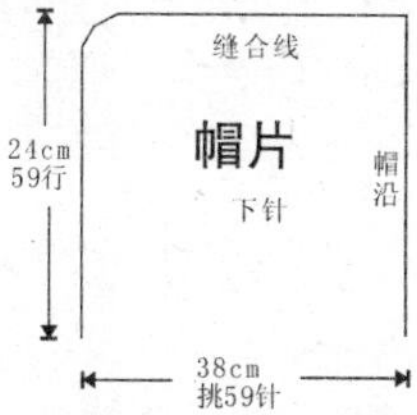

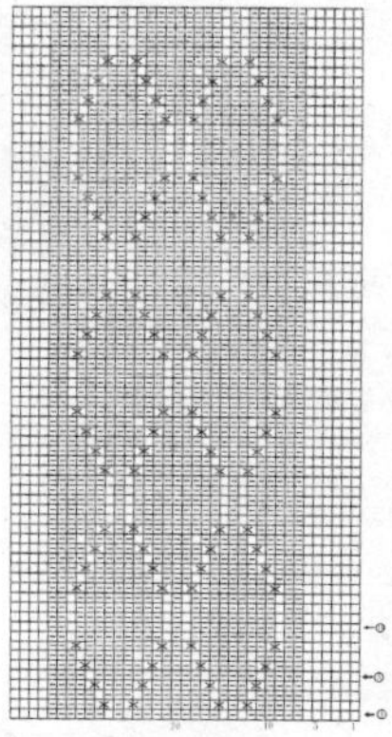

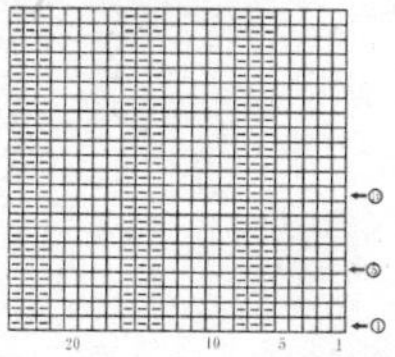

恬静长袖毛衫

【成品尺寸】衣长65cm　胸围96cm　袖长53cm

【工具】1.7mm棒针

【材料】米白色纯羊毛线

【密度】10cm²：44针×55行

【附件】图案若干

【制作过程】前、后片分别按花边花样图解起针，织12cm花边后，改织双罗纹20cm，再改织下针至织完成。袖片按花边花样图解起针，织12cm花边后，改织下针，至织完成，全部缝合。衣领挑针，织下针，褶边缝合，形成双层圆领。缝上图案，完成。

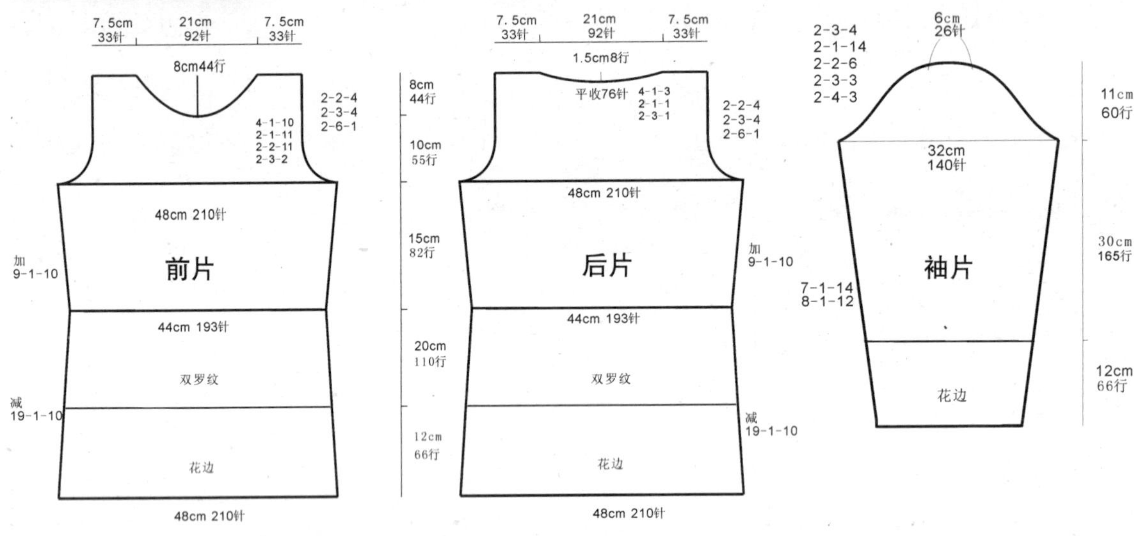

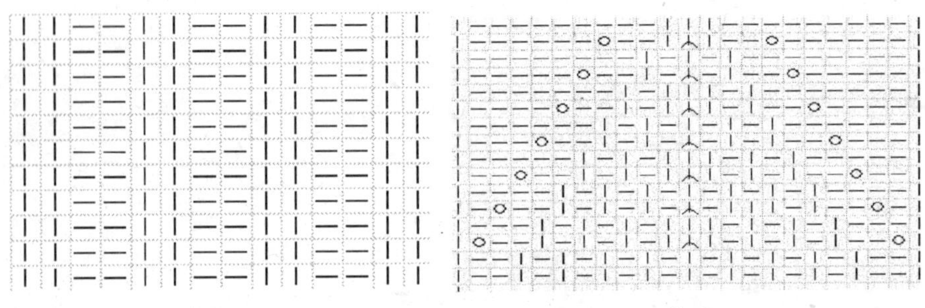

双罗纹　　花边

【成品尺寸】衣长65cm　胸围96cm　袖长53cm
【工具】1.7mm棒针
【材料】白色、黄色、黑色纯羊毛线
【密度】10cm²：44针×55行
【附件】纽扣5枚
【制作过程】前片分左右两片，分别按图起针，织双罗纹10cm后，改织下针，并间色，至织完成。后片和袖片按图起针，织双罗纹10cm后，改织下针，并间色，至织完成，全部缝合。门襟另织，与前片缝合，领圈挑针，织双罗纹10cm，形成翻领。缝上纽扣和衣袋，完成。

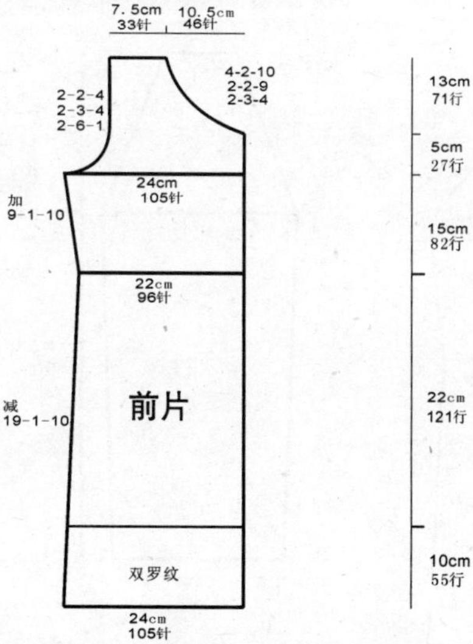

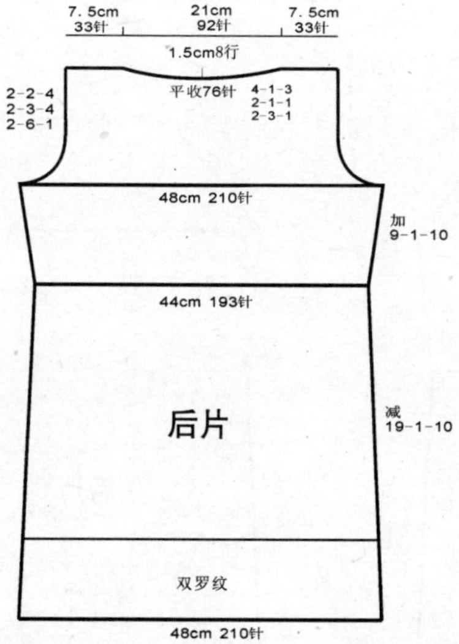

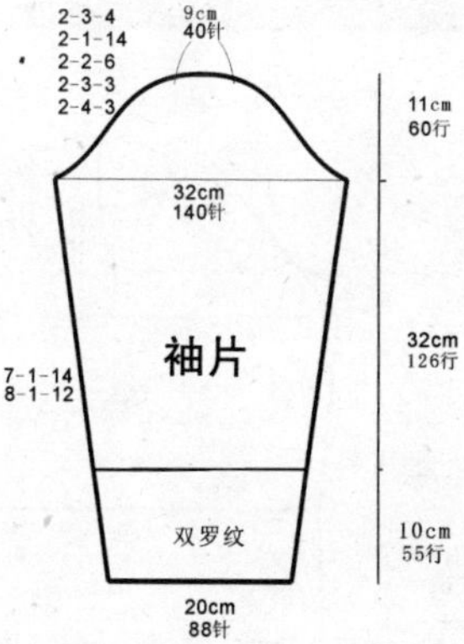

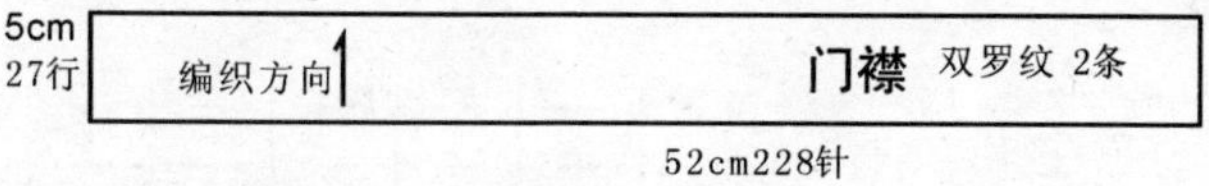

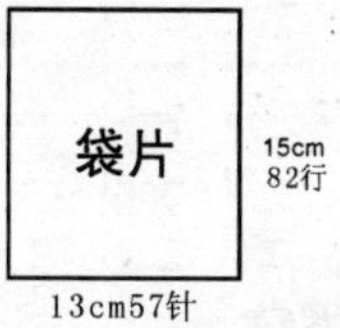

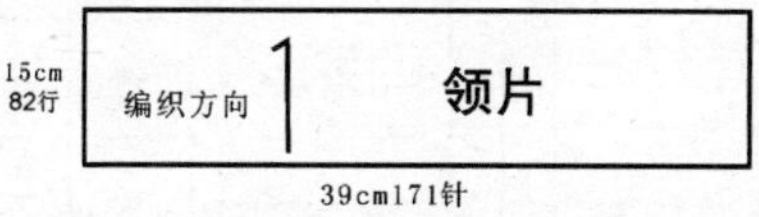

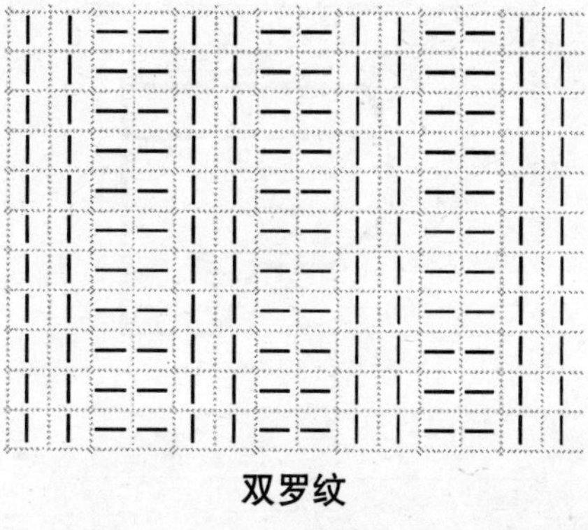

明亮带帽毛衣

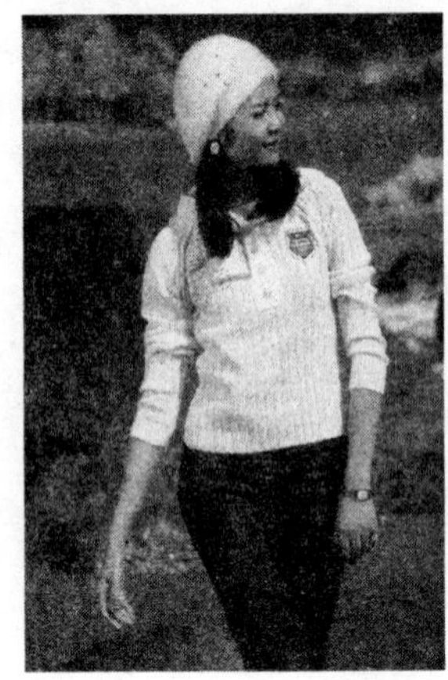

【成品尺寸】 衣长65cm　胸围96cm　袖长53cm

【工具】 1.7mm棒针　绣花针

【材料】 米白色纯羊毛线

【密度】 10cm^2：44针×55行

【附件】 纽扣4枚　钩花、标志若干

【制作过程】 前、后片按图起针，织花样，至织完成。袖片按图起针，织花样，至织完成，全部缝合。领圈挑针，织下针35cm的长矩形，边缘缝合，形成帽子。用缝衣针缝上钩花和标志，门襟另织，沿帽子前领缝合，钉上纽扣，完成。

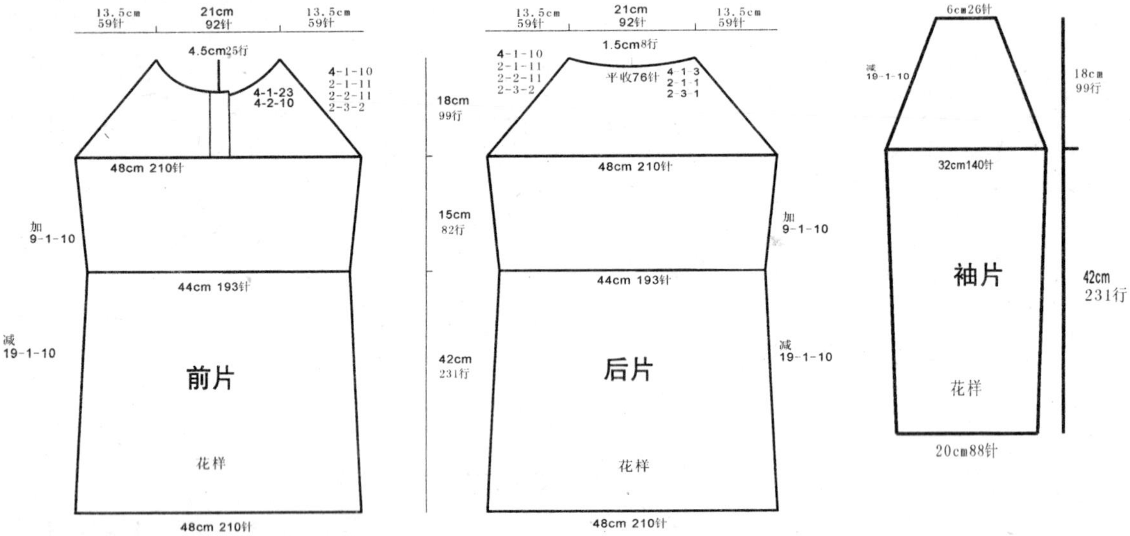

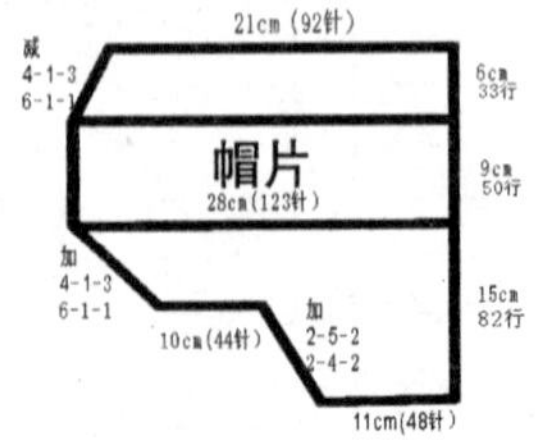

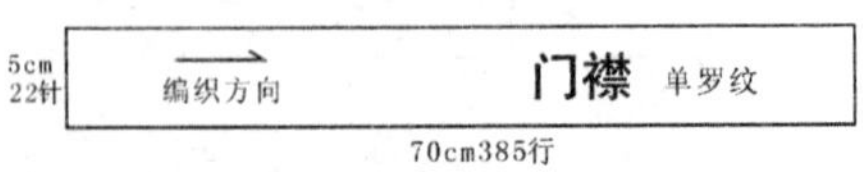

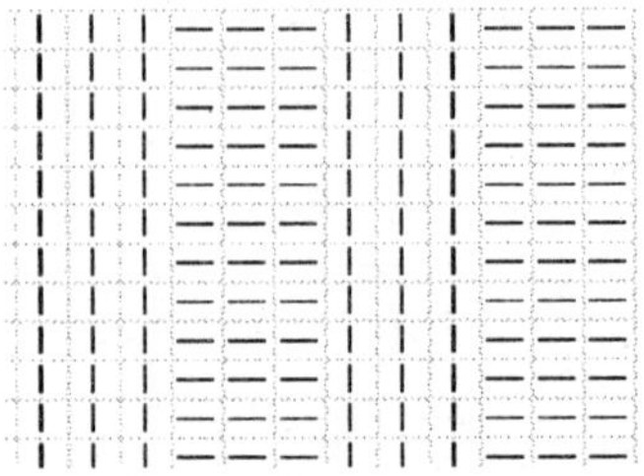

花样

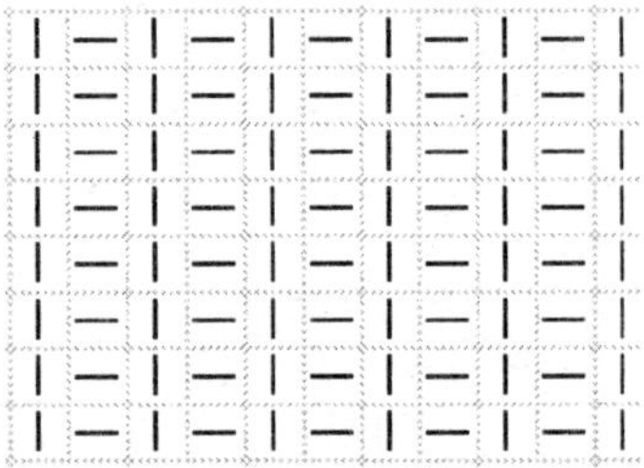

单罗纹

【成品尺寸】衣长50cm　胸围96cm　袖长54cm

【工具】5号棒针

【材料】原色棉绒线580g

【密度】10cm²：13针×20行

【附件】拉链1条　纽扣4枚　装饰毛边

【制作过程】1. 六股线编织。

2. 起64针编织后片下针，共编织到28cm时开始袖窿减针，按结构图减完针后不加减针编织到肩部。

3. 起32针编织前片花样，编织到28cm时进行袖窿减针，共编织到44cm时进行前衣领减针，按结构图减完针后收针断线。用同样方法完成另一侧前片，减针方向相反。

4. 另起7针下针单独编织腰间装饰带，共织31行后收针断线，共织2条，距下边10cm处缝实，肩部装饰带用同样方法编织。

5. 起28针编织袖口花样，从花样后编织袖片下针，按结构图所示均匀加针编织袖片，编织45cm后开始袖山减针，按图所示减针后余12针，断线。用同样方法再完成另一片袖片。

6. 沿边对应相应位置缝实，注意要将装饰带夹入缝实。沿领窝挑织下针帽片，共织32cm后，沿帽顶缝合，沿衣襟边内侧缝实拉链。沿拉链边、帽边缝实装饰毛边，钉好纽扣。

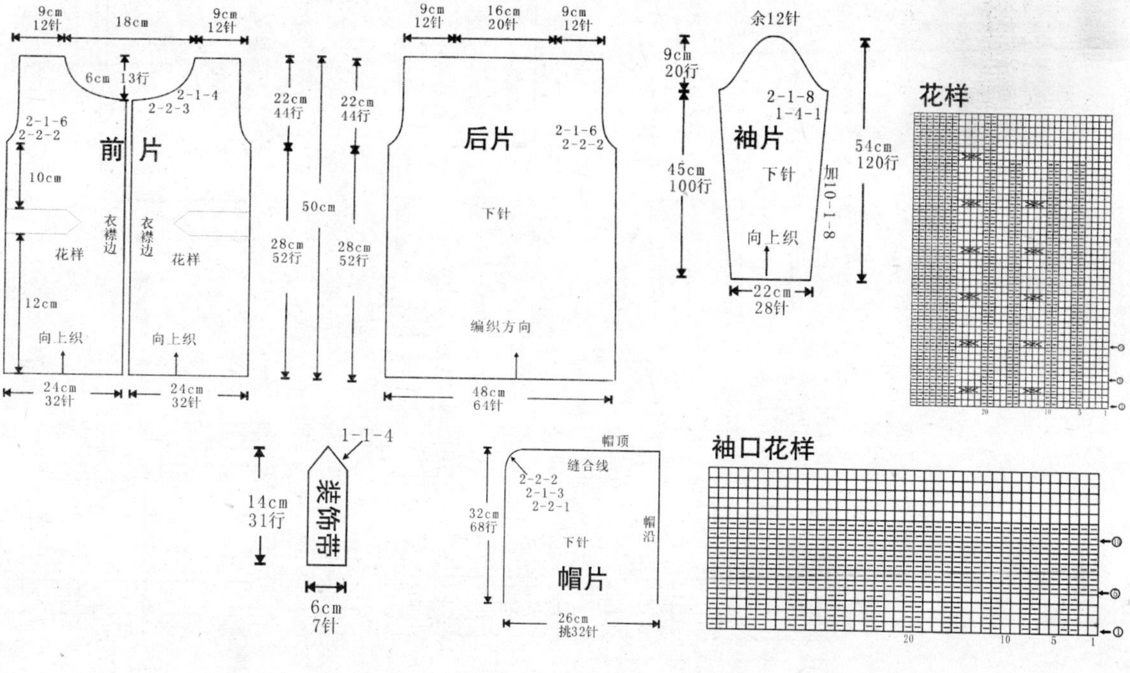

绯红修身毛衣

【成品尺寸】衣长68cm　胸围94cm　袖长54cm

【工具】7号棒针

【材料】红色毛线790g

【密度】10cm²：21针×22行

【制作过程】1. 单股线编织。毛衣由前片、后片、袖片组成。

2. 起98针编织花样后片，完成花边后开始侧缝进行加减针编织，编织到45cm后开始袖窿减针，按结构图减完针后，不加减针编织到67cm时，减出后领窝，两肩部各余11cm。

3. 用同样方法按花样起98针编织前片，在侧缝进行加减针后编织到45cm时同时进行两侧袖窿、前衣领减针，按结构图减完针后收针断线。

4. 起60针双罗纹针从袖口编织花样，按结构图所示均匀加针编织袖片，编织45cm后开始袖山减针，按图所示减针后余20针，断线。用同样方法再完成另一片袖片。

5. 沿边对应相应位置缝实。从前领穿入单独编织的装饰带。

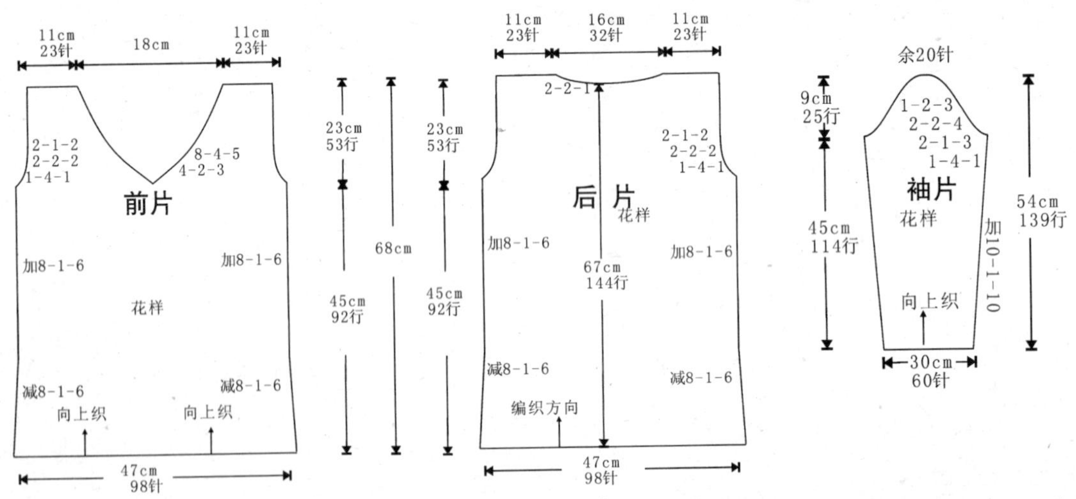

花样

【成品尺寸】衣长56cm　胸围96cm　袖长57cm

【工具】9号棒针

【材料】大红色开司米线600g

【密度】10cm²：25针×32行

【附件】装饰片

【制作过程】1. 单股线编织。

2. 起120针双罗纹针边，然后编织后片下针，编织到34cm时开始袖窿减针，身长共织到55cm时减出后领窝，按结构图减针，两肩部各余9cm。

3. 用同样方法起120针编织前片下针，织34cm时进行袖窿和前领窝减针，按图示减针后肩部余9cm。

4. 起65针双罗纹针，从袖口编织袖片下针，按图示均匀加针，编织47cm后开始袖山减针，按图所示减针后余19针，断线。用同样方法再完成另一片袖片。

5. 对应相应位置缝合，沿领窝挑织双罗纹针领边，织12cm，向内对折后沿边缝实。缝好装饰片。

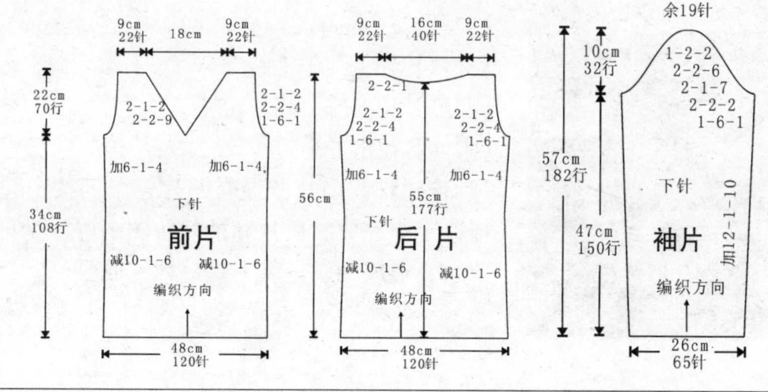

精致红色毛衣

【成品尺寸】衣长65cm　胸围96cm　袖长53cm

【工具】1.7mm棒针

【材料】玫红色纯羊毛线

【密度】10cm²：44针×55行

【附件】装饰花4朵　金属扣1枚　纽扣10枚

【制作过程】前、后片分别起针，先织双层平针底边后，改织下针，并间色和编入图案，至织完成。衣片、袖窿和领窝按图加减针。袖片按图起针，织双罗纹至织完成，袖片和袖山按图加减针，全部缝合。袖口不用缝合，袖口纽门另织，按彩图缝合，形成可开合的袖口。领圈挑针，织双罗纹24cm，形成高领。缝上装饰花和金属扣，完成。

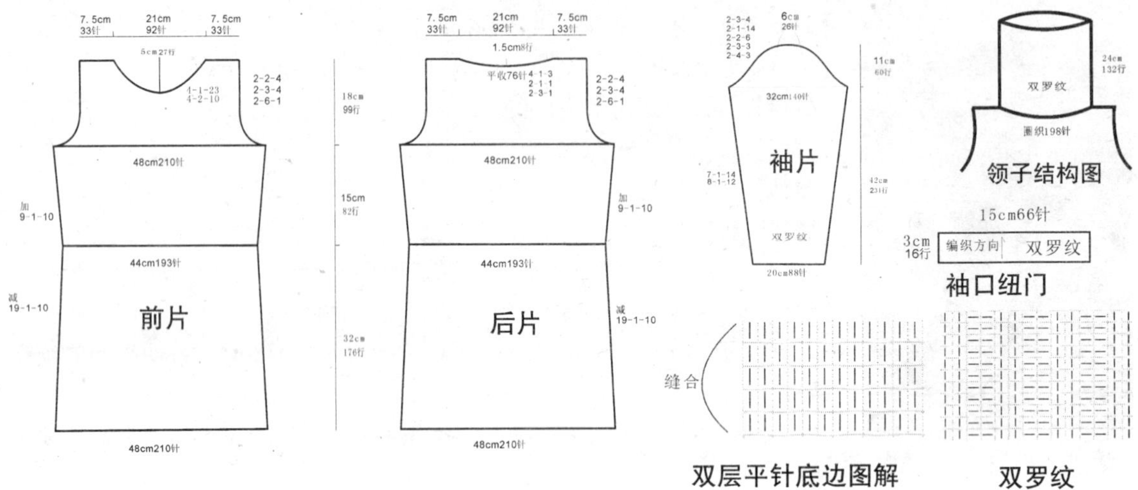

【成品尺寸】衣长65cm　胸围96cm　袖长53cm

【工具】1.7mm棒针

【材料】红色纯羊毛线

【密度】10cm²：44针×55行

【附件】拉链1条

【制作过程】前片分左右两片，分别按图起针，织10cm单罗纹后改织花样，至织完成。后片和袖片按图织好，全部缝合。领子挑针，织15cm单罗纹，形成翻领。装上拉链，完成。

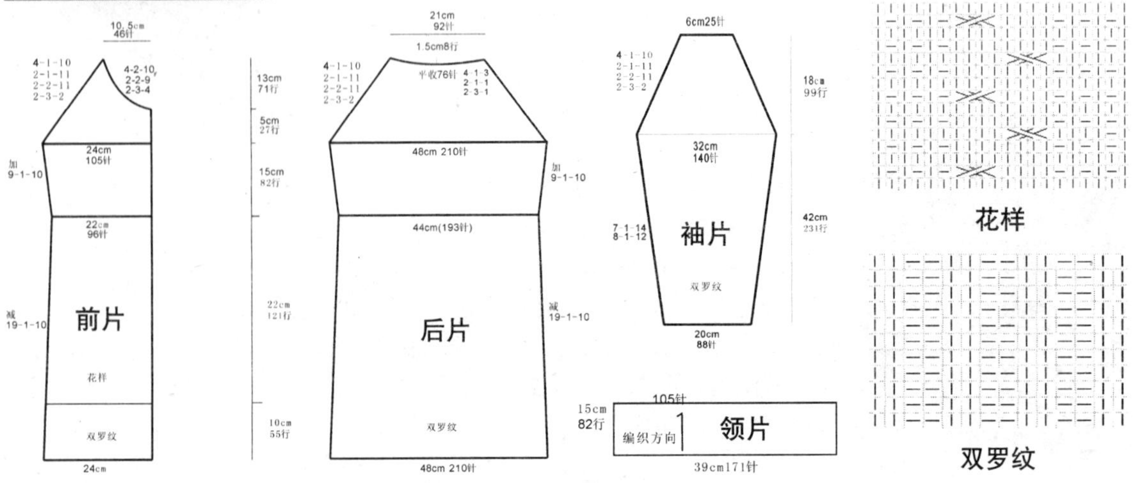

【成品尺寸】衣长38cm　胸围96cm　袖长53cm

【工具】1.7mm棒针

【材料】橙色纯羊毛线

【密度】10cm²：44针×55行

【附件】扭扣4枚　绣花图案

【制作过程】前片分左右两片，分别按图起针，织双罗纹10cm后，改织下针，至织完成。后片按图织双罗纹10cm后，改织下针，至织完成。袖片起针，织25cm双罗纹后改织下针，至织完成，全部缝合。领圈挑针，织5cm双罗纹，折边缝合，形成双层圆领。缝上绣花图案，钉上纽扣，完成。

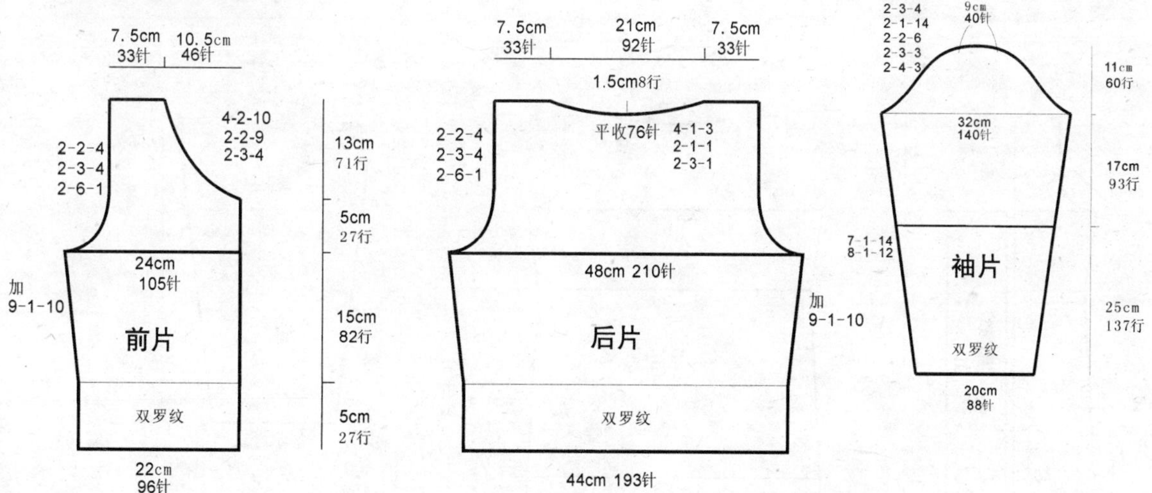

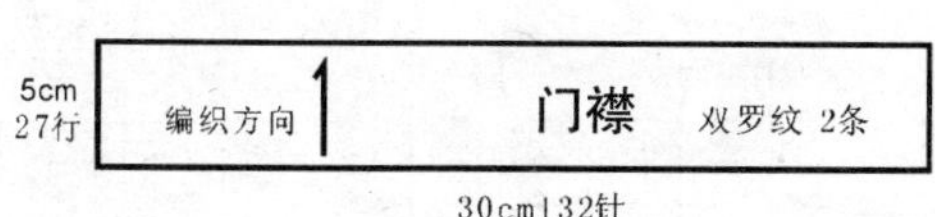

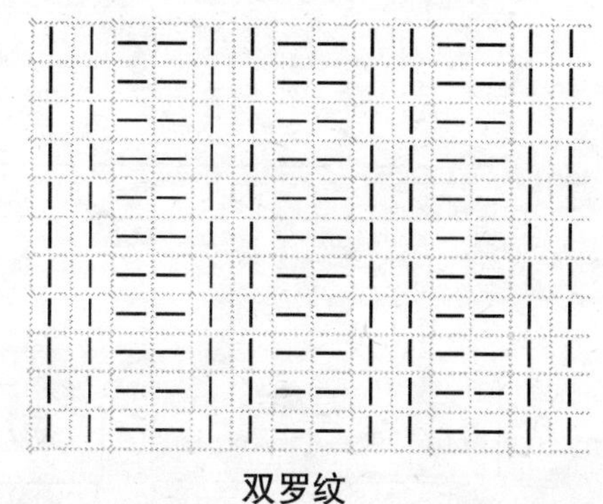

双罗纹

文雅灰色衫

【成品尺寸】衣长65cm　胸围96cm　袖长53cm

【工具】1.7mm棒针

【材料】灰色纯羊毛线

【密度】10cm²：44针×55行

【附件】纽扣8枚

【制作过程】前片分左右两片，分别按图起针，织5cm双罗纹后，改织下针，至织完成。门襟另织，与前片缝合。后片按图起针，织5cm双罗纹后，改织下针，至织完成，袖窿和领窝按图加减针。袖片按图起针，织5cm双罗纹后，改织下针，衣袖和袖山按图加减针，全部缝合。衣领分3片另织10cm双罗纹，按彩图缝合，形成翻领。缝上纽扣和衣袋，系上腰带，完成。

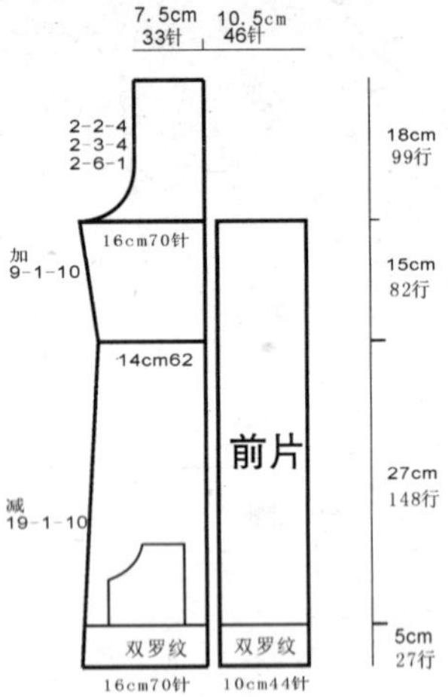

前片：7.5cm 33针　10.5cm 46针　2-2-4　2-3-4　2-6-1　18cm 99行　16cm70针　加 9-1-10　15cm 82行　14cm62　27cm 148行　减 19-1-10　5cm 27行　双罗纹　双罗纹　16cm70针　10cm44针

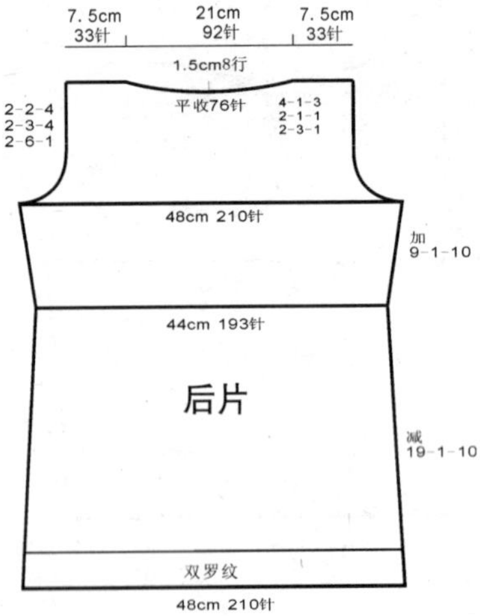

后片：7.5cm 33针　21cm 92针　7.5cm 33针　1.5cm8行　平收76针　2-2-4　2-3-4　2-6-1　4-1-3　2-1-1　2-3-1　48cm 210针　加 9-1-10　44cm 193针　减 19-1-10　双罗纹　48cm 210针

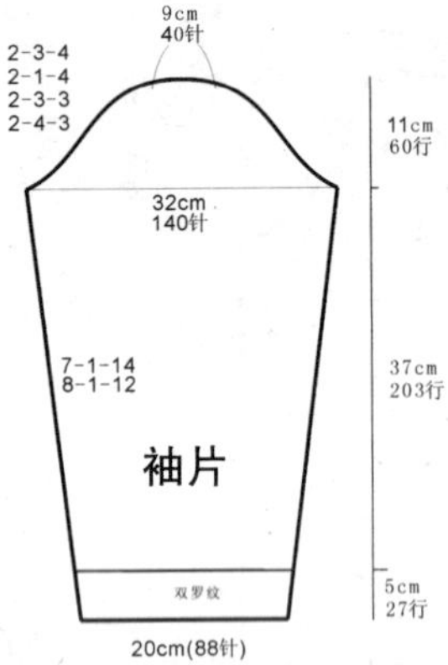

袖片：9cm 40针　2-3-4　2-1-4　2-3-3　2-4-3　11cm 60行　32cm 140针　7-1-14　8-1-12　37cm 203行　双罗纹　5cm 27行　20cm(88针)

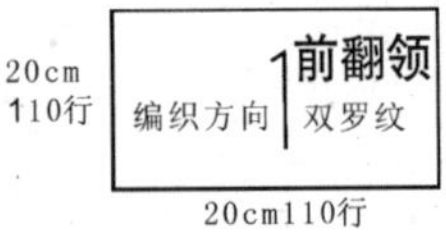

前翻领：20cm 110行　编织方向　双罗纹　20cm110行

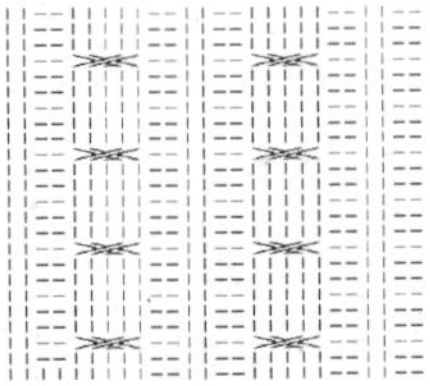

花样

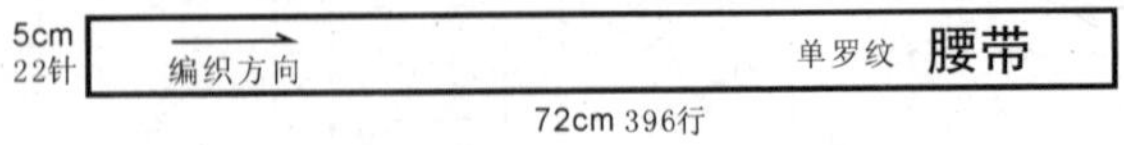

腰带：5cm 22针　编织方向　单罗纹　72cm 396行

后翻领：20cm 110行　编织方向　双罗纹　39cm171针

袋片：7cm30针　15cm 82行　花样　13cm57针

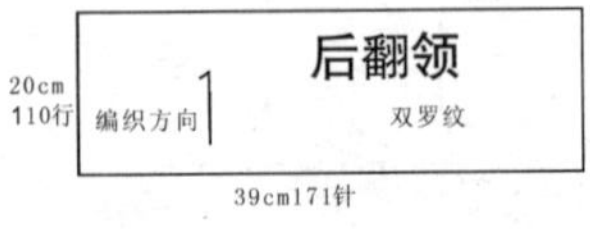

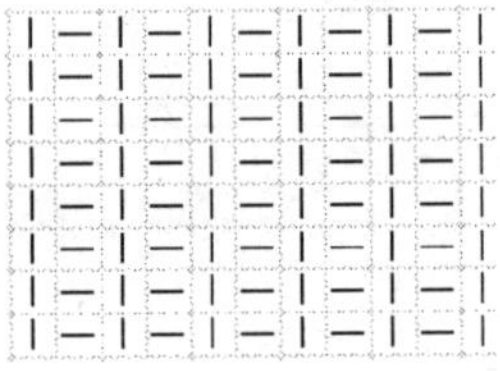

单罗纹

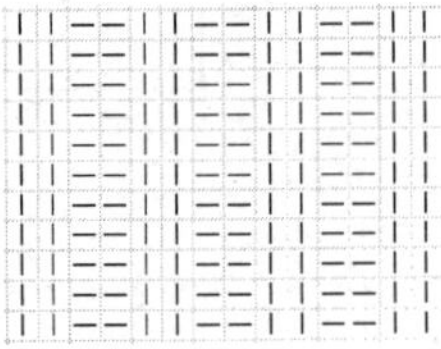

双罗纹

【成品尺寸】衣长50cm　胸围96cm　袖长54cm

【工具】5号棒针

【材料】浅灰色棉绒线580g

【密度】10cm²：13针×20行

【附件】大纽扣3枚　装饰拉链2条

【制作过程】1. 六股线编织。

2. 起64针编织后片下针，共编织到28cm时开始袖窿减针，按结构图减完针后，不加减针编织到肩部。

3. 起32针编织前片花样，编织到28cm时进行袖窿减针，共编织到44cm时进行前衣领减针，按结构图减完针后收针断线。用同样方法完成另一侧前片，减针方向相反。

4. 单独起16针编织口袋片花样，织9行后中间平收10针，第10行起加10针继续编织花样，共织18行。织两片，分别贴前片下边沿边缝实，缝上拉链。

5. 起28针编织双罗纹针后，编织下针袖片，按结构图所示均匀加针编织袖片，编织45cm后开始袖山减针，按图所示减针后余12针，断线。用同样方法再完成另一片袖片。

6. 沿边对应相应位置缝实。沿领窝挑织下针帽片，共织32cm后，沿帽顶缝合，沿衣襟边挑织双罗纹针衣边，钉好纽扣。

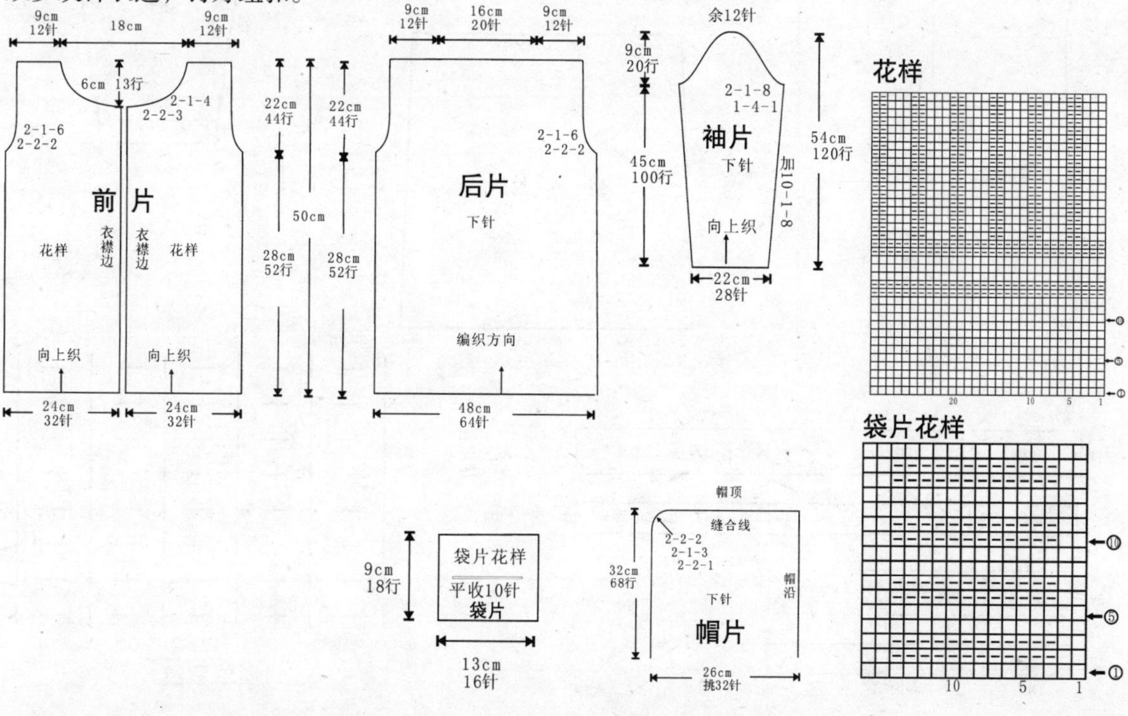

前片
9cm 12针　18cm　9cm 12针
6cm 13行
2-1-4
2-2-3
2-1-6
2-2-2
花样　衣襟边　衣襟边　花样
向上织　向上织
22cm 44行　50cm　22cm 44行
28cm 52行　28cm 52行
24cm 32针　24cm 32针

后片
9cm 12针　16cm 20针　9cm 12针
2-1-6
2-2-2
下针
编织方向
48cm 64针

袖片
余12针
9cm 20行
2-1-8
1-4-1
下针
加10-1-8
向上织
45cm 100行
54cm 120行
22cm 28针

花样

袋片花样

袋片花样
平收10针
袋片
9cm 18行
13cm 16针

帽片
帽顶
缝合线
2-2-2
2-1-3
2-2-1
下针
帽沿
32cm 68行
26cm 挑32针

创意炫彩衫

【成品尺寸】衣长55cm　胸围96cm　袖长53cm

【工具】1.7mm棒针

【材料】黄色、白色、粉红色纯羊毛线

【密度】10cm²：44针×47行

【制作过程】前片分左右两片，分别按图起针，织下针，并间色，衣摆圆角部分按图收针，至织完成。后片起针，织下针并间色，至织完成。袖片按图织好，全部缝合。沿着后片下摆、前片门襟、后领窝挑针，织两层10cm单罗纹，形成花边。系上带子，完成。

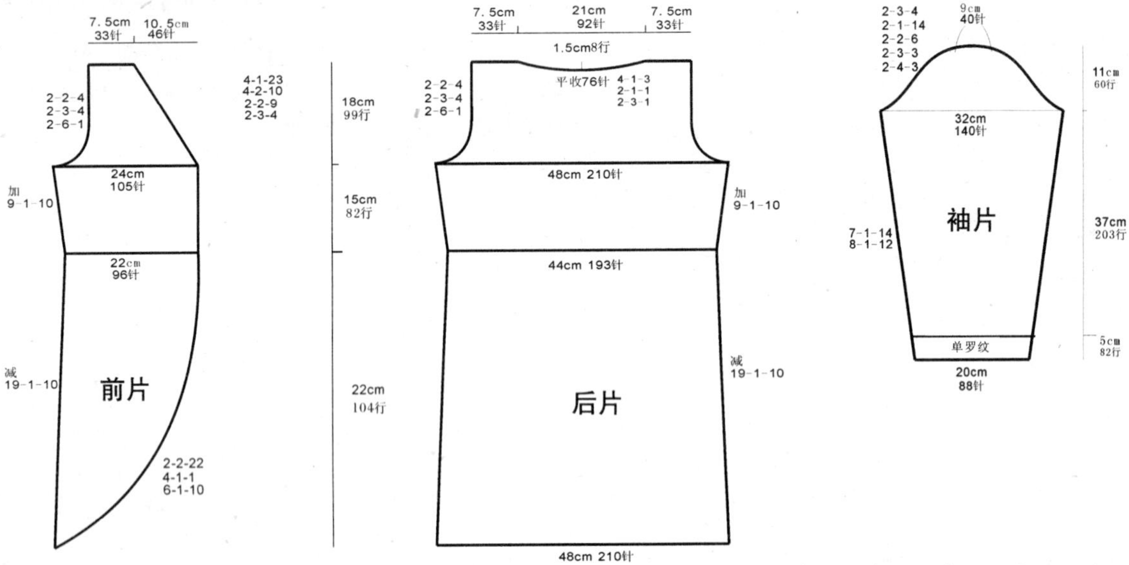

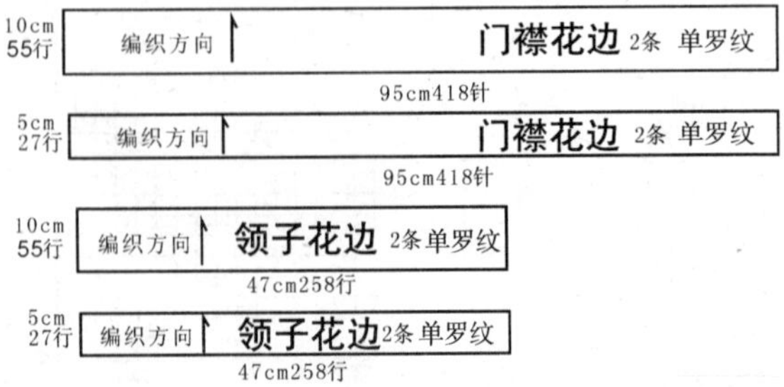

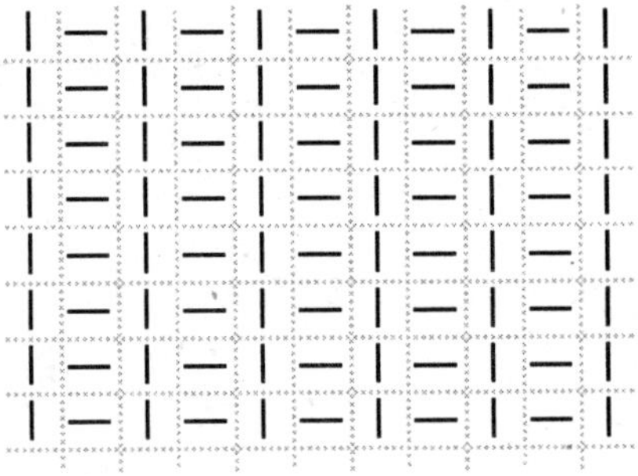

【成品尺寸】衣长65cm　胸围96cm　袖长53cm

【工具】1.7mm棒针

【材料】浅蓝色、红色、白色纯羊毛线

【密度】10cm²：44针×47行

【附件】拉链1条

【制作过程】前、后片分左右两片，分别按图起针，织下针，至织完成。下摆另织10cm单罗纹，按图间色，袖片分别按图起针，织下针，至织完成。袖口另织10cm单罗纹，按图间色，全部缝合。门襟挑针，折边缝合，形成双层门襟，领圈挑针，织10cm单罗纹，形成翻领。装上拉链，完成。

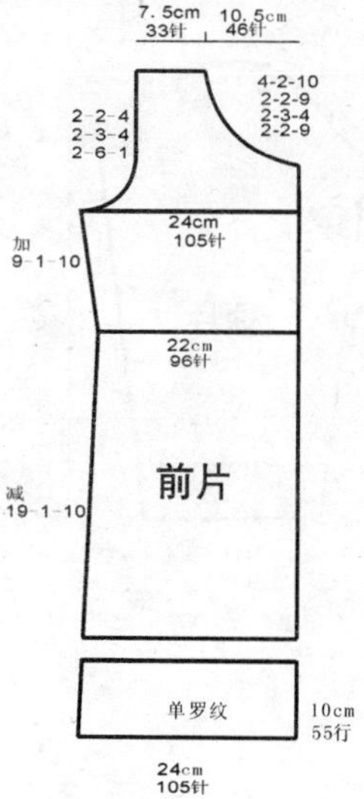

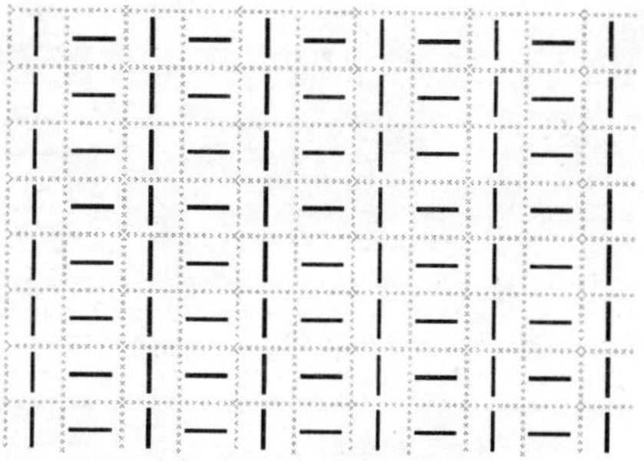

前片
7.5cm 33针　10.5cm 46针
2-2-4
2-3-4
2-6-1
4-2-10
2-2-9
2-3-4
2-2-9
24cm 105针
加 9-1-10
22cm 96针
减 19-1-10
单罗纹　10cm 55行
24cm 105针

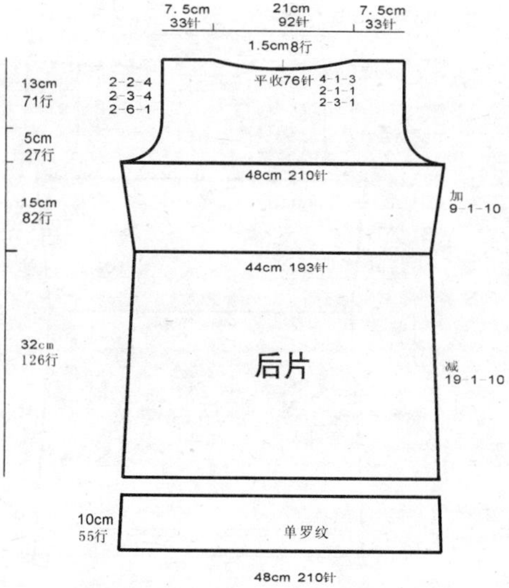

后片
7.5cm 33针　21cm 92针　7.5cm 33针
1.5cm 8行
平收76针
2-2-4
2-3-4
2-6-1
4-1-3
2-1-1
2-3-1
13cm 71行
5cm 27行
48cm 210针
15cm 82行
加 9-1-10
44cm 193针
32cm 126行
减 19-1-10
10cm 55行　单罗纹
48cm 210针

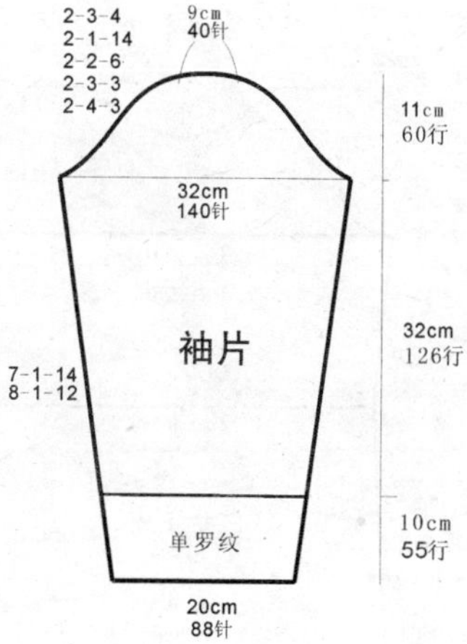

袖片
2-3-4
2-1-14
2-2-6
2-3-3
2-4-3
9cm 40针
11cm 60行
32cm 140针
32cm 126行
7-1-14
8-1-12
单罗纹
10cm 55行
20cm 88针

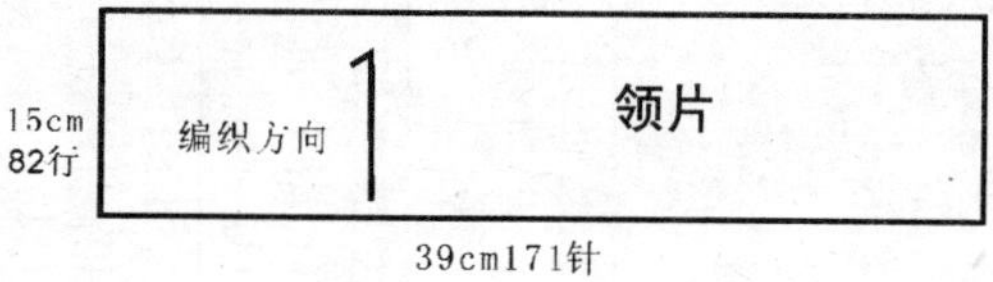

领片
15cm 82行　编织方向
39cm171针

单罗纹

温婉米色衫

【成品尺寸】衣长65cm　胸围96cm　袖长53cm

【工具】1.7mm棒针

【材料】浅黄色纯羊毛线

【密度】10cm²：44针×55行

【制作过程】前、后片按图起针，织双罗纹3cm后，前片改织花样A，后片改织花样B，至织完成。袖片按图起针，织5cm双罗纹后，改织花样B至织完成，全部缝合。领圈挑针，织下针后褶边缝合，形成双层圆领，完成。

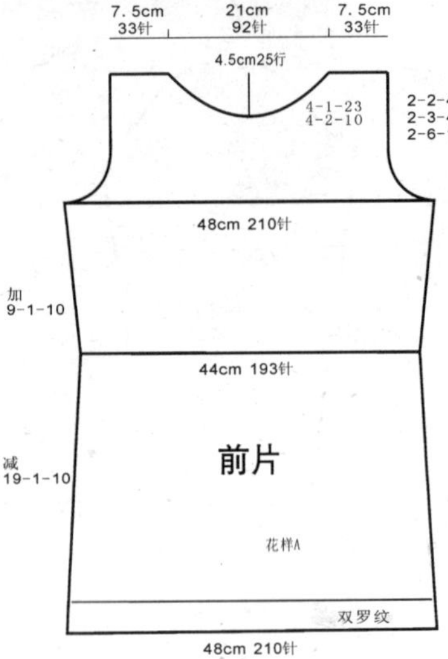

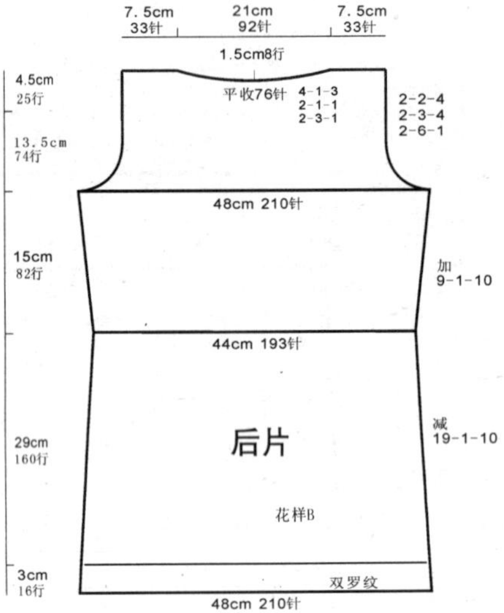

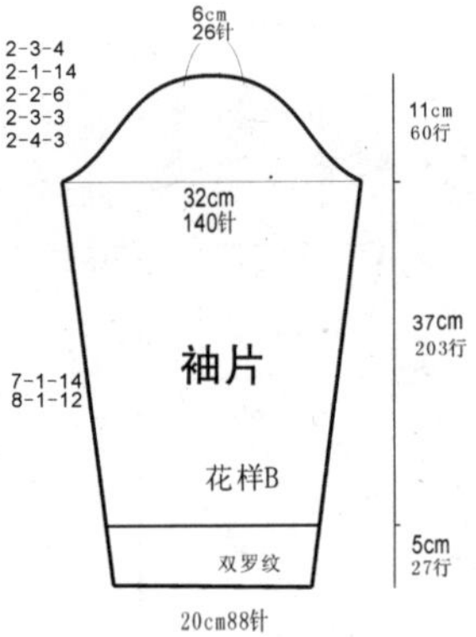

前片：7.5cm 33针　21cm 92针　7.5cm 33针；4.5cm25行；4-1-23　4-2-10；2-2-4　2-3-4　2-6-1；48cm 210针；加 9-1-10；44cm 193针；减 19-1-10；花样A；双罗纹；48cm 210针

4.5cm 25行；13.5cm 74行；15cm 82行；29cm 160行；3cm 16行

后片：7.5cm 33针　21cm 92针　7.5cm 33针；1.5cm8行；平收76针　4-1-3　2-1-1　2-3-1；2-2-4　2-3-4　2-6-1；48cm 210针；加 9-1-10；44cm 193针；减 19-1-10；花样B；双罗纹；48cm 210针

袖片：6cm 26针；2-3-4　2-1-14　2-2-6　2-3-3　2-4-3；11cm 60行；32cm 140针；37cm 203行；7-1-14　8-1-12；花样B；双罗纹；5cm 27行；20cm88针

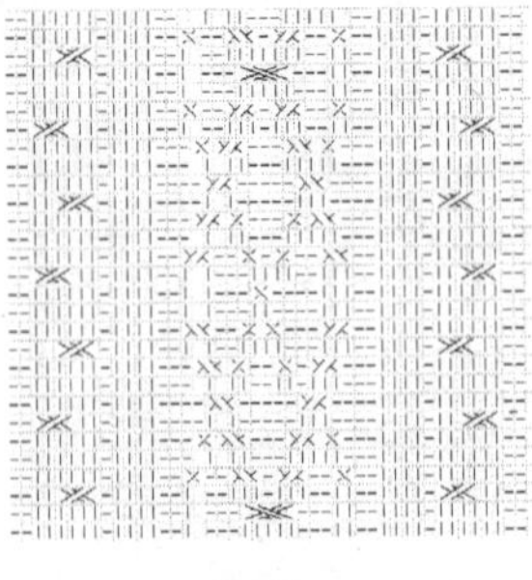

花样A

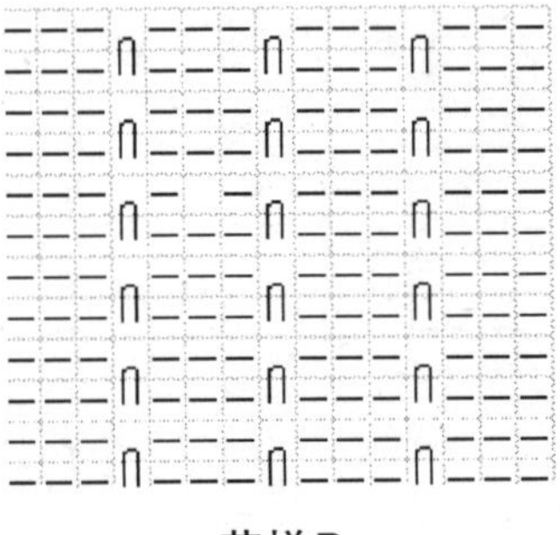

花样B

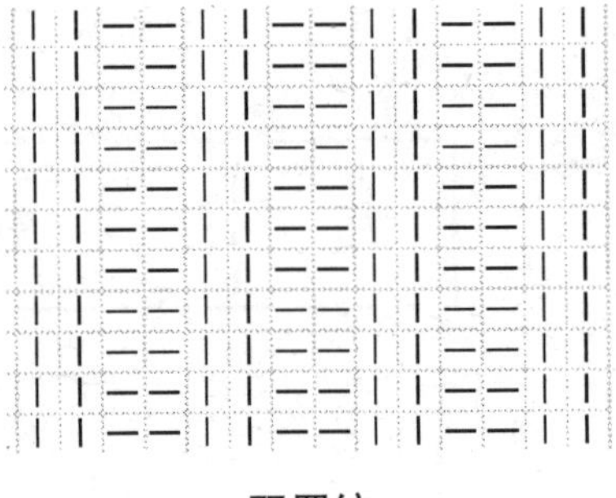

双罗纹

【成品尺寸】衣长65cm　胸围96cm　袖长53cm
【工具】1.7mm棒针
【材料】米白色纯羊毛线
【密度】10cm²：44针×55行
【附件】拉链1条
【制作过程】前片分左右两片，分别按图起针，织10cm单罗纹后，改织下针，至织完成。后片和袖片分别起针，织单罗纹10cm后，改织下针，至织完成，全部缝合。门襟另织，与前片缝合，领圈挑针，织15cm双罗纹的长方形，装上拉链，形成翻领。衣袋织好缝合于前片，完成。

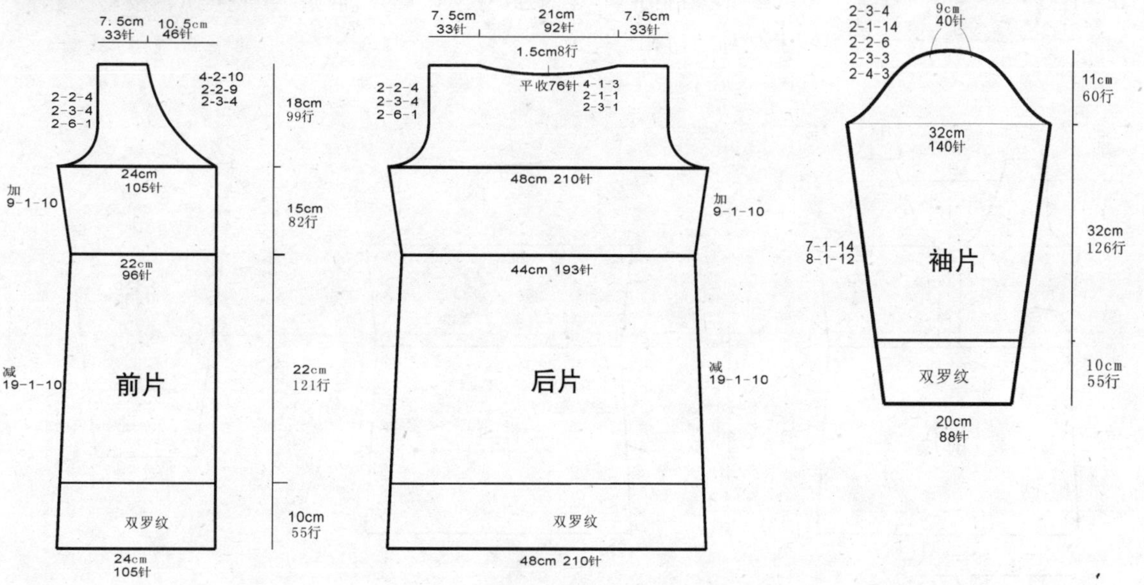

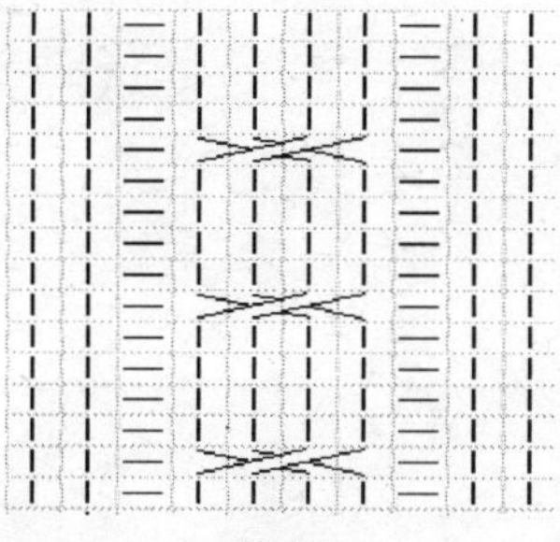

前片：7.5cm 33针，10.5cm 46针；2-2-4，2-3-4，2-6-1；4-2-10，2-2-9，2-3-4；18cm 99行；24cm 105针；加 9-1-10；15cm 82行；22cm 96针；减 19-1-10；22cm 121行；双罗纹；10cm 55行；24cm 105针

后片：7.5cm 33针，21cm 92针，7.5cm 33针；1.5cm 8行；平收76针 4-1-3，2-1-1，2-3-1；2-2-4，2-3-4，2-6-1；48cm 210针；加 9-1-10；44cm 193针；减 19-1-10；双罗纹；48cm 210针

袖片：2-3-4，2-1-14，2-2-6，2-3-3，2-4-3；9cm 40针；11cm 60行；32cm 140针；7-1-14，8-1-12；32cm 126行；双罗纹；10cm 55行；20cm 88针

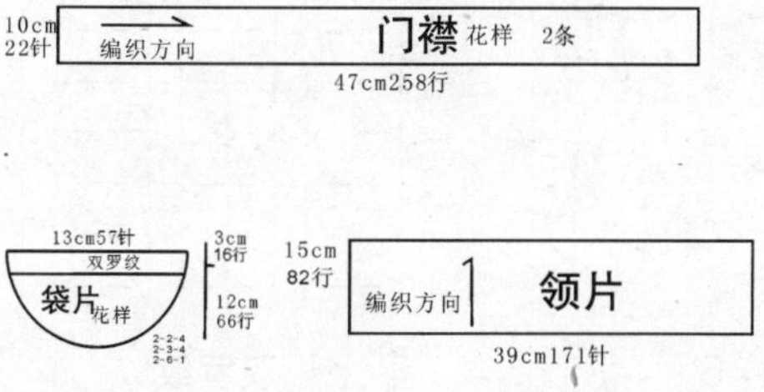

门襟 花样 2条：10cm 22针；编织方向；47cm 258行

袋片 花样：13cm 57针；双罗纹；3cm 16行；12cm 66行；2-2-4，2-3-4，2-6-1

领片：15cm 82行；编织方向；39cm 171针

花样

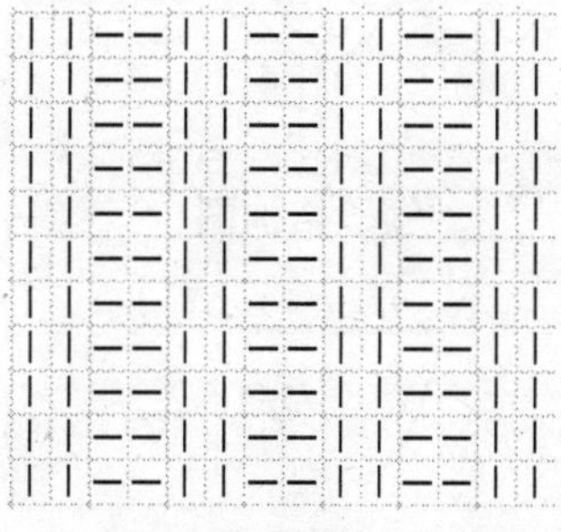

双罗纹

雅致粉色毛衣

【成品尺寸】衣长65cm　胸围96cm　袖长53cm

【工具】1.7mm棒针

【材料】粉红色纯羊毛线

【密度】$10cm^2$：44针×55行

【附件】亮片若干　纽扣3枚

【制作过程】前片分别按图起针，织双罗纹32cm后，改织下针，并分成左右两片，至织完成。后片按图起针，织双罗纹32cm后，改织下针，至织完成。袖窿和领窝按图加减针，袖片按图起针，织双罗纹15cm后，改织花样B，至织完成。衣袖和袖山按图减针，全部缝合。门襟挑针，织5cm下针，折边缝合，形成双层门襟。前领另织花样A，按彩图缝合，缝上亮片和纽扣，完成。

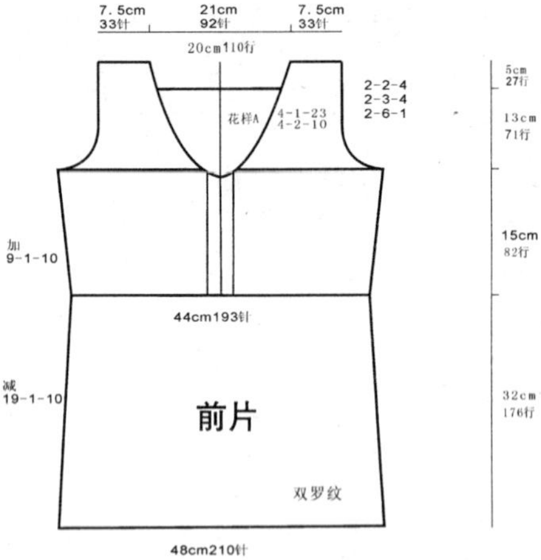

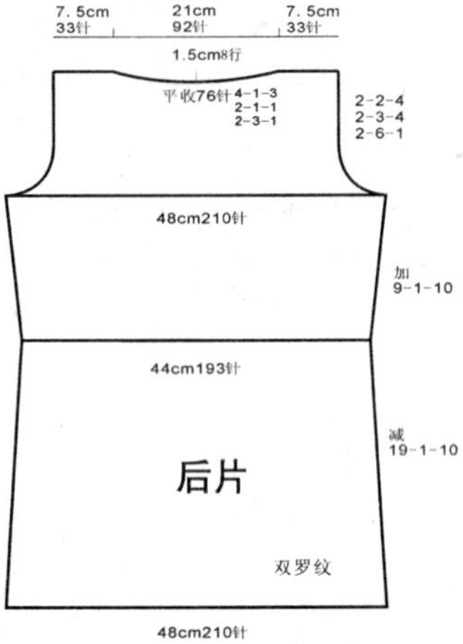

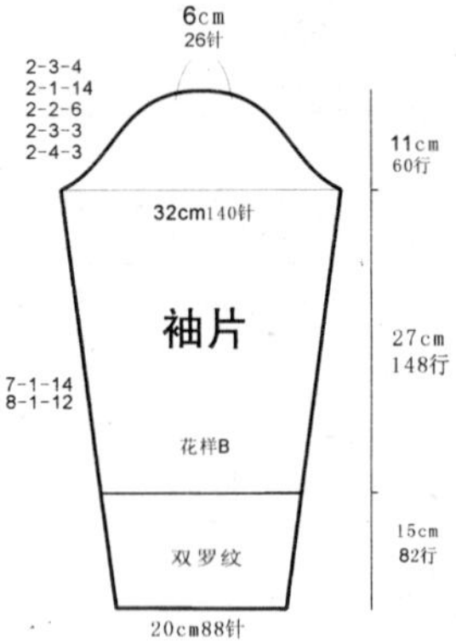

7.5cm 33针　21cm 92针　7.5cm 33针

20cm110行

2-2-4
2-3-4
2-6-1

花样A　4-1-23
4-2-10

5cm 27行
13cm 71行
15cm 82行
32cm 176行

加 9-1-10

44cm193针

减 19-1-10

前片

双罗纹

48cm210针

7.5cm 33针　21cm 92针　7.5cm 33针

1.5cm8行

平收76针 4-1-3
2-1-1
2-3-1

2-2-4
2-3-4
2-6-1

48cm210针

加 9-1-10

44cm193针

减 19-1-10

后片

双罗纹

48cm210针

6cm 26针

2-3-4
2-1-14
2-2-6
2-3-3
2-4-3

11cm 60行

32cm140针

袖片

27cm 148行

7-1-14
8-1-12

花样B

15cm 82行

双罗纹

20cm88针

领子结构图

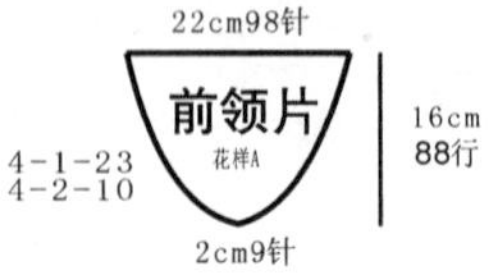

22cm98针

前领片

花样A

4-1-23
4-2-10

16cm 88行

2cm9针

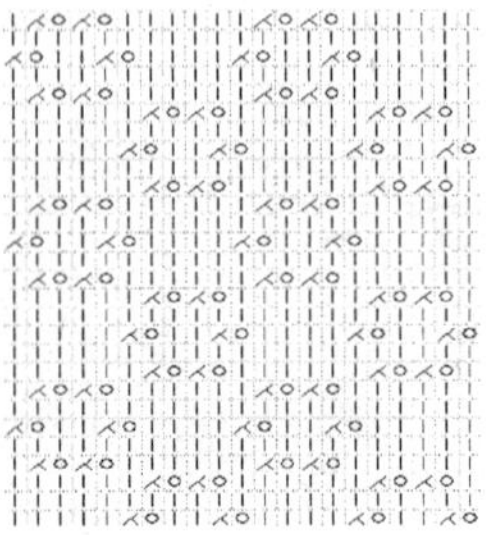

花样A

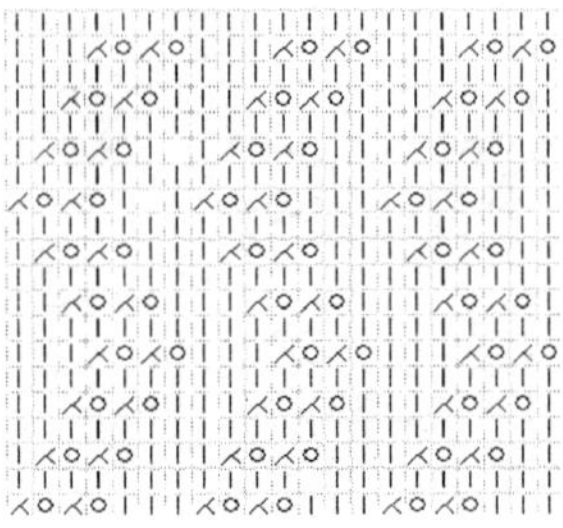

花样B

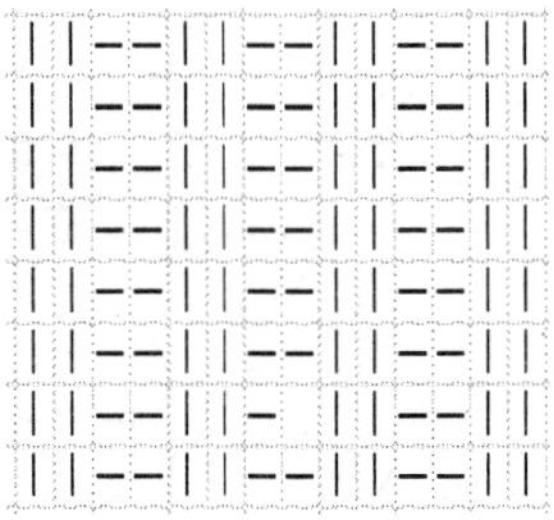

双罗纹

【成品尺寸】衣长65cm　胸围96cm　袖长53cm

【工具】1.7mm棒针

【材料】粉红色、白色纯羊毛线

【密度】10cm²：44针×55行

【附件】纽扣6枚

【制作过程】前片按图起针，织10cm单罗纹，然后分左右两片织下针，并间色，按图至织完成。后片按图起针，织10cm单罗纹后，改织下针，并间色至织完成。袖片按图起针，织10cm双罗纹，后改织下针，并间色至织完成，全部缝合。门襟另织，与前片缝合，钉上纽扣，系上腰带，完成。

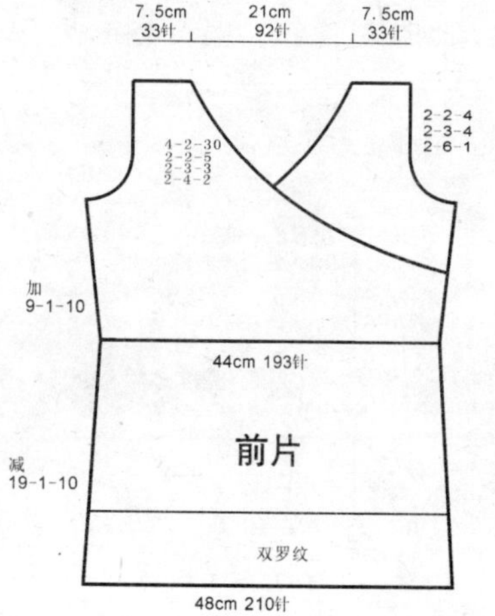

7.5cm 33针　21cm 92针　7.5cm 33针

2-2-4
2-3-4
2-6-1

4-2-30
2-2-5
2-3-3
2-4-2

18cm 99行

7.5cm 41行

7.5cm 41行

加 9-1-10

44cm 193针

前片

22cm 121行

减 19-1-10

双罗纹

10cm 55行

48cm 210针

7.5cm 33针　21cm 92针　7.5cm 33针

1.5cm8行

平收76针　4-1-3
2-1-1
2-3-1

2-2-4
2-3-4
2-6-1

48cm 210针

加 9-1-10

44cm 193针

后片

减 19-1-10

双罗纹

48cm 210针

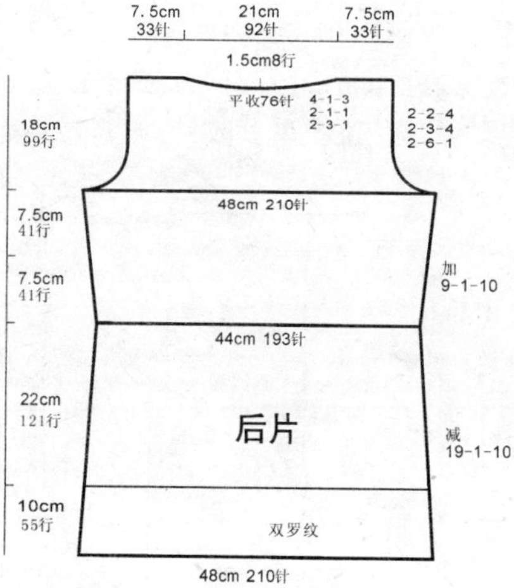

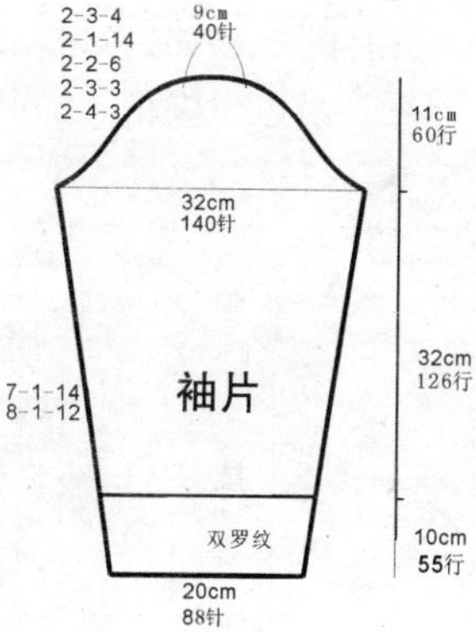

2-3-4
2-1-14
2-2-6
2-3-3
2-4-3

9cm 40针

11cm 60行

32cm 140针

7-1-14
8-1-12

袖片

32cm 126行

双罗纹

10cm 55行

20cm 88针

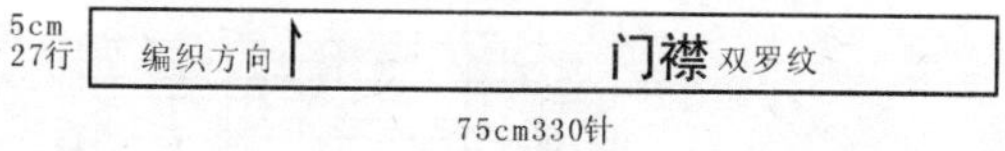

5cm 27行　编织方向　门襟 双罗纹

75cm330针

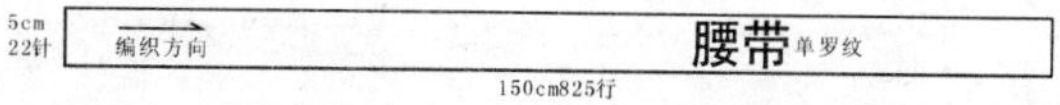

5cm 22针　编织方向　腰带 单罗纹

150cm825行

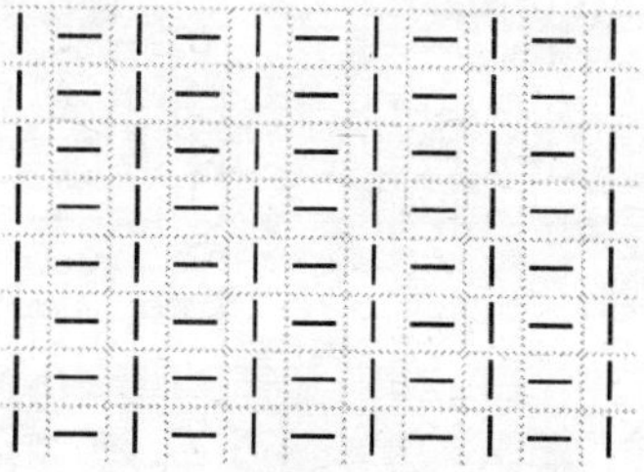

单罗纹

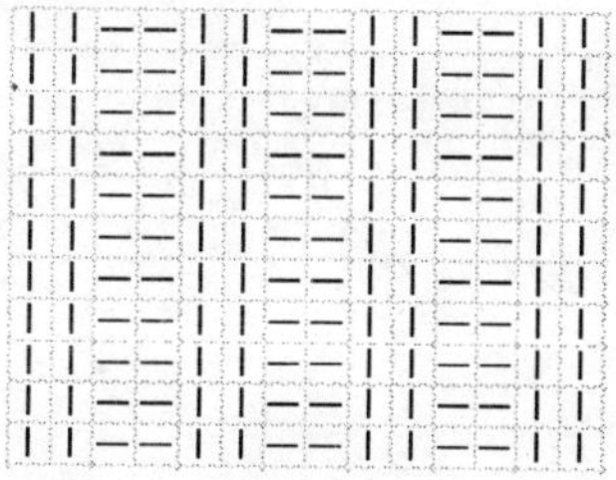

双罗纹

【成品尺寸】衣长58cm　胸围98cm　袖长54cm

【工具】7号棒针

【材料】粉色棉绒线830g

【密度】10cm²：21针×25行

【附件】拉链1条

【制作过程】1. 二股线编织。

2. 起100针单罗纹针下边，编织18行后编织后片下针，共编织到35cm时开始袖窿减针，按结构图减完针后，不加减针编织到56cm时，减出后领窝，两肩部各余10cm。

3. 起52针完成单罗纹针后按花样A编织前片，编织到35cm时进行袖窿减针，共编织到52cm时进行前衣领减针，按结构图减完针后收针断线。用同样方法完成另一侧前片，减针方向相反。

4. 起56针单罗纹针编织后，按花样B编织袖片，按结构图所示均匀加针编织，编织45cm后开始袖山减针，按图所示减针后余22针，断线。同样方法再完成另一片袖片。

5. 沿边对应相应位置缝实。另起针挑织单罗纹针领边。沿衣襟边内侧缝实拉链。

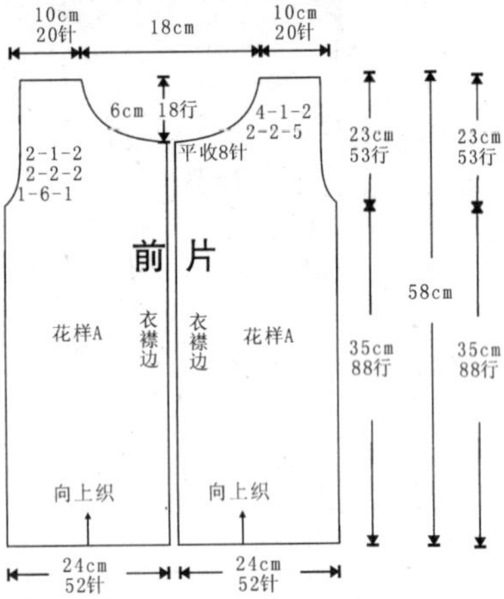

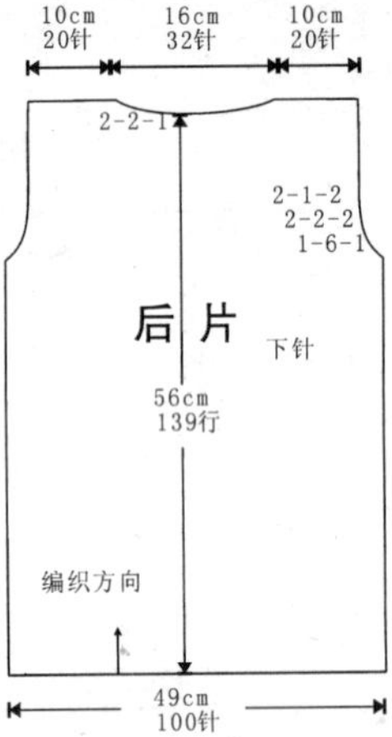

10cm 20针　18cm　10cm 20针　6cm　18行　4-1-2　2-2-5　平收8针　2-1-2　2-2-2　1-6-1　23cm 53行　23cm 53行　58cm　前片　花样A　衣襟边　衣襟边　花样A　35cm 88行　35cm 88行　向上织　向上织　24cm 52针　24cm 52针

10cm 20针　16cm 32针　10cm 20针　2-2-1　2-1-2　2-2-2　1-6-1　后片　下针　56cm 139行　编织方向　49cm 100针

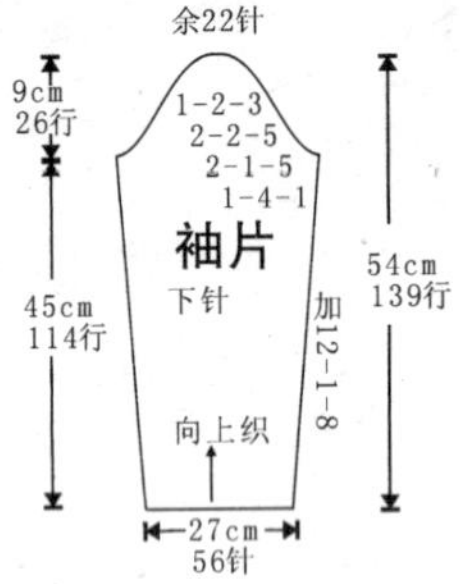

余22针　9cm 26行　1-2-3　2-2-5　2-1-5　1-4-1　袖片　下针　45cm 114行　加12-1-8　54cm 139行　向上织　27cm 56针

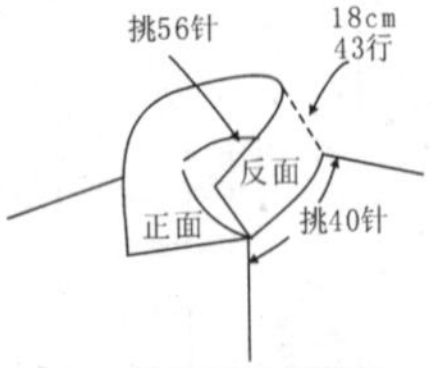

挑56针　18cm 43行　反面　正面　挑40针

领子结构图

花样A

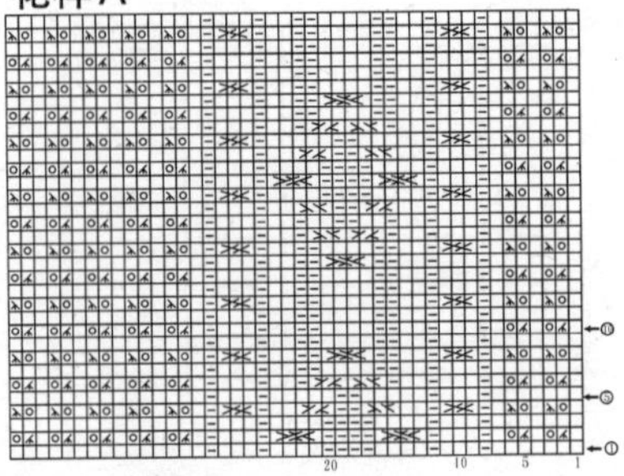

花样B

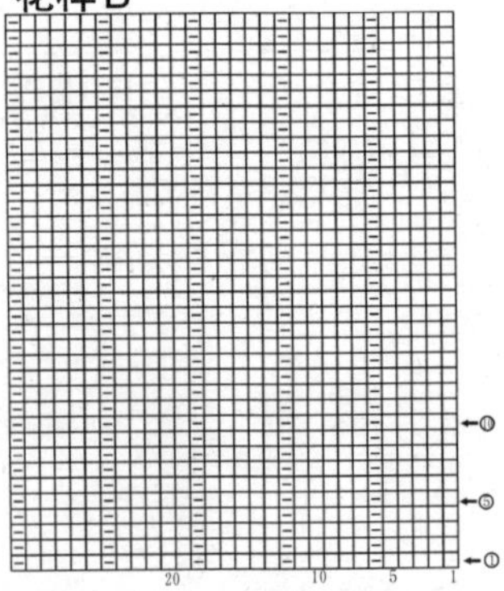

素雅短款毛衣

【成品尺寸】衣长65cm　胸围96cm　袖长53cm

【工具】1.7mm棒针

【材料】黑色纯羊毛线

【密度】10cm²：44针×55行

【附件】拉链1条　帽子的毛毛边1条

【制作过程】前片分左右两片，分别按图起针，织10cm双罗纹，改织花样至织完成。后片和袖片分别按图起针，织10cm双罗纹后改织下针，至织完成，全部缝合。领圈挑针，织15cm双罗纹的长方形，装上拉链，形成翻领。衣袋织好，左边的衣袋装拉链，缝合前片，帽子另织。缝合领圈，完成。

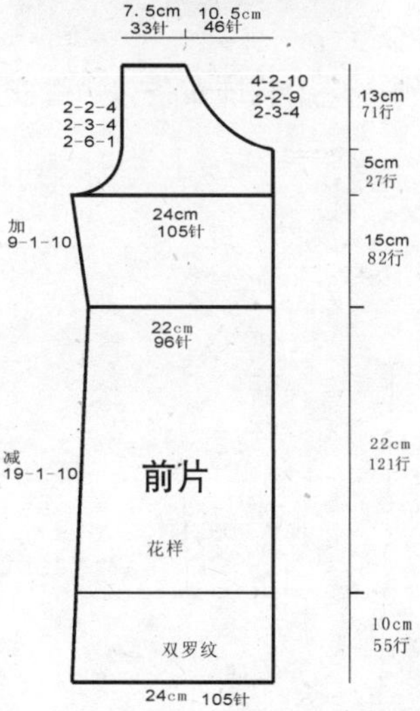

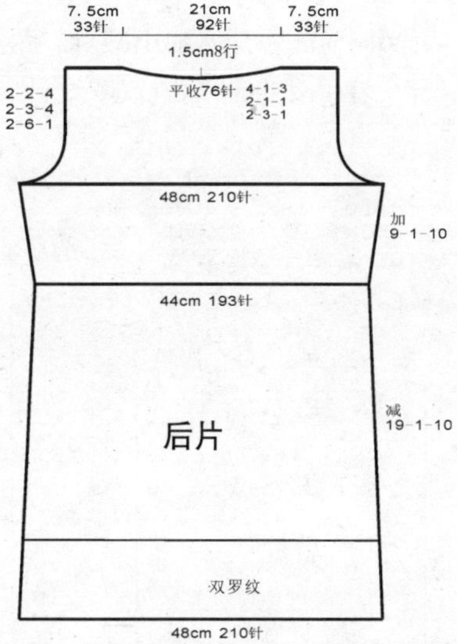

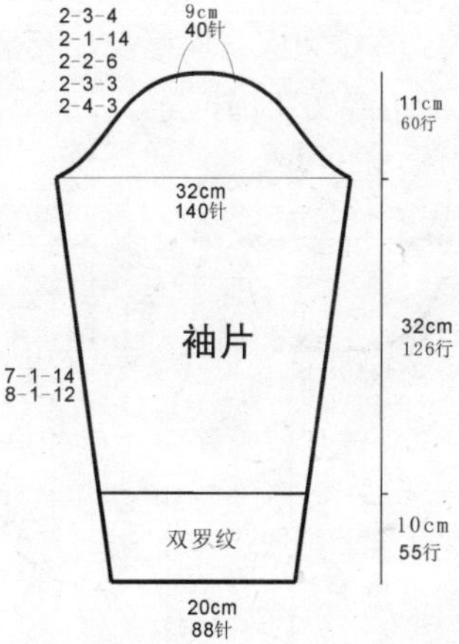

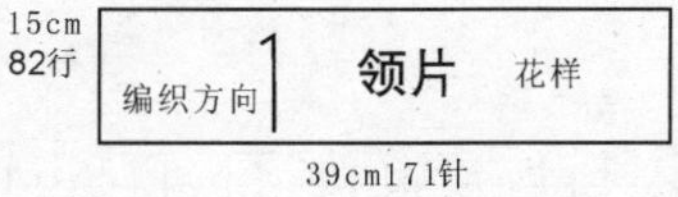

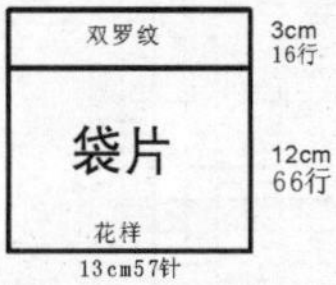

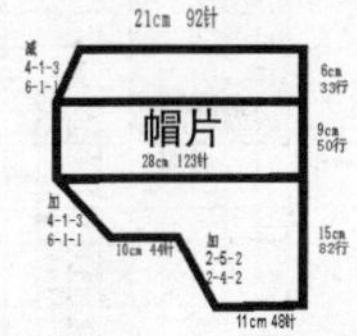

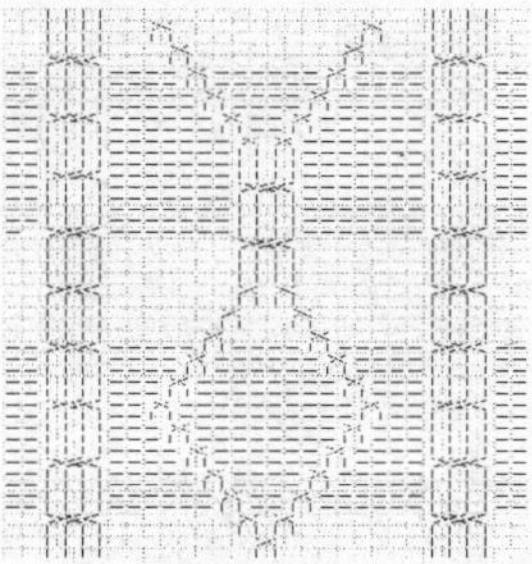

花样

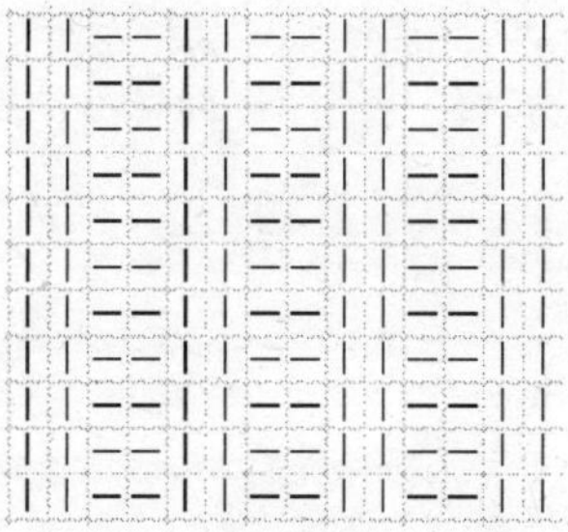

双罗纹

【成品尺寸】衣长57cm　胸围88cm　袖长54cm

【工具】11号棒针

【材料】黑色细毛线520g

【密度】10cm²：25针×32行

【附件】装饰布条　拉链2条

【制作过程】1. 单股线编织。

2. 起110针双罗纹针编织后片花样，不加减针共织35cm开始袖窿减针，按图减针后，收针断线。

3. 先起70针双罗纹针编织一侧前下片花样，织38行，再另起40针双罗纹针编织另一侧前下片织38行，第39行将两片连接一起编织，身长编织至40cm时，在同一花样上再次将两片分开编织。身长编织至35cm时开始袖窿减针，身长共编织至52cm时进行前领减针，按图示减针后两肩部各余25针。

4. 起62针从袖口编织袖片花样，编织45cm后开始袖山减针，最后余22针。

5. 整体完成，连接身片及袖片缝合。在领边起针挑织双罗纹针花样领边。用装饰布条包边缝实后，沿边缝实装饰拉链。

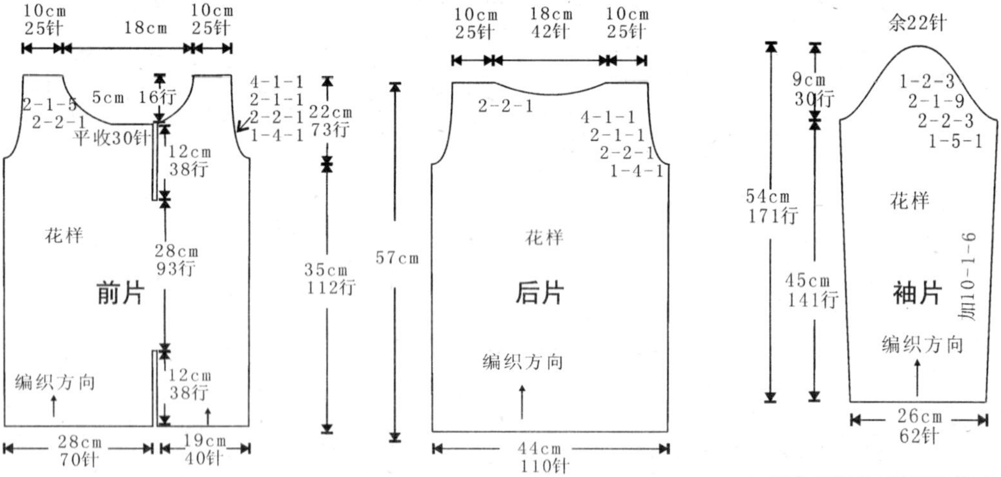

10cm 25针　18cm　10cm 25针
2-1-5
2-2-1
5cm 16行
平收30针
4-1-1
2-1-1
2-2-1
1-4-1
22cm 73行
12cm 38行
花样
28cm 93行
35cm 112行
57cm
前片
12cm 38行
编织方向
28cm 70针　19cm 40针

10cm 25针　18cm 42针　10cm 25针
2-2-1
4-1-1
2-1-1
2-2-1
1-4-1
花样
后片
编织方向
44cm 110针

余22针
9cm 30行
1-2-3
2-1-9
2-2-3
1-5-1
54cm 171行
花样
45cm 141行
袖片
加10-1-6
编织方向
26cm 62针

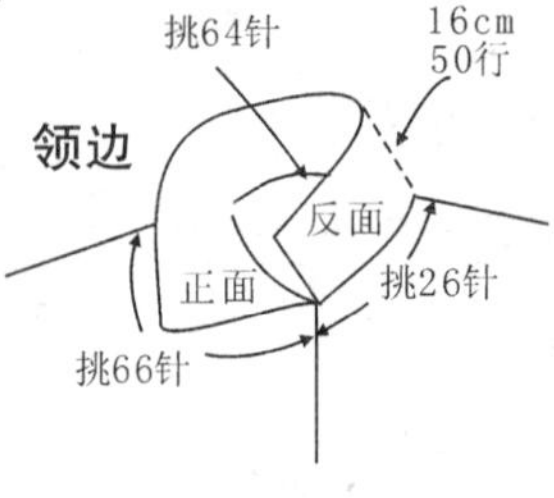

挑64针
16cm 50行
领边
反面
正面
挑26针
挑66针

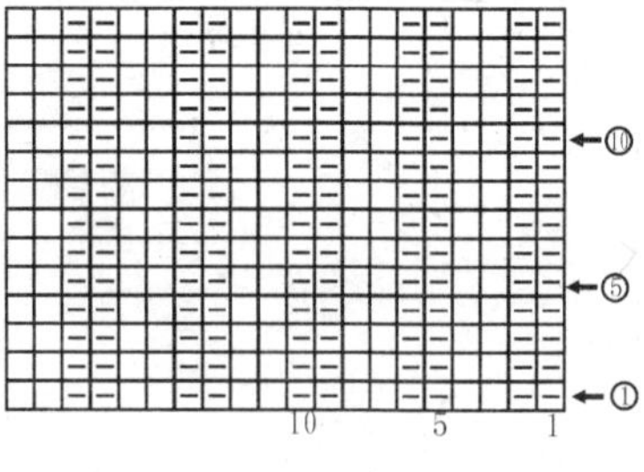

花样
⑩
⑤
①
10　5　1

【成品尺寸】衣长54cm 胸围96cm 袖长69cm

【工具】9号棒针

【材料】蓝色开司米线720g

【密度】10cm²：22针×28行

【附件】大纽扣8枚

【制作过程】1. 三股线编织。

2. 起96针上针编织后片，两侧加减针收腰后，共织32cm开始袖窿减针，按结构图减针到肩部，余24针。

3. 起86针编织前片上针，花样衣襟边随前片同织，侧缝加减针收腰，衣襟边不加减针，共编织32cm后收腰，侧缝边开始袖窿减针，身长共编织到52cm时沿衣襟边进行前衣领减针，按结构图减完针后收针断线。用同样方法编织另一片前片，减针方向相反。一侧留出扣眼位置。

4. 起65针花样从袖口开始编织袖片，共织6cm，然后反方向再织上针袖片，即两花样的编织面相反。按结构图所示均匀加针，共编织47cm后开始袖山减针，按图所示减针后余19针，断线，将花样边向外翻后（即正面）沿袖缝与袖片缝合。用同样方法再完成另一片袖片。

5. 将前、后片及袖片对应位置缝合。从一侧衣襟边方向沿领窝挑织花样及单罗纹针领片，花样针与衣襟边花样相符，共织12cm后收针断线，缝好纽扣。

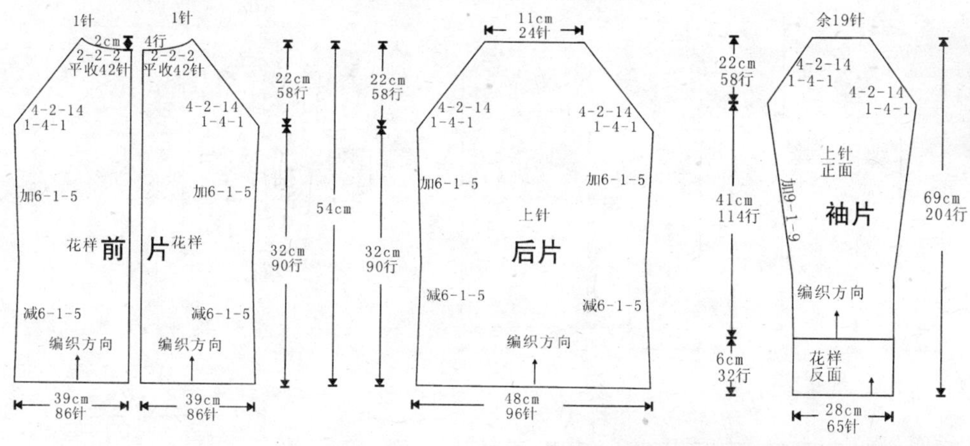

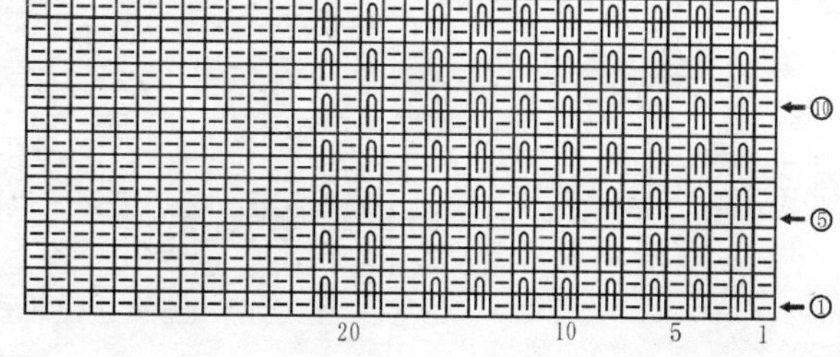

风情镂空衫

【成品尺寸】衣长64cm　胸围98cm　袖长54cm

【工具】7号棒针

【材料】白色棉绒线960g

【密度】10cm²：21针×25行

【制作过程】1. 四股线编织。

2. 起100针花样B编织后片，共编织到42cm时开始袖窿减针，按结构图减完针后，不加减针编织到62cm时，减出后领窝，两肩部各余10cm。

3. 起100针花样A编织前片，编织到42cm时进行袖窿、前衣领减针，前领窝收针后不加减针编织到肩部。按结构图减完针后收针断线。

4. 起60针花样A从袖口开始编织袖片，按结构图所示均匀加针编织袖片，编织45cm后开始袖山减针，按图所示减针后余20针，断线。用同样方法再完成另一片袖片。

5. 沿边对应相应位置缝实。起针单独挑织一侧双罗纹针前领片，织55行后断线，用同样方法挑织另一侧前领片，从前领片一侧中间连接后领窝挑织后领片，共织14cm后，收针断线。

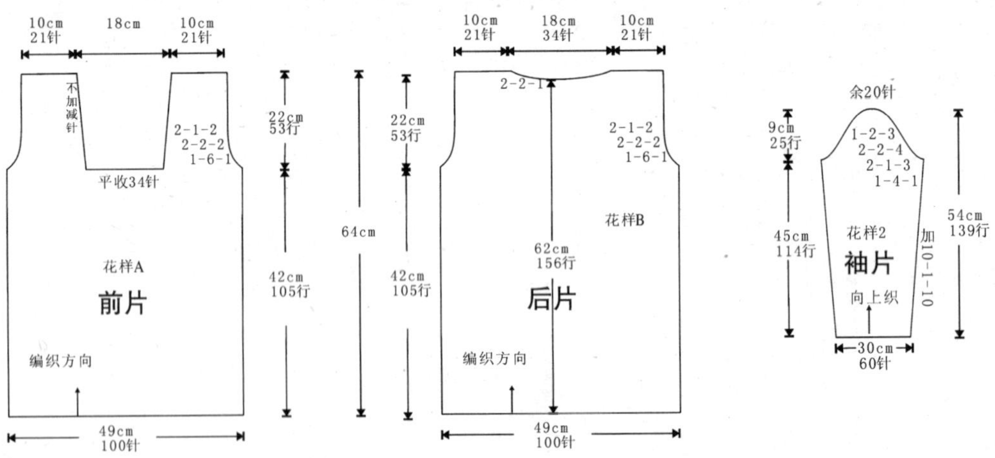

领边挑织示意图

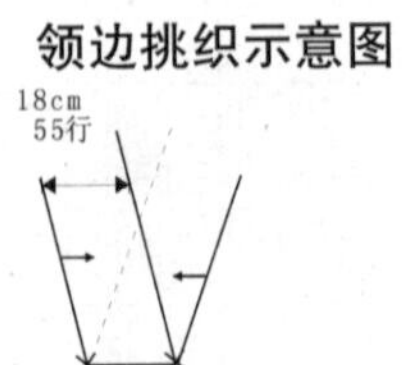

花样A　花样B

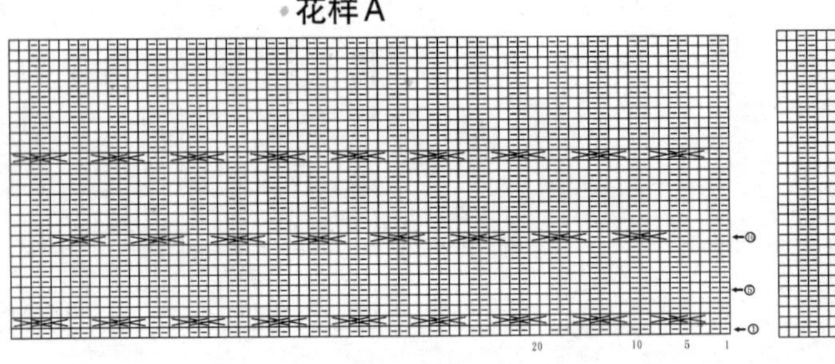

【成品尺寸】衣长75cm　胸围84cm　袖长62cm

【工具】7号棒针　6号钩针

【材料】白色马海毛线270g

【密度】10cm²：21针×19行

【制作过程】1. 二股线编织。

2. 起88针编织后片花样，编织到53cm时开始袖窿减针，按结构图减完针后，不加减针编织到74cm时，减出后领窝，两肩部各余8cm。

3. 起46针编织前片花样，编织53cm后开始进行袖窿、前衣领减针，按结构图减完针后收针断线。用同样方法完成另一侧前片，减针方向相反。

4. 起85针从袖口编织袖片下针，按结构图示加减针，编织53cm后开始袖山减针，按图所示减针后余20针，断线。用同样方法再完成另一片袖片。

5. 沿边对应相应位置缝实。另起针挑钩装饰衣边。

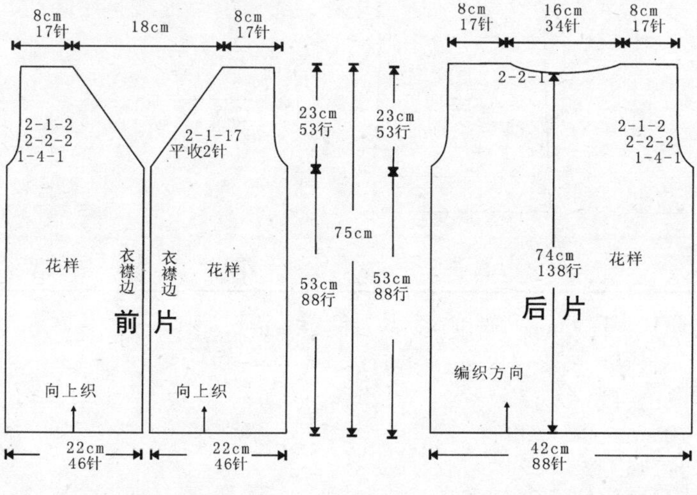

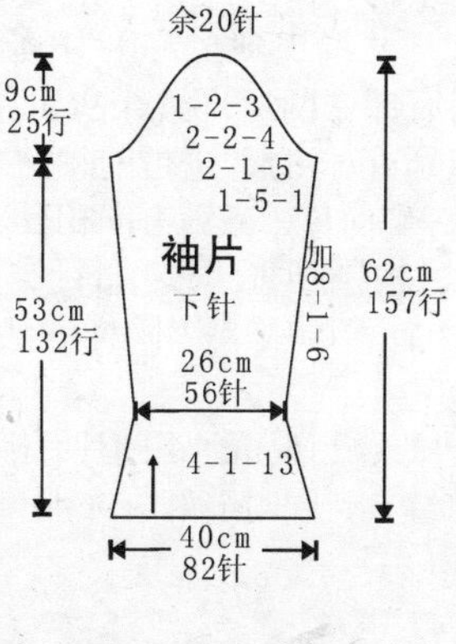

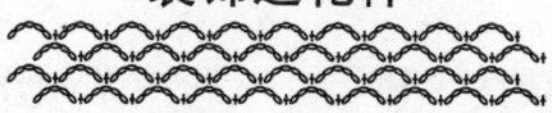

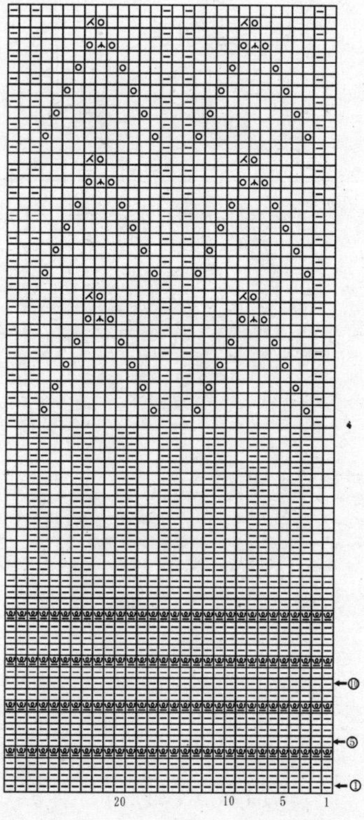

清爽修身长衫

【成品尺寸】衣长85cm　胸围96cm　袖长53cm

【工具】1.7mm棒针

【材料】米白色纯羊毛线

【密度】10cm²：44针×55行

【制作过程】前、后片分别按图起针，编织单罗纹10cm后改织下针，并织花样，至编织完成。袖片按图起针，织15cm单罗纹后改织下针，并织花样，至编织完成。领圈挑针，织单罗纹5cm，形成叠领。完成。

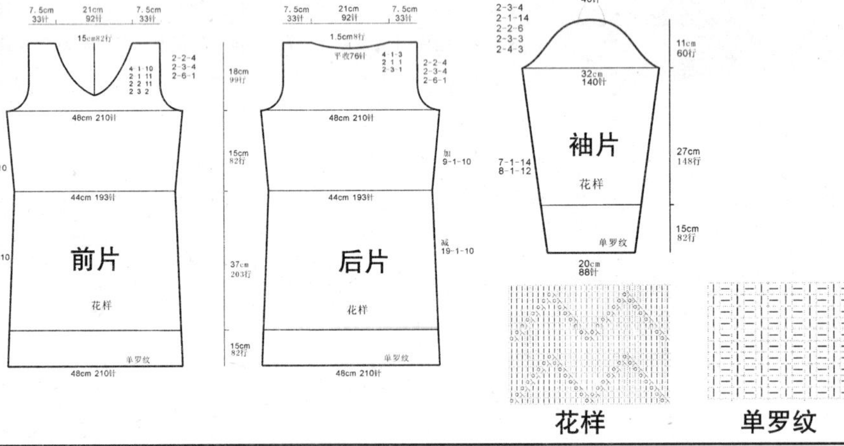

领子结构图

花样

单罗纹

【成品尺寸】衣长74cm　胸围96cm　袖长57cm

【工具】9号棒针

【材料】白色丝光毛线700g

【密度】10cm²：25针×32行

【附件】纽扣13枚

【制作过程】1. 单股线编织。

2. 起120针双罗纹针边，编织后片下针，共编织到52cm时开始袖窿减针，按结构图减完针后，不加减针编织到肩部，两肩部各余9cm。

3. 起60针下针前片，袖窿减针后身长织到66cm时，进行前领窝减针，按图示减针后肩部余9cm。用同样方法完成另一侧前片，减针方向相反。

4. 起65针从袖口编织袖片下针，按结构图所示均匀加针，编织47cm后开始袖山减针，按图所示减针后余19针，断线。用同样方法再完成另一片袖片。

5. 起60针下针编织口袋片，不加减针织6cm，然后按图减出袋口，袋片共织15cm，织两片，随前后片侧缝缝合时缝入前片。起32针编织12cm下针上袋片，贴前片沿袋片内侧缝实，同时缝好装饰带。

6. 沿对应位置将各片缝合，挑织双罗纹针衣襟边、领边。钉好纽扣。

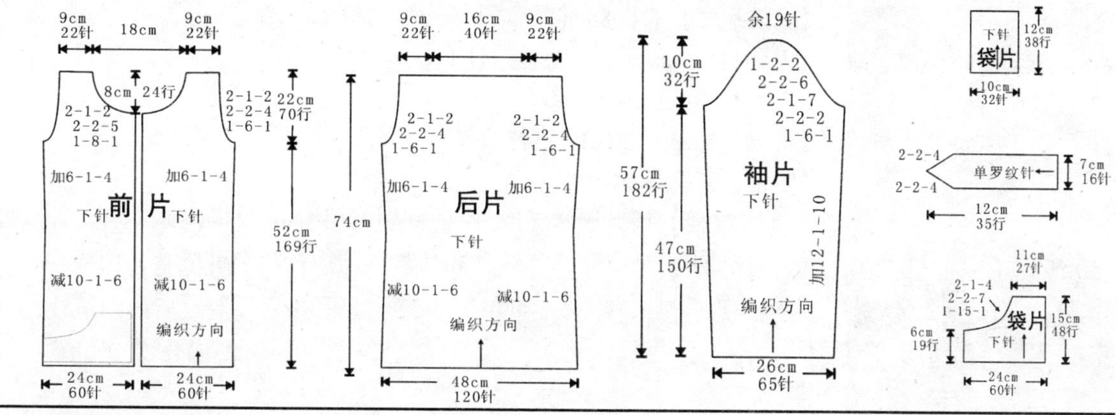

柔美浅色长衫

【成品尺寸】衣长85cm　胸围96cm　袖长53cm

【工具】1.7mm棒针

【材料】米白色纯羊毛线

【密度】10cm²：44针×53行

【附件】钮扣3枚　腰带1条

【制作过程】前、后片分别按图起针，编织10cm花样A后，改织下针32cm，再织10cm双罗纹，即分成左右两片织下针，至编织完成。袖片按图起针，织5cm单罗纹后改织花样B，至编织完成。领圈挑针，织单罗纹35cm的长方形，边缘缝合，形成帽子。门襟另织，与前片和帽缘缝合，用缝衣针缝上钮扣，完成。

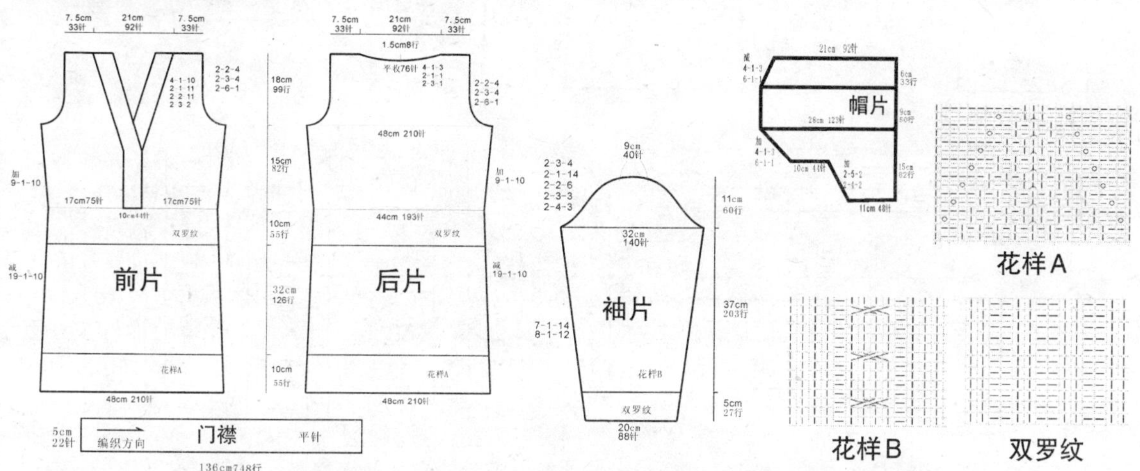

【成品尺寸】衣长85cm　胸围96cm　袖长53cm

【工具】1.7mm棒针　细号钩针1支

【材料】粉红色纯羊毛线

【密度】10cm²：44针×55行

【附件】装饰带1条

【制作过程】前片分左右两片，分别起针，按图依次织花样A、双罗纹、花样B，至织完成。后片和袖片按图织好，全部缝合。门襟用钩针钩辫子针的网眼花。系上绳子，完成。

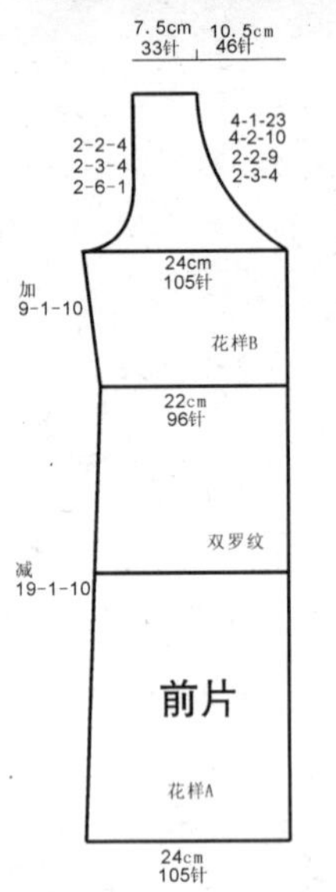

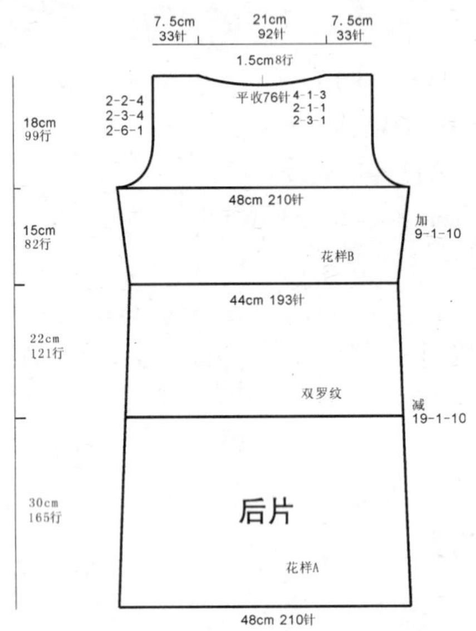

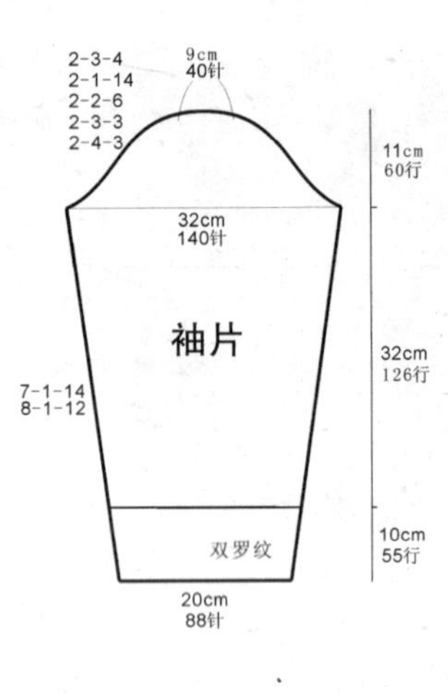

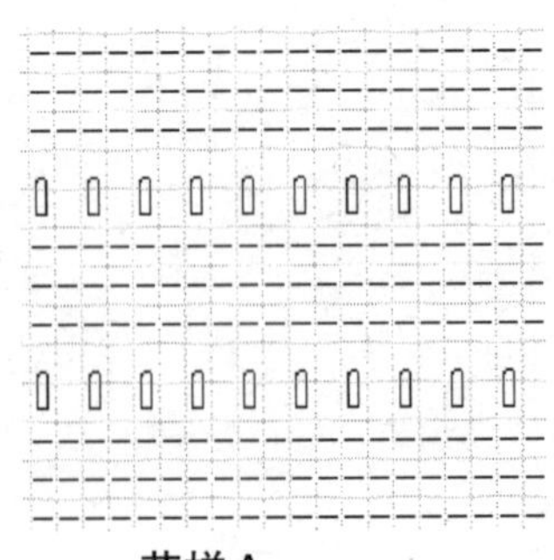
花样A

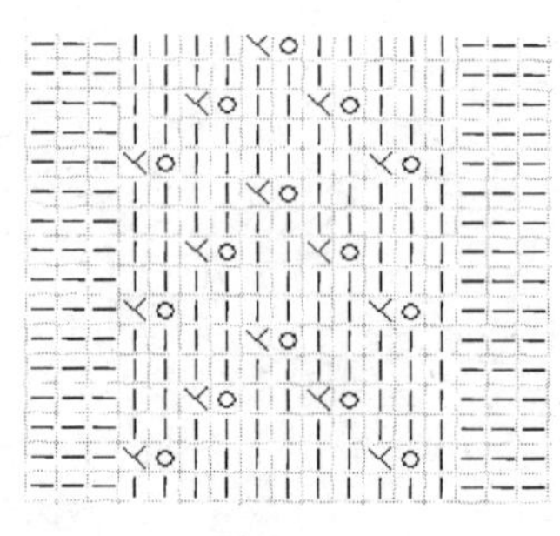
花样B

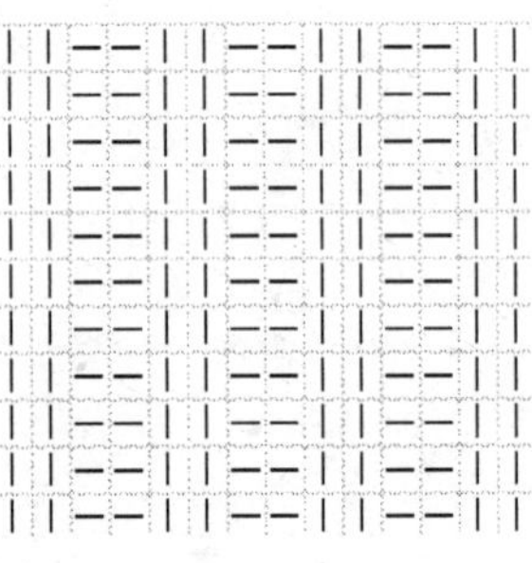
双罗纹

【成品尺寸】衣长80cm　胸围96cm　袖长57cm

【工具】9号棒针

【材料】白色丝光棉线780g

【密度】10cm²：25针×32行

【附件】装饰带1条

【制作过程】1. 单股线编织。

2. 起120针双罗纹针，编织花样片A后片，织40cm后改换花样B，共编织到58cm时开始袖窿减针，按结构图减针后编织到肩部，两肩部各余9cm。

3. 用同样方法起120针编织前片，袖窿减针后身长织到64cm进行前领窝减针，按图示减针后肩部余9cm。

4. 起90针从袖口不加减针编织袖片花样A，织23cm时变换花样B并减针，按图示均匀减针，织47cm后开始袖山减针，按图所示减针后余16针，断线。袖口拿活褶固定，挑织下针边后向内侧对折沿边缝实。用同样方法再完成另一片袖片。

5. 对应相应位置缝合，沿领窝挑织下针边后向内侧对折沿边缝实。腰间穿入装饰带。

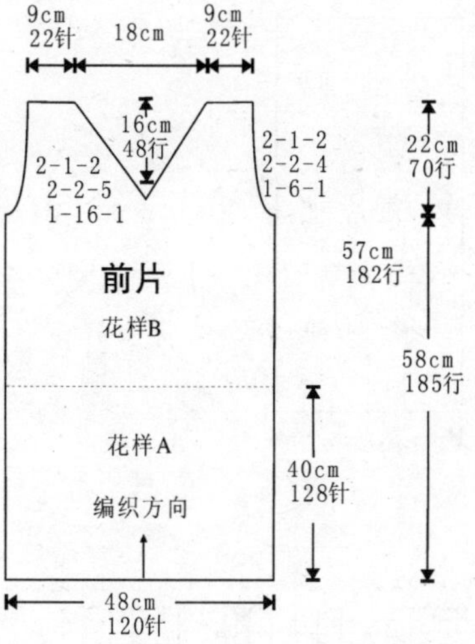

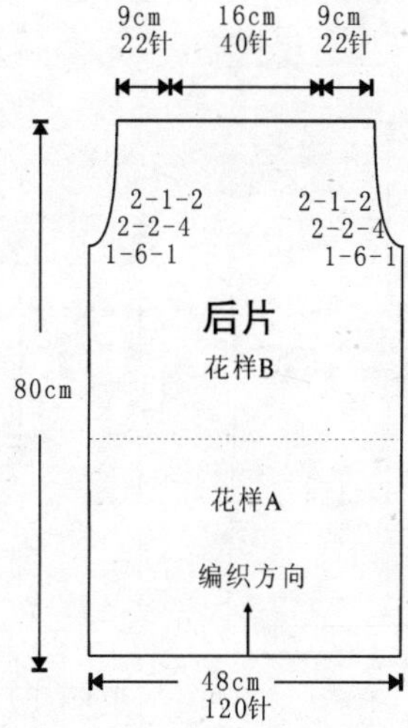

9cm 22针　18cm　9cm 22针

16cm 48行

2-1-2
2-2-5
1-16-1

2-1-2
2-2-4
1-6-1

前片

花样B

花样A

编织方向

40cm 128针

48cm 120针

22cm 70行

57cm 182行

58cm 185行

80cm

9cm 22针　16cm 40针　9cm 22针

2-1-2
2-2-4
1-6-1

2-1-2
2-2-4
1-6-1

后片

花样B

花样A

编织方向

48cm 120针

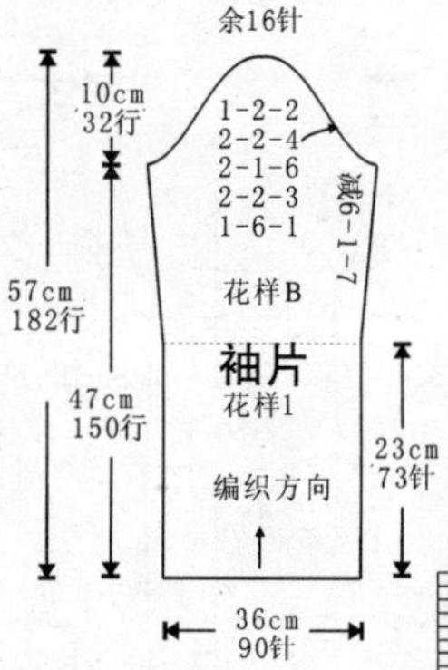

余16针

10cm 32行

1-2-2
2-2-4
2-1-6
2-2-3
1-6-1

减6-1-7

57cm 182行

47cm 150行

花样B

袖片

花样1

编织方向

23cm 73针

36cm 90针

花样B

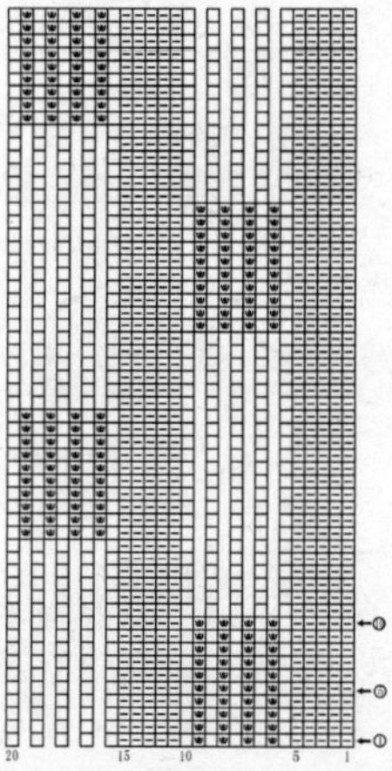

花样A

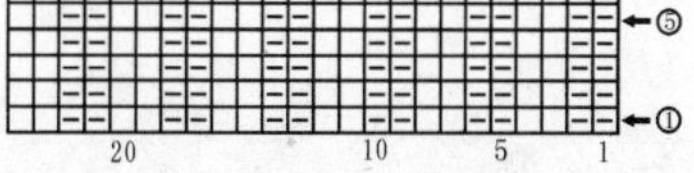

华丽黑色长衫

【成品尺寸】衣长70cm　胸围96cm　袖长57cm

【工具】9号棒针

【材料】黑色银丝毛线610g　缎质面料

【密度】10cm²：25针×32行

【制作过程】1. 单股线编织。

2. 起120针单罗纹针边，然后编织后片下针，编织到48cm时开始袖窿减针，身长共织到69cm时减出后领窝，按结构图减针，两肩部各余5cm。

3. 用同样方法起120针编织前片下针，编织到48cm时同时进行袖窿和前领窝减针，按图示减针后肩部余5cm。

4. 起20针编织内前片花样，两侧按图加针编，共织12cm，沿前领窝缝实。

5. 起72针单罗纹针从袖口编织袖下片，不加减针织35cm，断线，与已剪裁完成的缎质袖上片缝合。同样方法再完成另一片外袖片。

6. 对应相应位置缝合，沿领窝缝合内前片，在外侧挑织单罗纹针装饰领边。

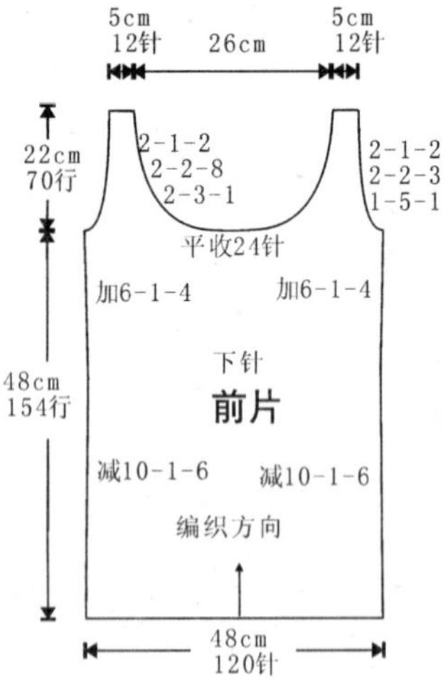

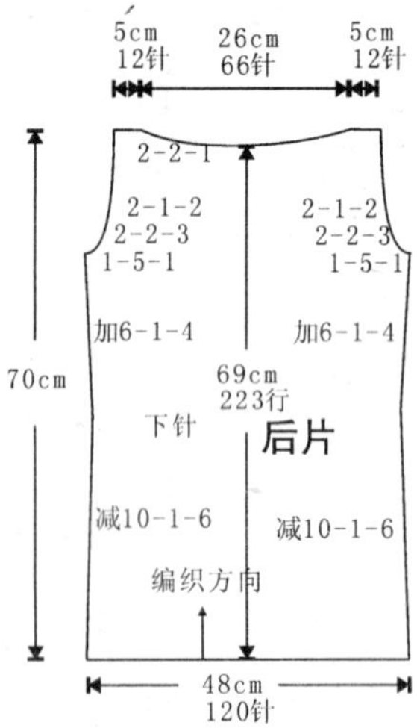

5cm 12针　26cm　5cm 12针
22cm 70行
2-1-2 2-2-8 2-3-1
2-1-2 2-2-3 1-5-1
平收24针
加6-1-4　加6-1-4
48cm 154行
下针
前片
减10-1-6　减10-1-6
编织方向
48cm 120针

5cm 12针　26cm 66针　5cm 12针
2-2-1
2-1-2 2-2-3 1-5-1
2-1-2 2-2-3 1-5-1
70cm
加6-1-4　加6-1-4
69cm 223行
下针
后片
减10-1-6　减10-1-6
编织方向
48cm 120针
22cm 70行
48cm 154行

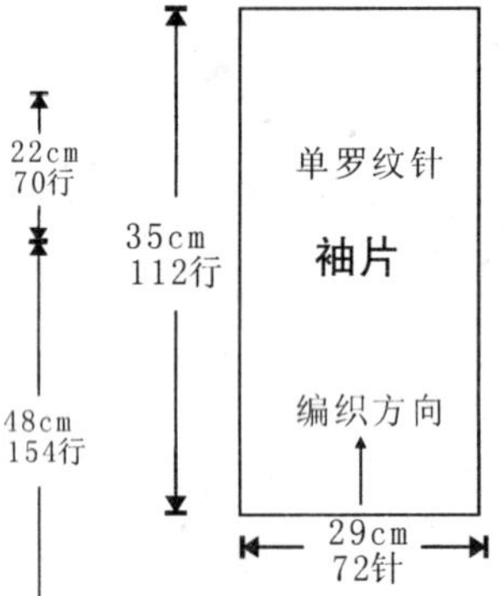

35cm 112行
单罗纹针
袖片
编织方向
29cm 72针

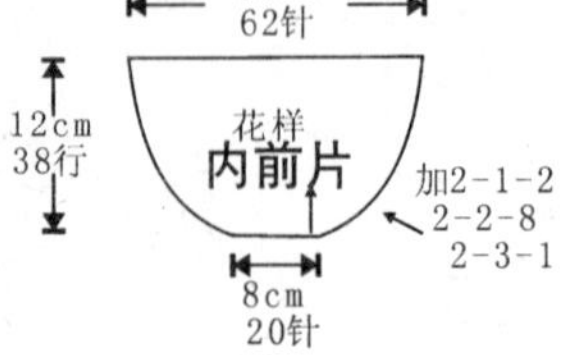

20cm 62针
12cm 38行
花样
内前片
加2-1-2 2-2-8 2-3-1
8cm 20针

花样

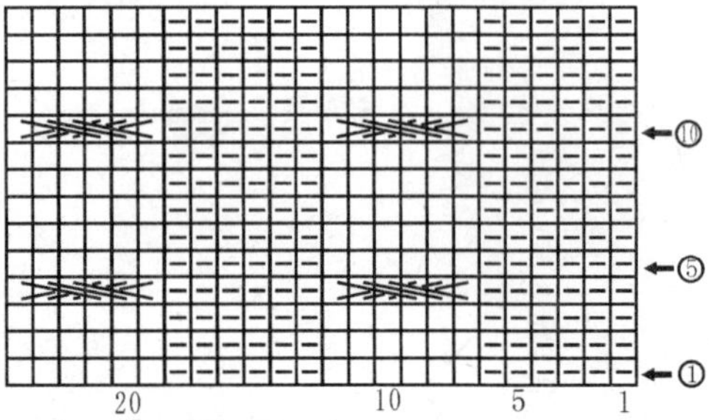

⑩ ⑤ ①
20 10 5 1

【成品尺寸】衣长74cm　胸围96cm　袖长57cm

【工具】9号棒针

【材料】黑色银丝交织线680g

【密度】10cm²：25针×32行

【附件】装饰纱

【制作过程】1. 单股线编织。

2. 起120针单罗纹针边，然后编织后片下针，编织到52cm时开始袖窿减针，身长共编织到72cm时进行后领窝减针，按结构图减针后编织到肩部，两肩部各余6cm。

3. 用同样方法起120针编织前片下针，织到52cm时进行前领窝及袖窿减针，按图示减针后肩部余6cm。

4. 起65针单罗纹针边，从袖口编织袖片下针，不加减针编织单罗纹针24cm后按图示均匀加针，袖长共织47cm后开始袖山减针，按图所示减针后余18针，断线。用同样方法再完成另一片袖片。

5. 对应相应位置缝合，沿领窝挑织单罗纹针领边，沿前领窝内侧缝好装饰纱。

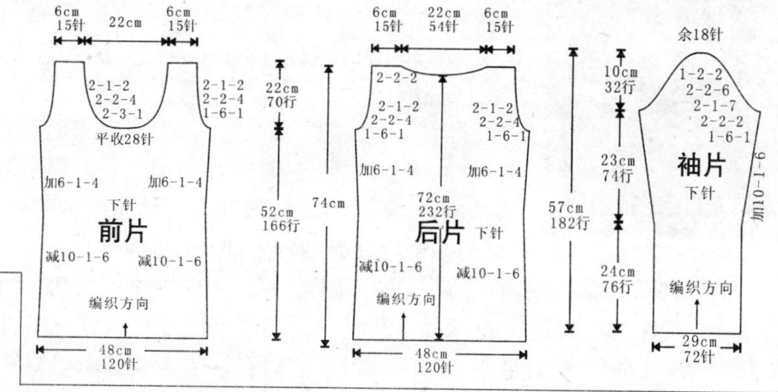

优雅修身毛衣

【成品尺寸】衣长85cm　胸围96cm　袖长53cm

【工具】1.7mm棒针

【材料】棕色、花色纯羊毛线

【密度】10cm²：44针×55行

【附件】纽扣3枚

【制作过程】前、后片分上下部分组成，上部分分别按图起针，织下针至织完成。下部分按图起针织双罗纹5cm后，改织下针，并间色，至织完成。上下部分缝合，袖片按图织好，缝上衣袖衬边，与衣片缝合。领圈挑针，织5cm双罗纹，形成圆领。缝上纽扣，完成。

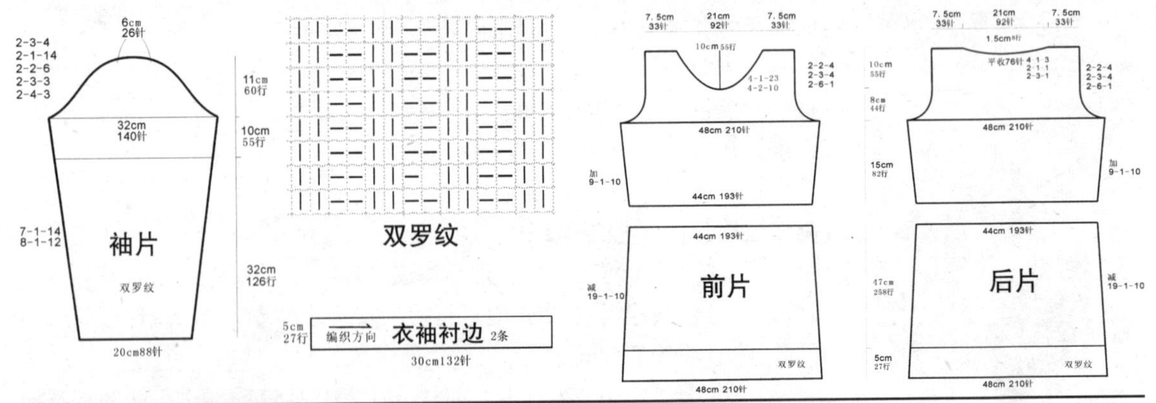

【成品尺寸】衣长75cm　胸围96cm　袖长51cm

【工具】7号棒针

【材料】黑色羊绒线960g

【密度】10cm²：21针×25行

【附件】纽扣7枚

【制作过程】1. 单股线编织。

2. 起100针双罗纹针边，然后编织后片花样，两侧减针收腰，编织至35cm时改为下针编织，身长共织54cm后开始袖窿减针，按结构图减完针后，不加减针编织到74cm时，减出后领窝，两肩部各余9cm。

3. 用同样针法起50针编织前片，侧缝均匀减针后编织至54cm时同时进行袖窿、前领窝减针，按结构图减完针后收针断线。用同样方法完成另一侧前片，减针方向相反。

4. 起56针双罗纹针从袖口编织袖片花样，按结构图所示均匀加针编织袖片，编织40cm后开始袖山减针，按图所示减针后余18针，断线。用同样方法再完成另一片袖片。

5. 沿边对应相应位置缝实。另起针沿衣襟边、领边连续挑织单罗纹针边。起针单独编织花样装饰边，共织22行，沿身片花样变换处缝实，钉好纽扣。

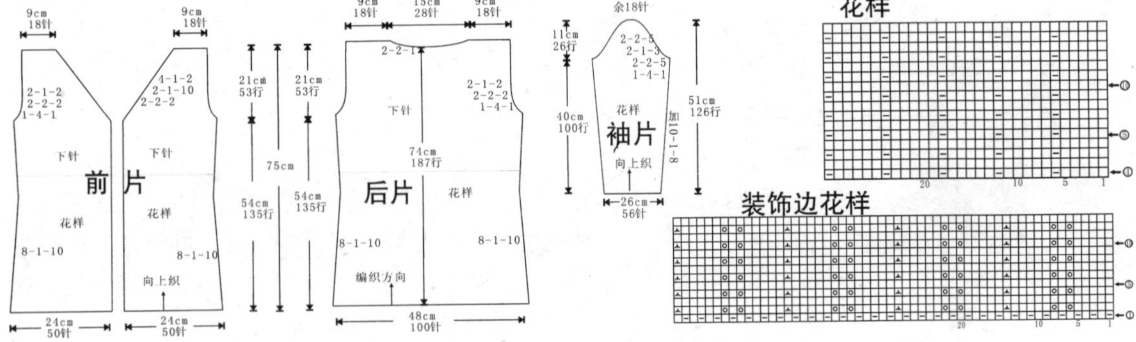

生动条纹衫

【成品尺寸】衣长85cm　胸围96cm　袖长53cm

【工具】1.7mm棒针

【材料】黑色、白色纯羊毛线

【密度】10cm²：44针×55行

【附件】纽扣6枚

【制作过程】前、后片按图起针，先织双层平针底边后，改织下针至织完成。袖片按图起针，织10cm单罗纹，后改织下针并间色，至织完成，全部缝合。领带另织，与衣领缝合，系成蝴蝶结。按彩图缝上衬条，钉上纽扣，完成。

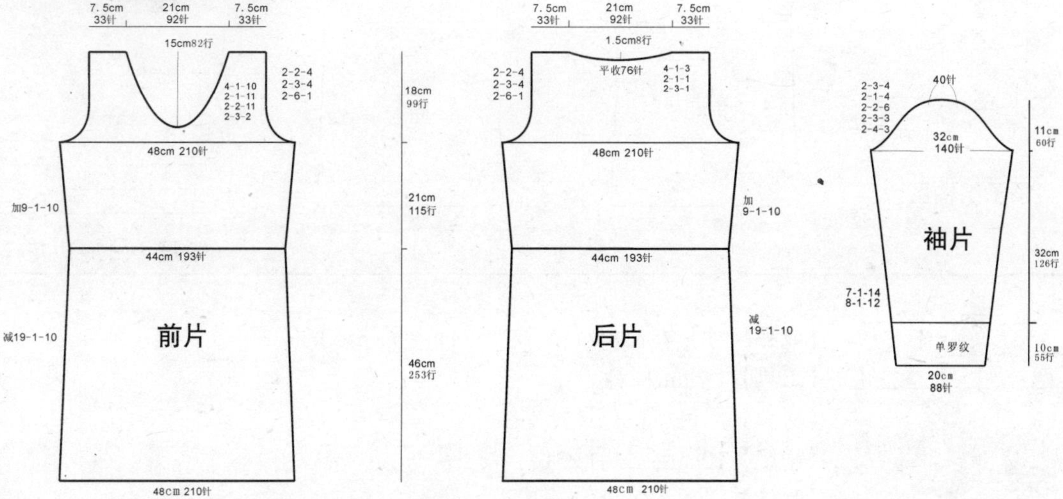

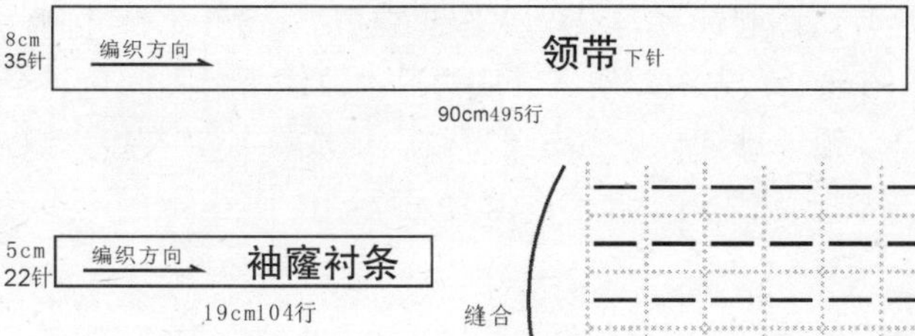

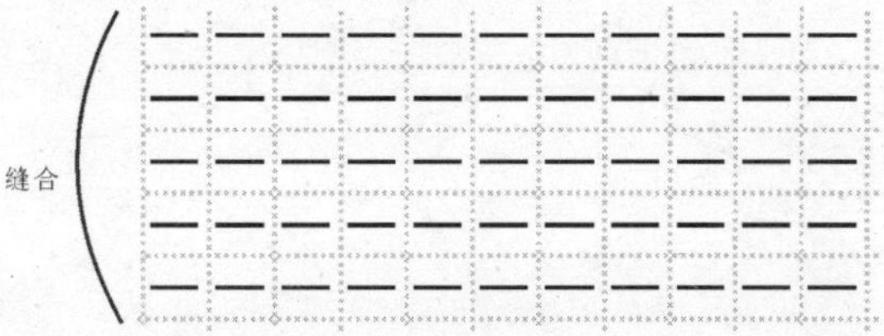

双层平针底边图解

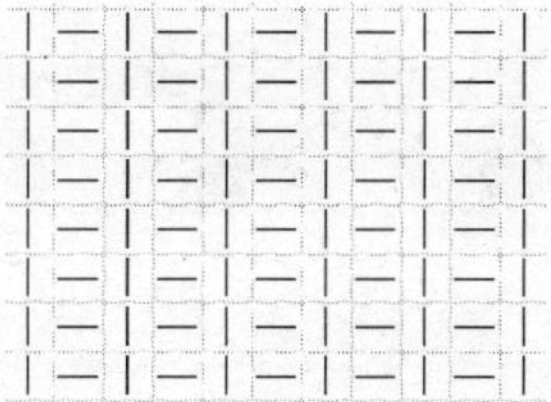

单罗纹

【成品尺寸】衣长85cm　胸围96cm　袖长53cm
【工具】1.7mm棒针
【材料】黑色、白色纯羊毛线
【密度】10cm²：44针×55行
【制作过程】前、后片按图起针，先织双层平针底边后，改织下针并间色至织完成。袖片按图起针，先织双层平针底边后，改织下针并间色，至织完成，全部缝合。领子挑198针，织20cm下针，形成高领，完成。

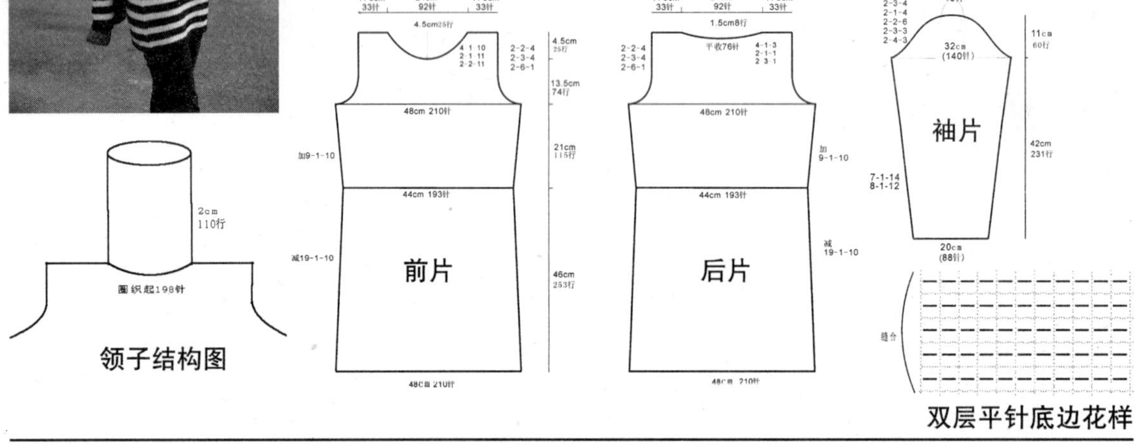

【成品尺寸】衣长85cm　胸围96cm　袖长53cm
【工具】1.7mm棒针
【材料】黑色、白色纯羊毛线
【密度】10cm²：44针×51行
【附件】纽扣6枚
【制作过程】前、后片按图起针，先织双层平针底边后，改织下针并间色至织完成。袖片按图起针，先织双层平针底边后，改织下针并间色，至织完成，全部缝合。领子挑针，织3cm单罗纹，形成圆领。衣袋另织，打皱褶缝于前片，衣领衬边织好，按彩图缝合完成。

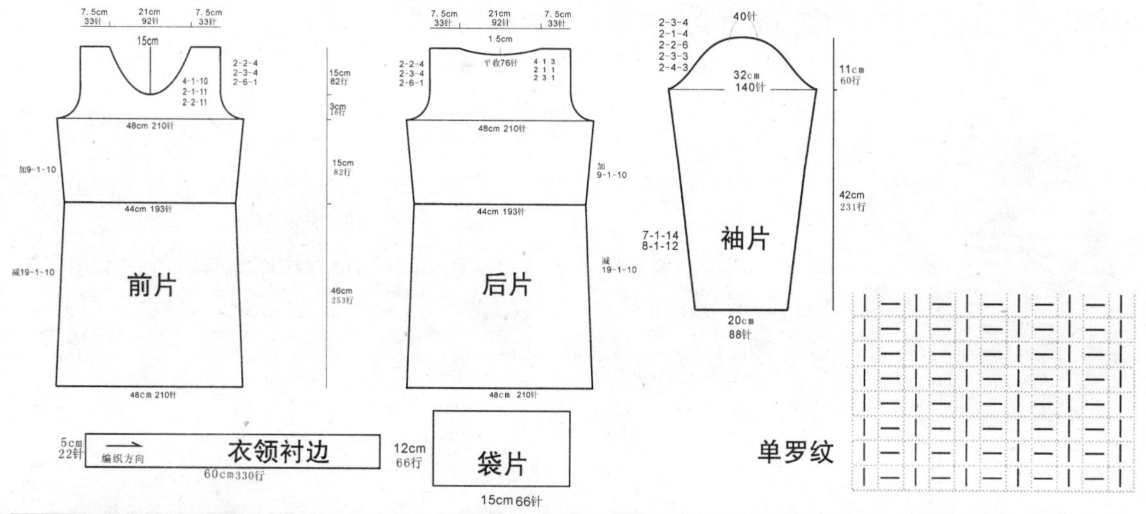

活力条纹毛衫

【成品尺寸】衣长85cm　胸围96cm　袖长53cm

【工具】1.7mm棒针

【材料】黑色、白色纯羊毛线

【密度】10cm²：44针×53行

【制作过程】前、后片按图起针，织10cm单罗纹后，改织下针并间色至织完成。袖片按图织好，全部缝合。领子挑针，织5cm单罗纹，形成圆领，完成。

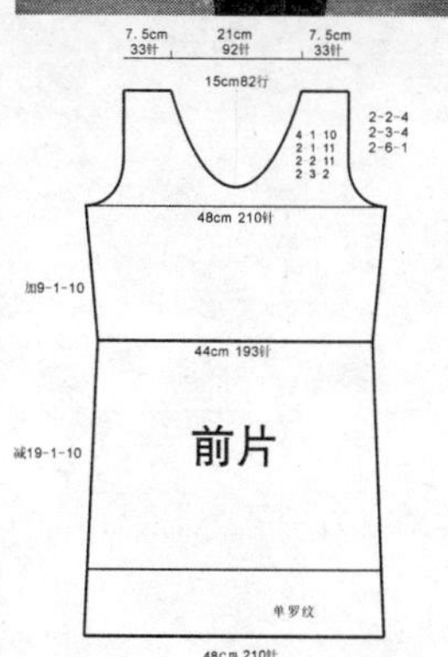

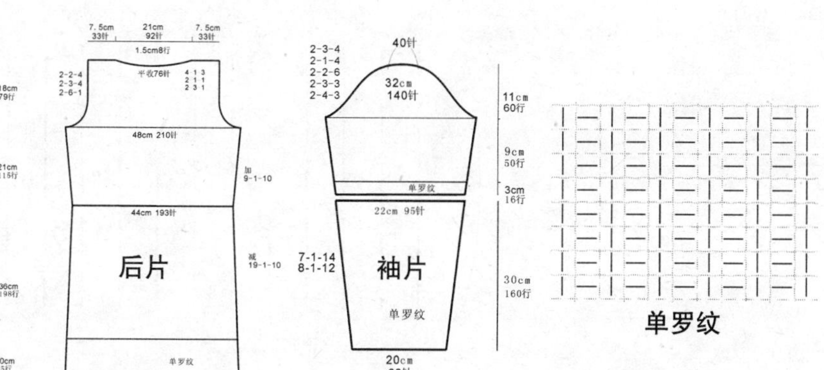

【成品尺寸】衣长85cm　胸围96cm　袖长53cm

【工具】1.7mm棒针

【材料】黑色、白色纯羊毛线

【密度】10cm^2：44针×55行

【制作过程】前、后片均分上下两部分，分别按图起针，织下针至织完成。上半部分，先织双层平针底边后，改织下针并间色，至织完成。下半部分均匀地打皱褶，与上半部分缝合。袖片按图起针，先织双层平针底边，后改织下针至织完成，全部缝合。衣领打皱褶后挑针，织下针，褶边缝合，形成双层领，完成。

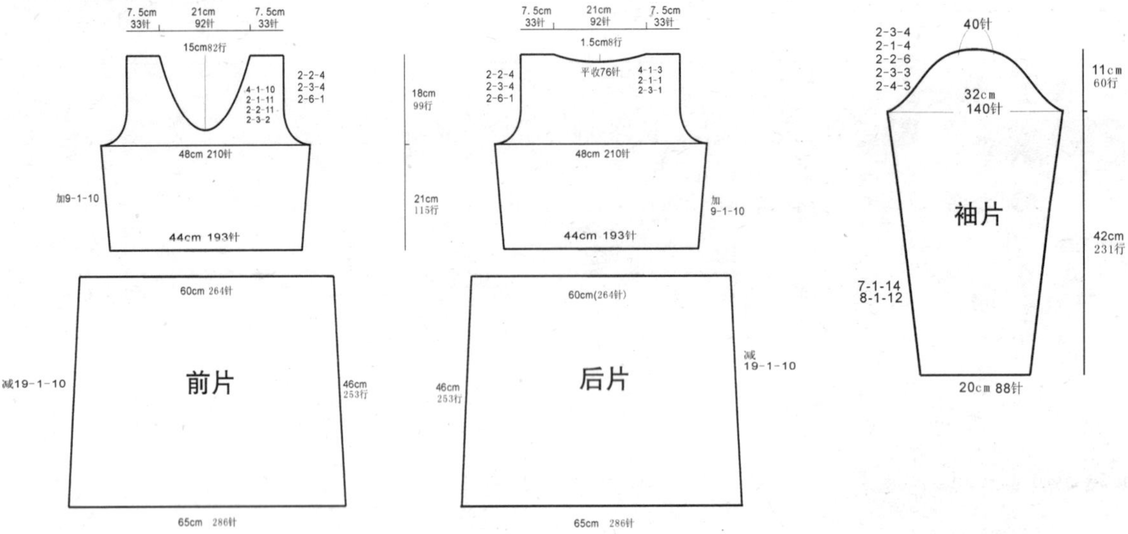

7.5cm 33针　21cm 92针　7.5cm 33针
15cm82行
2-2-4
2-3-4
2-6-1
4-1-10
2-1-11
2-2-11
2-3-2
18cm 99行
48cm 210针
加9-1-10
21cm 115行
44cm 193针
60cm 264针
减19-1-10
前片
46cm 253行
65cm 286针

7.5cm 33针　21cm 92针　7.5cm 33针
1.5cm8行
平收76针
2-2-4
2-3-4
2-6-1
4-1-3
2-1-1
2-3-1
48cm 210针
加 9-1-10
44cm 193针
60cm(264针)
减 19-1-10
46cm 253行
后片
65cm 286针

40针
2-3-4
2-1-4
2-2-6
2-3-3
2-4-3
11cm 60行
32cm 140针
袖片
42cm 231行
7-1-14
8-1-12
20cm 88针

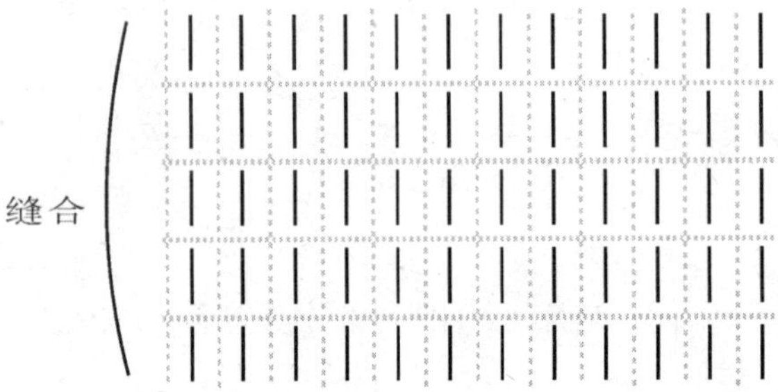

缝合

双层平针底边图解

休闲薄款长衫

【成品尺寸】衣长85cm　胸围96cm　袖长53cm

【工具】1.7mm棒针　缝衣针

【材料】灰色纯羊毛线

【密度】10cm²：44针×55行

【附件】纽扣5枚

【制作过程】前片分左右两片，分别按图起针，织双罗纹10cm后改织下针，至织完成。后片和袖片按图织好，全部缝合。袋子另织缝到前片左右两边，门襟为长矩形，腰带系于腰间，用缝衣针缝上纽扣，完成。

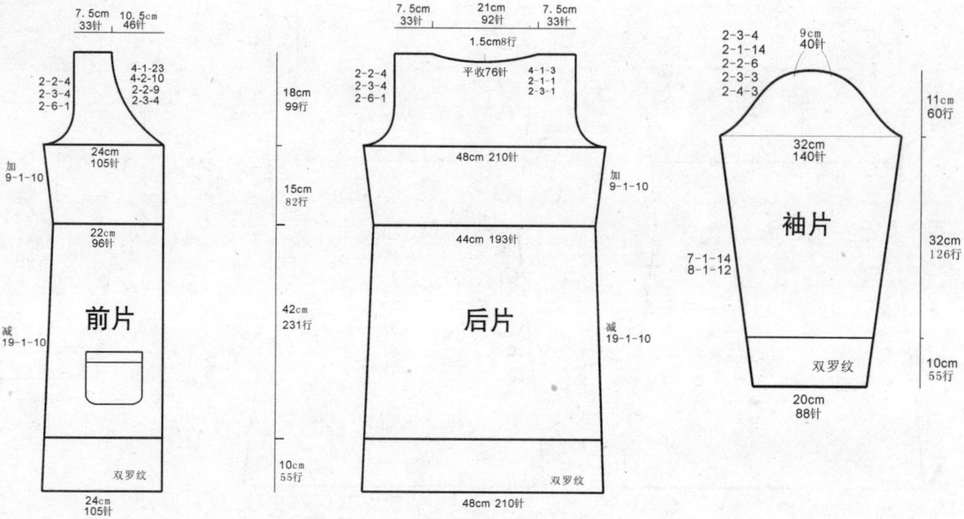

7.5cm 33针　10.5cm 46针
2-2-4 2-3-4 2-6-1
4-1-23 4-2-10 2-2-9 2-3-4
18cm 99行
24cm 105针
加 9-1-10
15cm 82行
22cm 96针
42cm 231行
减 19-1-10
前片
双罗纹
10cm 55行
24cm 105针

7.5cm 33针　21cm 92针　7.5cm 33针
1.5cm8行
平收76针
2-2-4 2-3-4 2-6-1
4-1-3 2-1-1 2-3-1
48cm 210针
加 9-1-10
44cm 193针
后片
减 19-1-10
双罗纹
48cm 210针

2-3-4 2-1-14 2-2-6 2-3-3 2-4-3
9cm 40针
11cm 60行
32cm 140针
袖片
7-1-14 8-1-12
32cm 126行
双罗纹
10cm 55行
20cm 88针

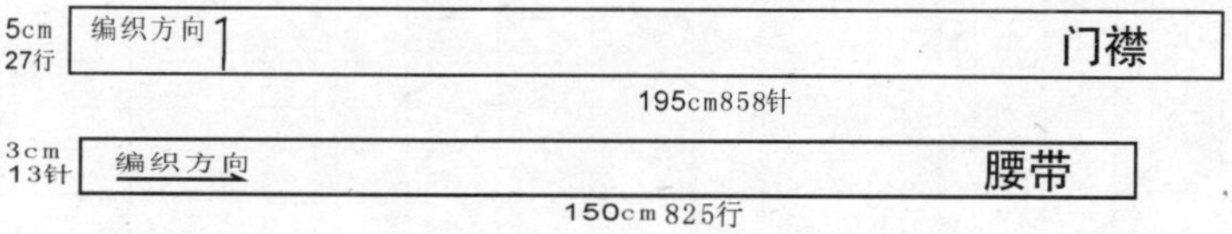

5cm 27行　编织方向　门襟
195cm858针

3cm 13针　编织方向　腰带
150cm 825行

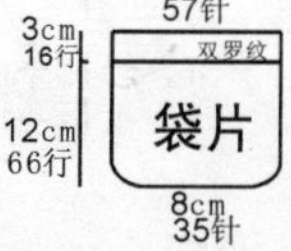

13cm 57针
3cm 16行　双罗纹
12cm 66行　袋片
8cm 35针

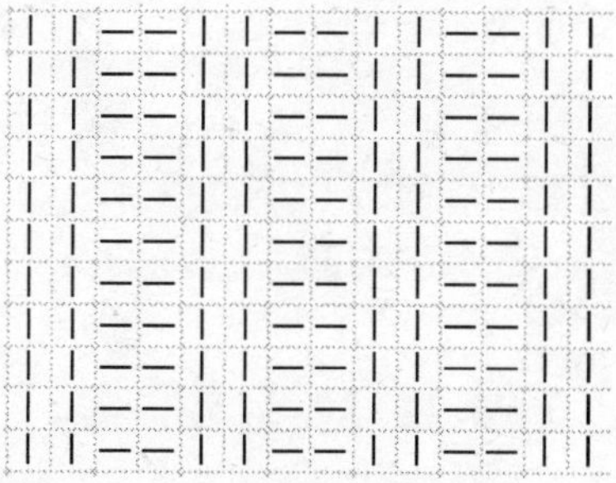

双罗纹

【成品尺寸】衣长85cm　胸围96cm　袖长53cm

【工具】1.7mm棒针

【材料】灰色纯羊毛线

【密度】10cm^2：44针×55行

【附件】纽扣3枚

【制作过程】前、后片分别按图起针，编织花样52cm后改织10cm单罗纹，再改织下针，至编织完成。袖片按图起针，织5cm单罗纹后改织下针，至编织完成。领圈挑针，织单罗纹5cm，形成圆领。用缝衣针缝上纽扣，完成。

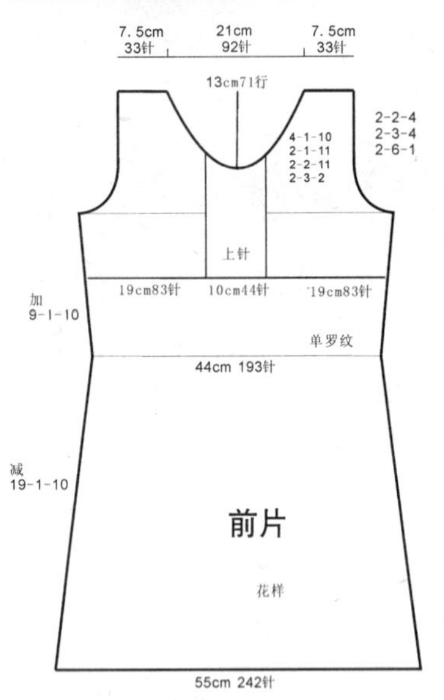

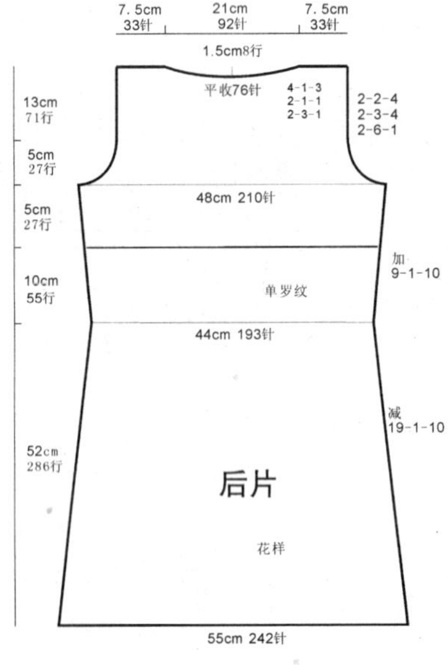

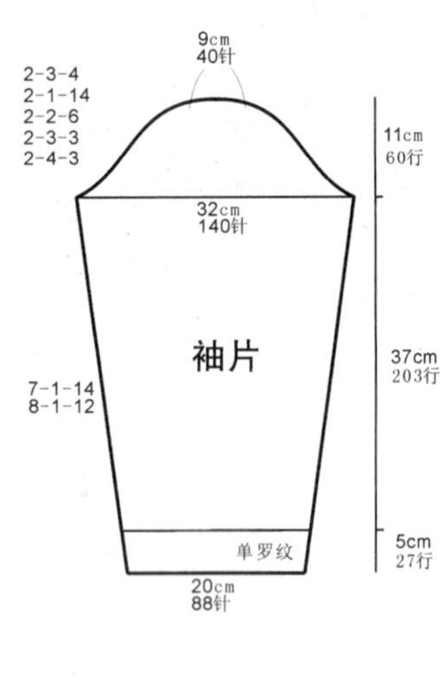

花样

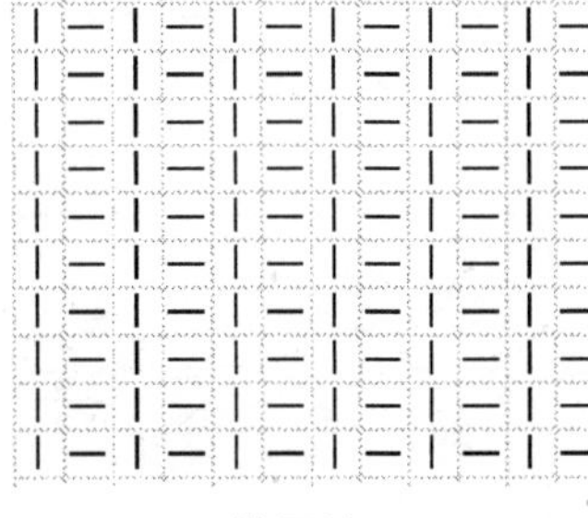

单罗纹

雅致灰色长衫

【成品尺寸】衣长85cm　胸围96cm　袖长53cm

【工具】1.7mm棒针

【材料】灰色纯羊毛线

【密度】$10cm^2$：44针×55行

【制作过程】前、后片按图起针，织10cm双罗纹后改织花样，至织完成。袖片按图起针，织花样，至织完成。另织双罗纹2cm袖口后，全部缝合。领子挑针，织5cm双罗纹，形成圆领，完成。

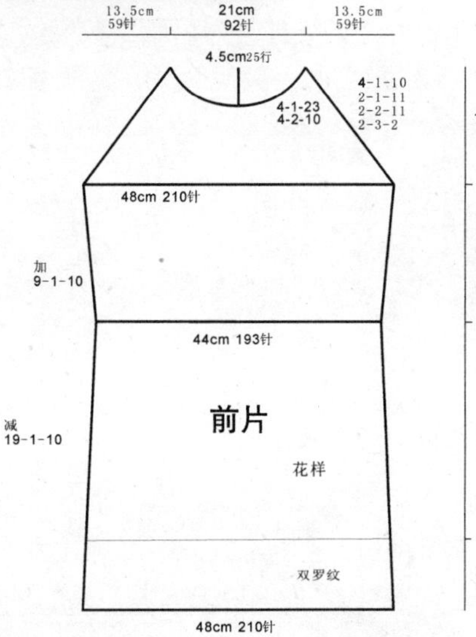

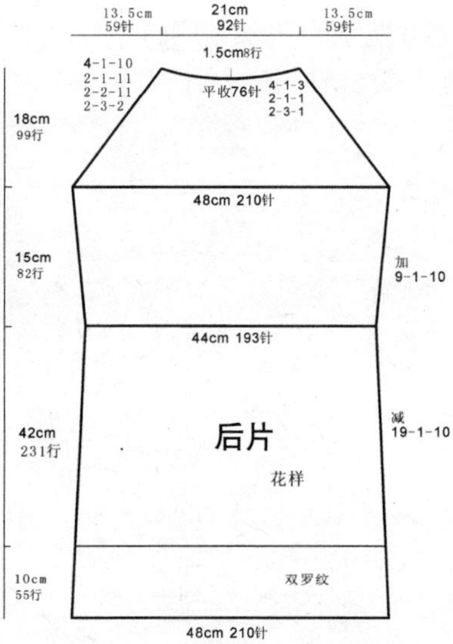

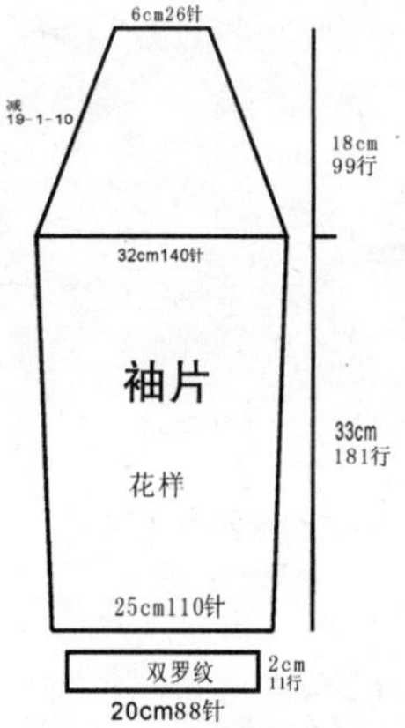

前片：13.5cm 59针　21cm 92针　13.5cm 59针；4.5cm25行；4-1-23 4-2-10；4-1-10 2-1-11 2-2-11 2-3-2；48cm 210针；加 9-1-10；44cm 193针；减 19-1-10；花样；双罗纹；48cm 210针

18cm 99行；15cm 82行；42cm 231行；10cm 55行

后片：13.5cm 59针　21cm 92针　13.5cm 59针；1.5cm8行；4-1-10 2-1-11 2-2-11 2-3-2；平收76针 4-1-3 2-1-1 2-3-1；48cm 210针；加 9-1-10；44cm 193针；减 19-1-10；花样；双罗纹；48cm 210针

袖片：6cm26针；减 19-1-10；18cm 99行；32cm140针；花样；33cm 181行；25cm110针；双罗纹 2cm 11行；20cm88针

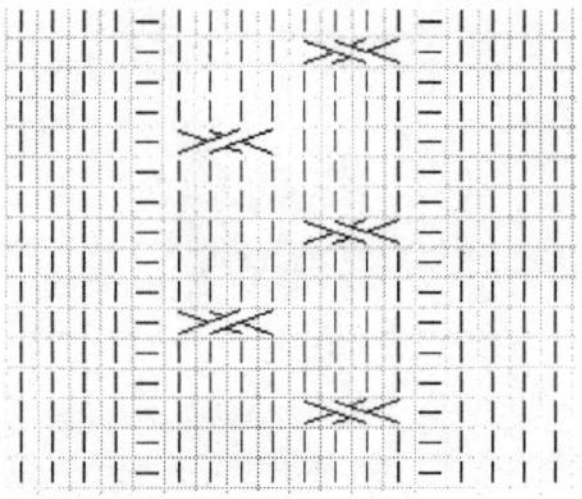

花样

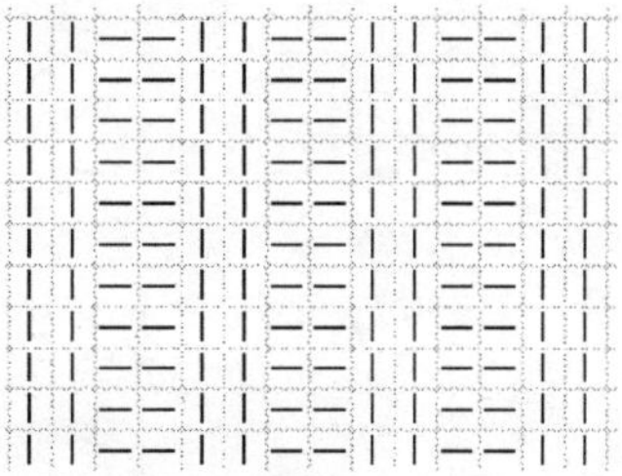

双罗纹

【成品尺寸】衣长63cm　胸围96cm　袖长63cm

【工具】9号棒针

【材料】灰色毛线1000g

【密度】10cm²：22针×28行

【附件】纽扣3枚　装饰亮片若干

【制作过程】1. 单股线编织。

2. 起96针编织后片下针，两侧加减针收腰后，共织41cm后开始袖窿减针，按结构图减针到肩部，余12cm，即26针。

3. 起96针编织前片花样，侧缝加减针收腰，共编织41cm后开始袖窿减针，身长共编织到61cm时进行前衣领减针，按结构图减完针后收针断线。

4. 起55针双罗纹针，均匀加针后从袖口编织袖片下针，按结构图所示均匀加针编织袖片，编织41cm后开始袖山减针，按图所示减针后余19针，断线。用同样方法再完成另一片袖片。

5. 将前、后片及袖片对应位置缝合。从左侧前片与袖片缝合处开始挑针，然后编织双罗纹针单片领片，同时以右侧后片与袖片缝合处为中心针加针，使领片形成放射状，共织58行。缝好纽扣及前片装饰亮片。

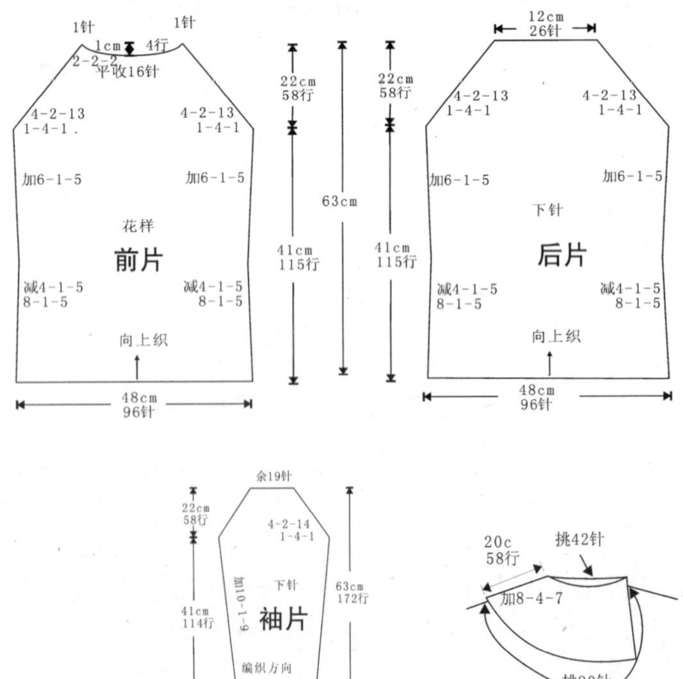

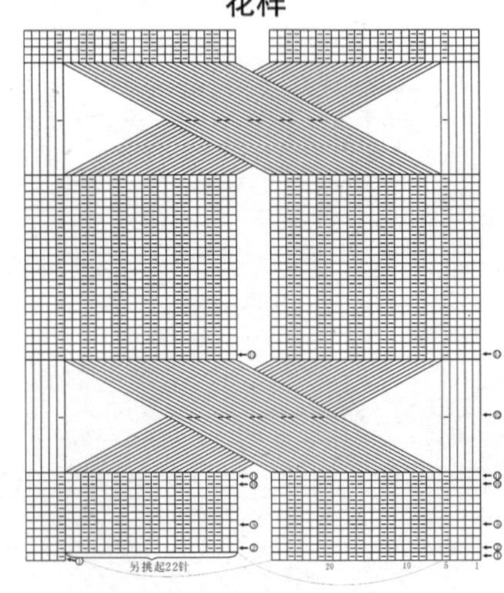

淡雅厚款毛衣

【成品尺寸】衣长85cm　胸围96cm　袖长53cm

【工具】7号棒针　5号钩针

【材料】黄褐色马海毛线880g

【密度】10cm²：21针×25行

【附件】装饰　纽扣6枚

【制作过程】1. 单股线编织。

2. 起104针双罗纹针边，然后编织后片下针，两侧减针收腰，身长共织54cm后开始袖窿减针，按结构图减完针后，不加减针编织肩部，两肩部各余9cm。

3. 起104针编织前片花样，侧缝加减针收腰，织到35cm时中间平收40针留出前领窝，共编织54cm后开始袖窿减针，按结构图减完针后收针断线。

4. 起56针编织双罗纹针，不加减针织19cm，收针。沿前片收针处横向缝合。

5. 起50针双罗纹针从袖口编织袖片下针，按结构图所示快速加减针编织，编织45cm后开始袖山减针，按图所示减针后余16针，断线。用同样方法再完成另一片袖片。

6. 沿领窝钩织装饰领边，钉好装饰纽扣。

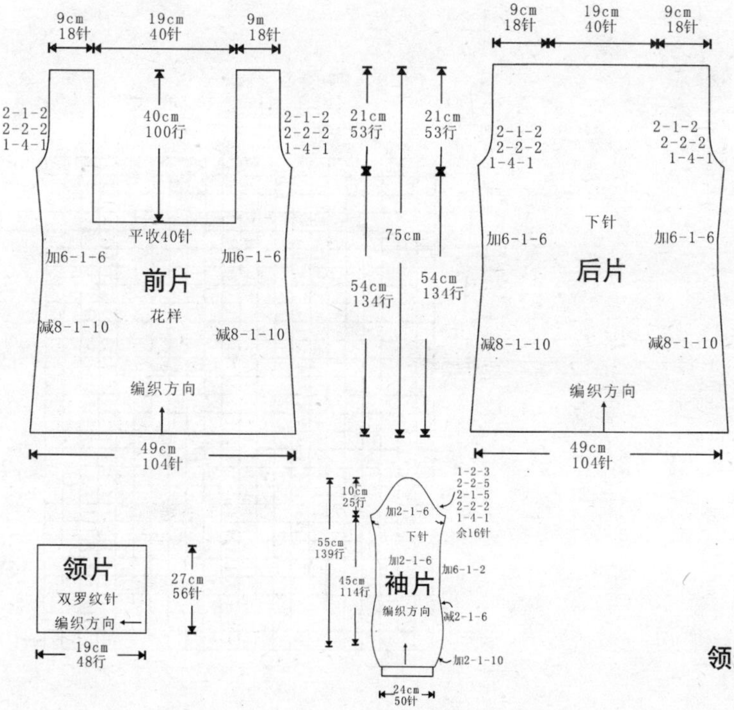

前片　花样　编织方向　49cm 104针　平收40针　40cm 100行　9cm 18针　19cm 40针　9m 18针　2-1-2 2-2-2 1-4-1　加6-1-6　减8-1-10

21cm 53行　75cm　54cm 134行

后片　下针　编织方向　49cm 104针　9cm 18针　19cm 40针　9cm 18针　2-1-2 2-2-2 1-4-1　加6-1-6　减8-1-10

领片　双罗纹针　编织方向　19cm 48行　27cm 56针

袖片　下针　编织方向　24cm 50针　10cm 25行　55cm 139行　45cm 114行　1-2-3 2-2-5 2-1-5 2-2-2 1-4-1 余16针　加2-1-6　加6-1-2　减2-1-6　加2-1-10

花样

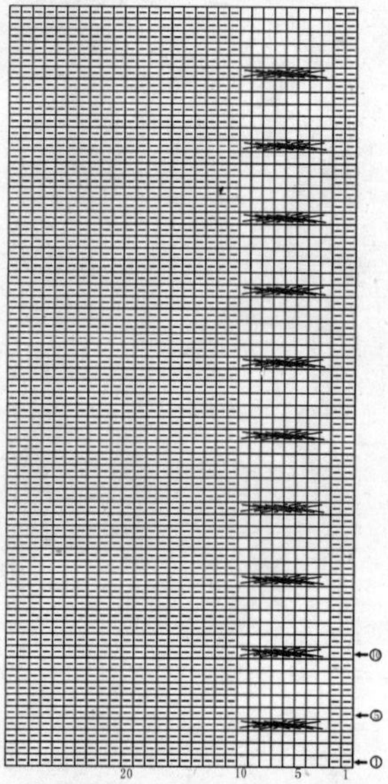

领边花样

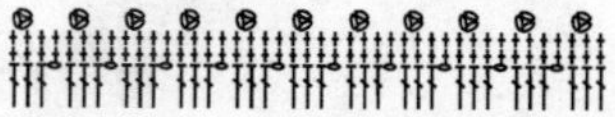

【成品尺寸】衣长75cm　胸围96cm　袖长55cm

【工具】7号棒针

【材料】黄褐色马海毛线880g

【密度】10cm²：21针×25行

【制作过程】1. 单股线编织。

2. 起106针编织后片下针，两侧减针收腰，腰间用双罗纹针装饰，身长共织54cm后开始袖窿减针，按结构图减完针后，不加减针编织肩部，两肩部各余11cm。

3. 起106针编织前片花样，侧缝均匀加减针，腰间用双罗纹针装饰，然后中间平收20针留出前领窝，共编织54cm后开始袖窿减针，按结构图减完针后收针断线。

4. 起58针双罗纹针从袖口编织袖片下针，按结构图所示均匀加针编织，编织45cm后开始袖山减针，按图所示减针后余16针，断线。用同样方法再完成另一片袖片。

5. 对应前、后片缝合，起针从前领窝处挑织双罗纹针领边，共织10cm。两头重叠后与衣片缝实。

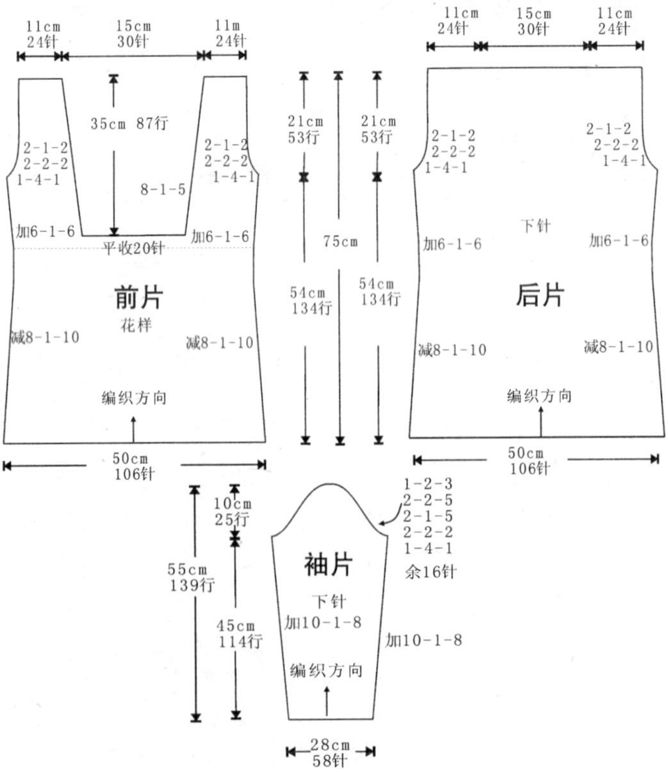

11cm 24针　15cm 30针　11m 24针
35cm 87行
2-1-2
2-2-2
1-4-1
8-1-5
加6-1-6
平收20针
前片
花样
减8-1-10
编织方向
50cm 106针

21cm 53行
75cm
54cm 134行

11cm 24针　15cm 30针　11cm 24针
2-1-2
2-2-2
1-4-1
下针
加6-1-6
后片
减8-1-10
编织方向
50cm 106针

55cm 139行
10cm 25行
45cm 114行
1-2-3
2-2-5
2-1-5
2-2-2
1-4-1
余16针
袖片
下针
加10-1-8
编织方向
28cm 58针

花样

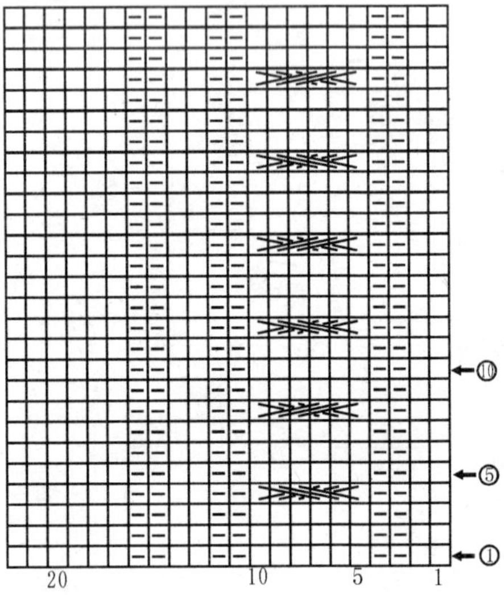

20　10　5　1

①　⑤　⑩

【成品尺寸】衣长85cm　胸围96cm　袖长55cm

【工具】7号棒针

【材料】原色交织毛线920g

【密度】$10cm^2$：21针×25行

【制作过程】1. 单股线编织。

2. 起102针双罗纹针边，两侧加减针收腰后编织后片下针，身长共织52cm时开始袖窿减针，按结构图减完针后，不加减针编织到72cm时，减出后领窝，两肩部各余8cm。

3. 起102针编织前片花样，两侧加减针收腰，共编织52cm时同时进行袖窿、前领窝减针，按结构图减完针后收针断线。

4. 起56针双罗纹针从袖口编织袖片下针，按结构图所示均匀加针，编织45cm后开始袖山减针，按图所示减针后余16针，断线。用同样方法再完成另一片袖片。

5. 沿边对应相应位置缝实。另起针沿领窝挑织双罗纹针领边，共织9cm，将领边两层重叠后与衣片缝实。

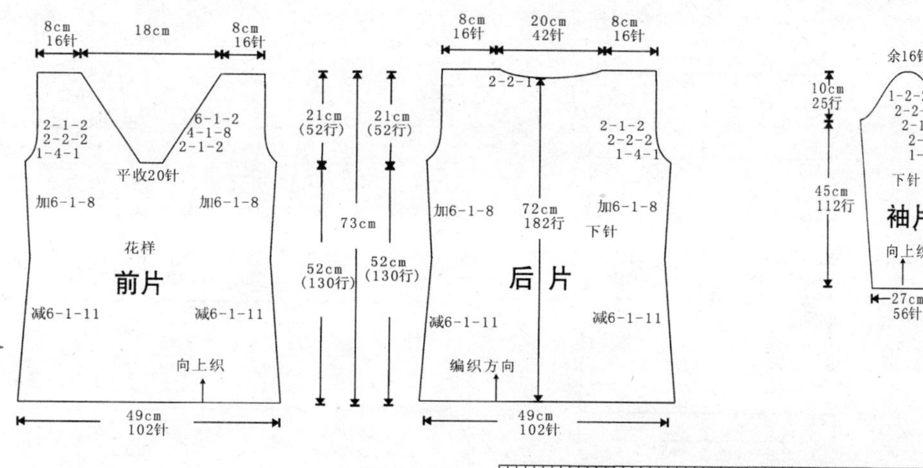

花样

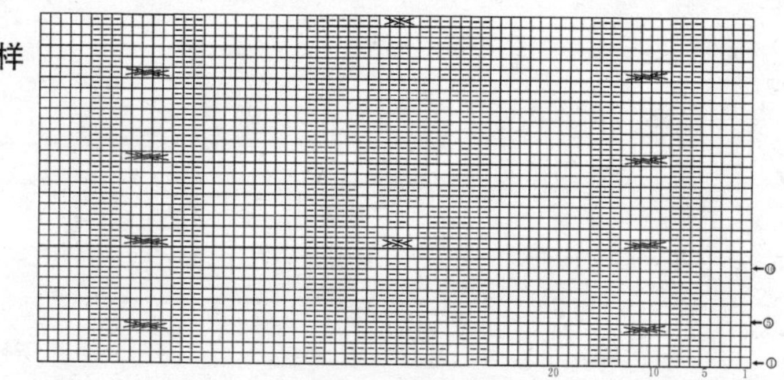

飘逸开襟衫

【成品尺寸】衣长85cm 胸围96cm 袖长53cm

【工具】1.7mm棒针 小号钩针1支

【材料】浅杏色纯羊毛线

【密度】10cm²：44针×49行

【附件】用毛线编织的纽扣3枚 腰带1条

【制作过程】前片分左右两片，分别按图起针，织双罗纹5cm后，改织32cm花样A和15cm花样B，至织完成。后片和袖片按图织好，衣袖口织衣袖花样，全部缝合。门襟用钩针钩花边，腰带系于腰间。用缝衣针缝上纽扣和衣袋，完成。

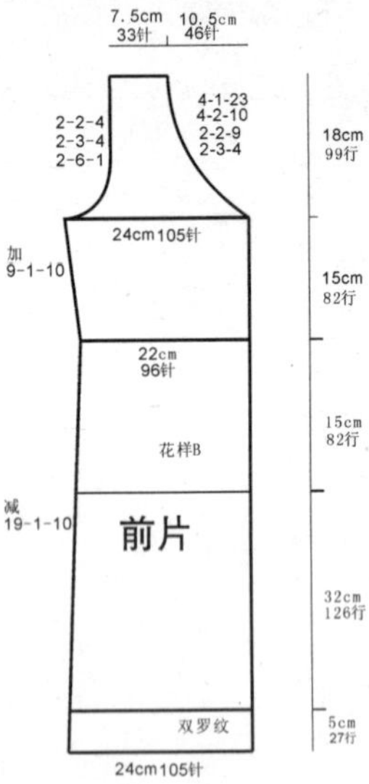

前片：7.5cm 33针　10.5cm 46针　2-2-4 2-3-4 2-6-1　4-1-23 4-2-10 2-2-9 2-3-4　18cm 99行　24cm105针　加 9-1-10　15cm 82行　22cm 96针　花样B　15cm 82行　减 19-1-10　前片　32cm 126行　双罗纹　5cm 27行　24cm105针

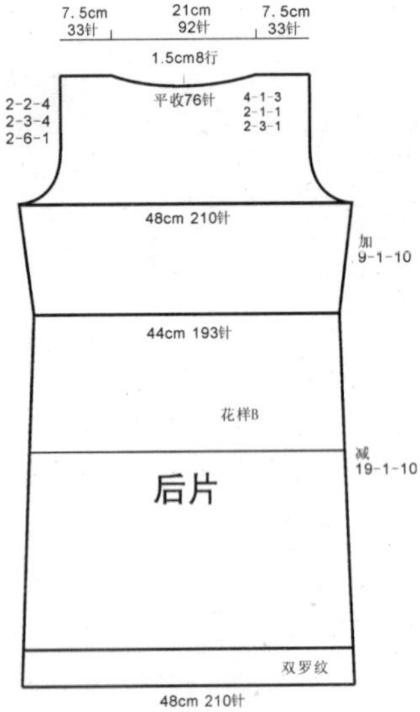

后片：7.5cm 33针　21cm 92针　7.5cm 33针　1.5cm8行　平收76针　2-2-4 2-3-4 2-6-1　4-1-3 2-1-1 2-3-1　48cm 210针　加 9-1-10　44cm 193针　花样B　减 19-1-10　后片　双罗纹　48cm 210针

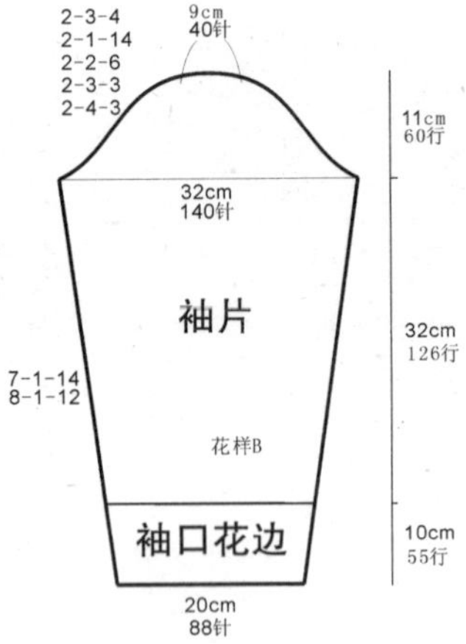

袖片：2-3-4 2-1-14 2-2-6 2-3-3 2-4-3　9cm 40针　11cm 60行　32cm 140针　袖片　32cm 126行　7-1-14 8-1-12　花样B　袖口花边　10cm 55行　20cm 88针

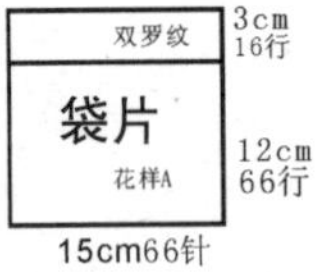

袋片：双罗纹 3cm 16行　袋片 花样A 12cm 66行　15cm66针

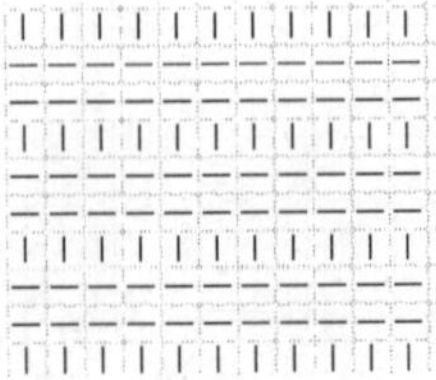

花样A 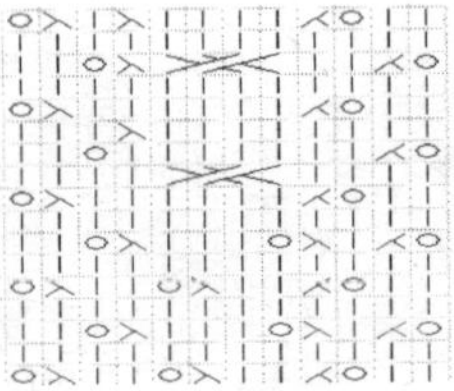　花样B 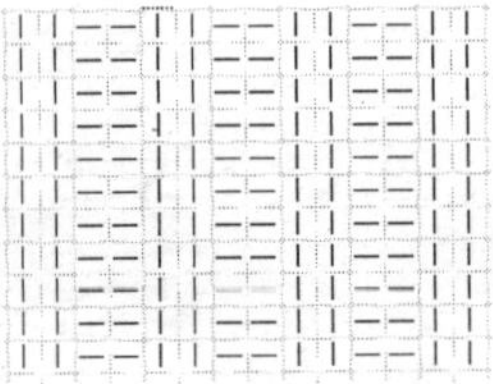　双罗纹 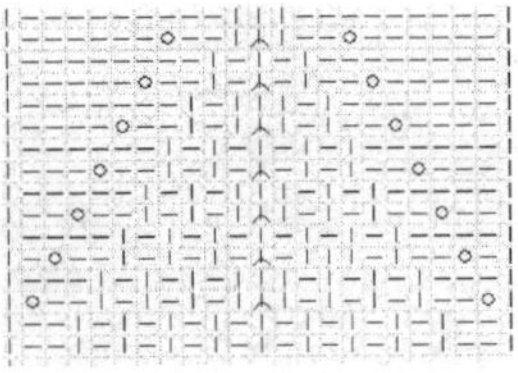　袖口花样

【成品尺寸】衣长61cm　胸围96cm　袖长53cm

【工具】7号棒针　环形针

【材料】米色毛线680g　银丝线少许

【密度】10cm²：21针×25行

【附件】纽扣5枚

【制作过程】1. 单股线编织。

2. 起100针花样C边，然后编织后片下针，编织到40cm时开始袖窿减针，按结构图减完针后，不加减针编织到肩部，共织到60cm时减出后领窝，两肩部各余9cm。

3. 起52针编织前片花样A，编织到35cm时同时进行袖窿、前领窝减针，按结构图减完针后收针断线。用同样方法完成另一侧前片，减针方向相反。

4. 从袖口起60针编织下针袖片花样B，按结构图所示均匀加针，编织42cm后开始袖山减针，按图所示减针后余18针，断线。用同样方法再完成另一片袖片。

5. 沿边对应相应位置缝实。另起针连续挑织花样3衣襟边、领边。完成后钉好纽扣。

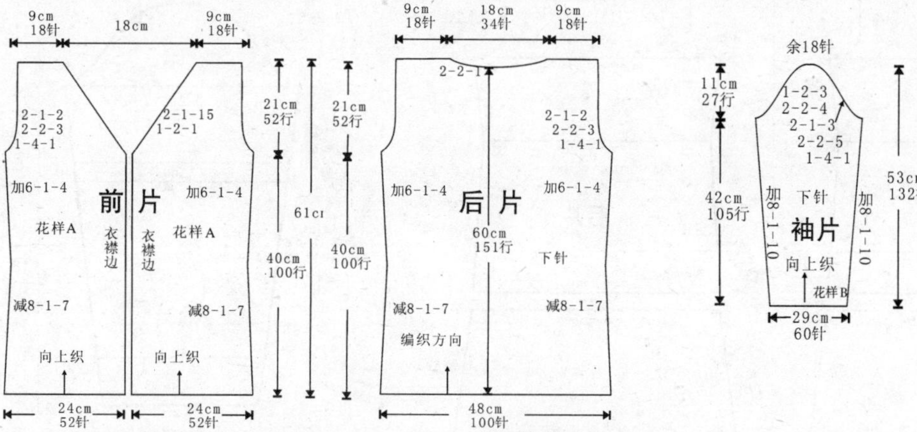

花样B

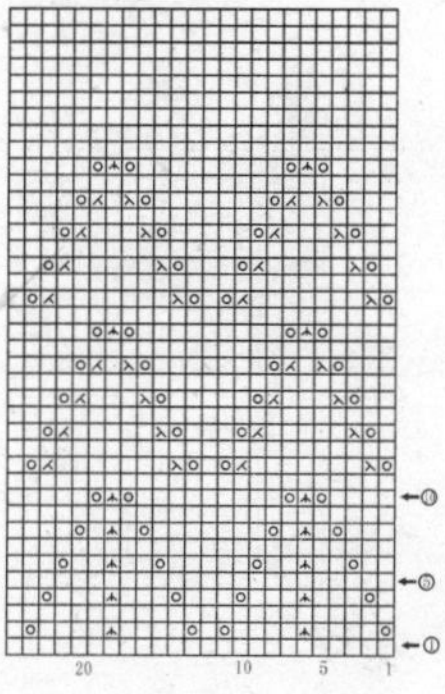

花样C

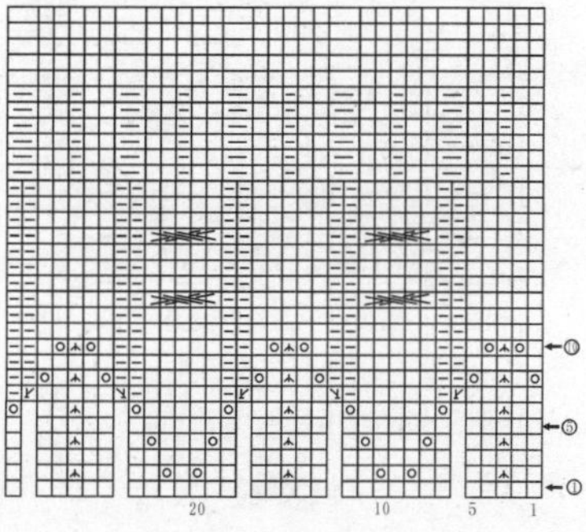

花样A

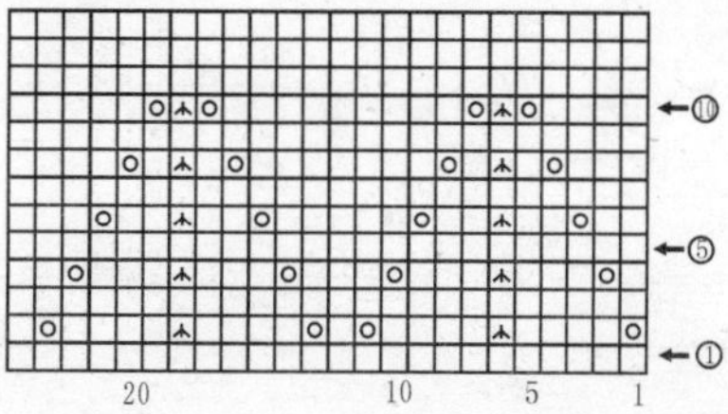

端庄黑色长衫

【成品尺寸】衣长90cm　胸围96cm　袖长53cm

【工具】1.7mm棒针

【材料】灰黑色纯羊毛线

【密度】10cm²：44针×55行

【附件】真丝布料若干

【制作过程】前、后片按图起针，织单罗纹8cm后，改织下针，至织完成。衣下摆另织，编入花样，与衣片缝合。袖片按起针织5cm单罗纹，后改织下针，至织完成。袖口织10cm单罗纹，与真丝布料缝制的衣袖缝合，再与衣片全部缝合。领圈挑针，织单罗纹5cm，形成圆领。系上带子，完成。

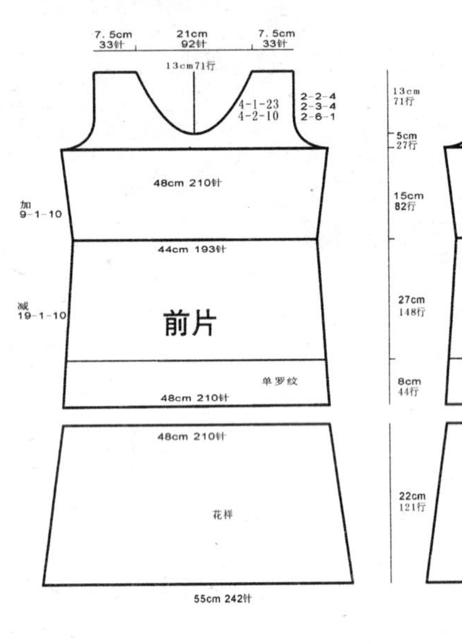

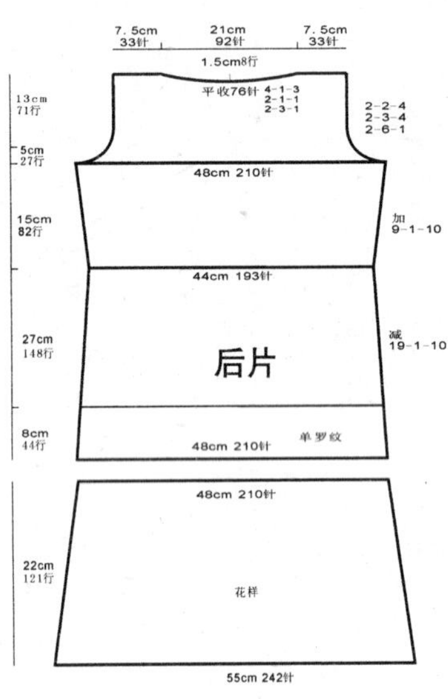

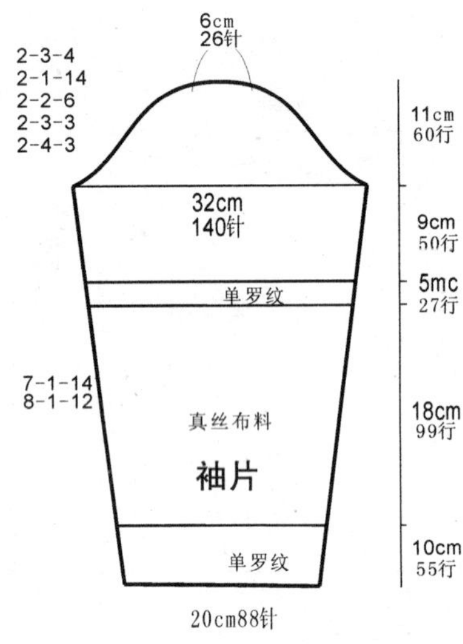

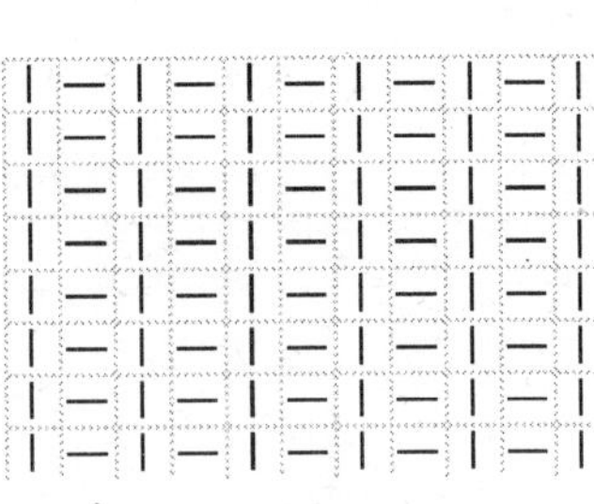

花样　　单罗纹

【成品尺寸】衣长85cm　胸围96cm　袖长53cm

【工具】1.7mm棒针

【材料】黑色纯羊毛线

【密度】$10cm^2$：44针×49行

【附件】纽扣3枚　亮片若干

【制作过程】前片分别按图起针，编织单罗纹10cm后改织下针，至52cm时分成左右两片，继续编织完成。后片按图织好，袖片按图起针，织下针，袖口打皱褶，形成泡泡袖。门襟另织，与前片缝合，按彩图缝上亮片、纽扣，完成。

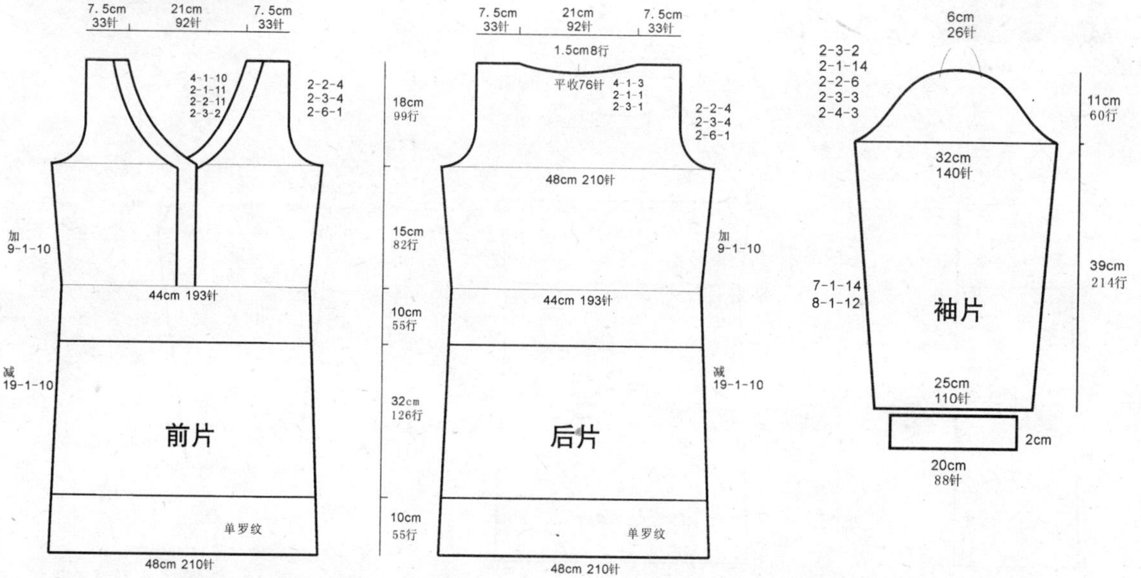

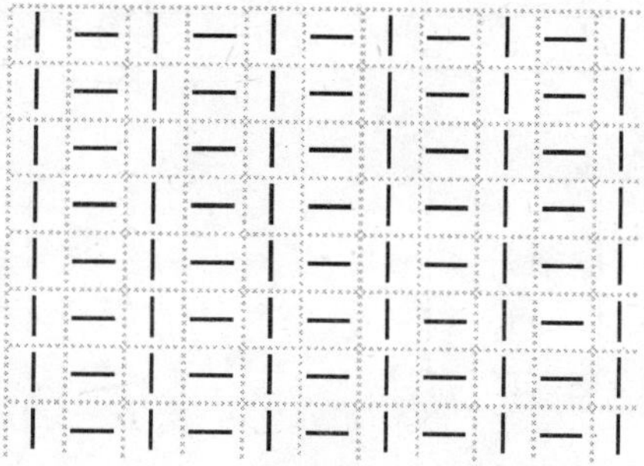

前片：7.5cm 33针　21cm 92针　7.5cm 33针；4-1-10　2-1-11　2-2-11　2-3-2；2-2-4　2-3-4　2-6-1；加 9-1-10；44cm 193针；减 19-1-10；单罗纹；48cm 210针

18cm 99行　15cm 82行　10cm 55行　32cm 126行　10cm 55行

后片：7.5cm 33针　21cm 92针　7.5cm 33针；1.5cm8行；平收76针 4-1-3　2-1-1　2-3-1；2-2-4　2-3-4　2-6-1；48cm 210针；加 9-1-10；44cm 193针；减 19-1-10；单罗纹；48cm 210针

袖片：6cm 26针；2-3-2　2-1-14　2-2-6　2-3-3　2-4-3；11cm 60行；32cm 140针；39cm 214行；7-1-14　8-1-12；25cm 110针；2cm；20cm 88针

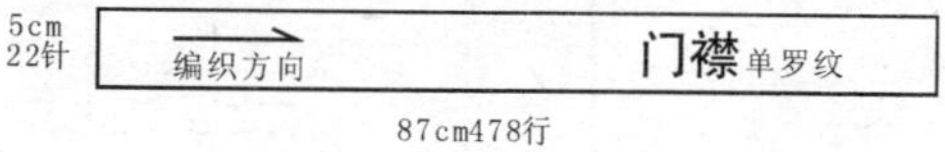

门襟 单罗纹：5cm 22针；编织方向；87cm478行

单罗纹

典雅长款毛衣

【成品尺寸】衣长75cm　胸围96cm　袖长53cm

【工具】1.7mm棒针

【材料】蓝色纯羊毛线

【密度】10cm²：44针×55行

【附件】纽扣13枚

【制作过程】前片分左右两片，分别按图起针，织双罗纹，至织完成。后片和袖片按图织好，全部缝合。门襟为长矩形，织好与衣片缝合，用缝衣针缝上纽扣和衣袋，完成。

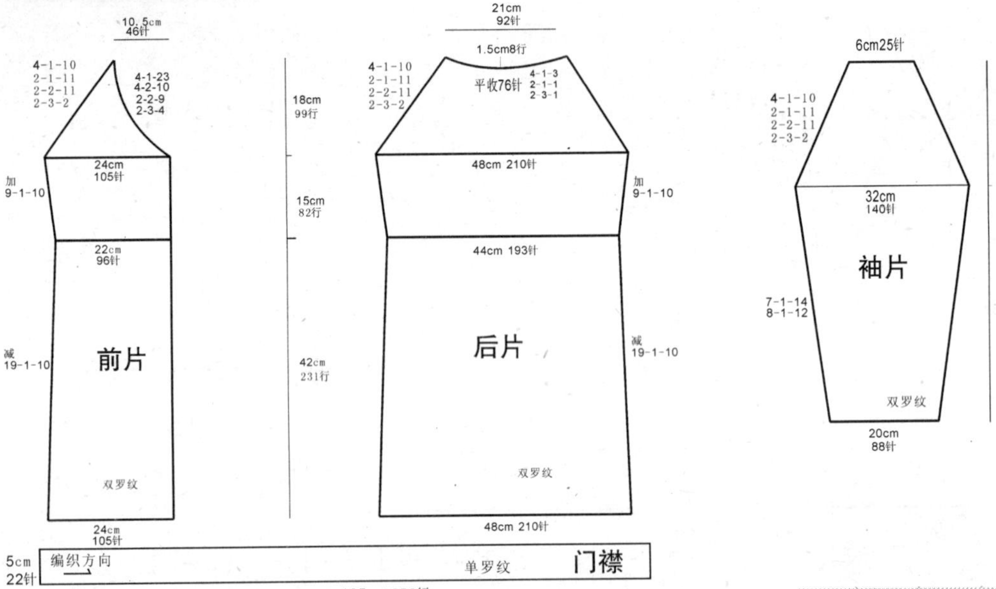

前片：10.5cm 46针；4-1-10 2-1-11 2-2-11 2-3-2；4-1-23 4-2-10 2-2-9 2-3-4；18cm 99行；24cm 105针；加 9-1-10；15cm 82行；22cm 96针；减 19-1-10；42cm 231行；双罗纹；24cm 105针

后片：21cm 92针；1.5cm8行；平收76针；4-1-3 2-1-1 2-3-1；4-1-10 2-1-11 2-2-11 2-3-2；48cm 210针；加 9-1-10；44cm 193针；减 19-1-10；双罗纹；48cm 210针

袖片：6cm25针；4-1-10 2-1-11 2-2-11 2-3-2；18cm 99行；32cm 140针；7-1-14 8-1-12；42cm 231行；双罗纹；20cm 88针

门襟：5cm 22针；编织方向；单罗纹；195cm1072行

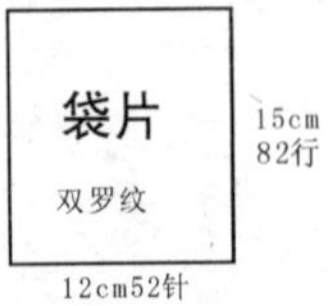

袋片：双罗纹；15cm 82行；12cm52针

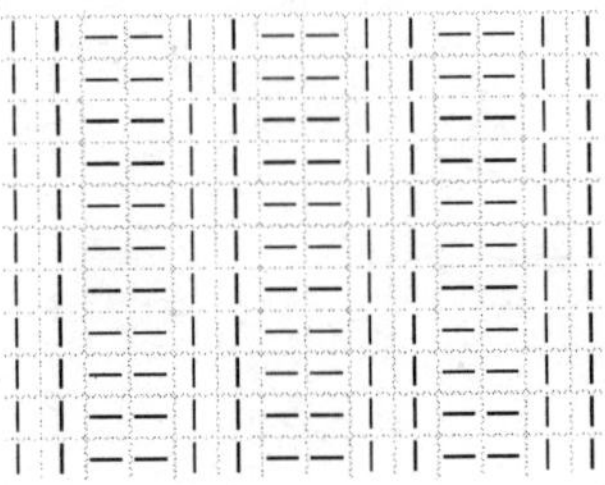

双罗纹

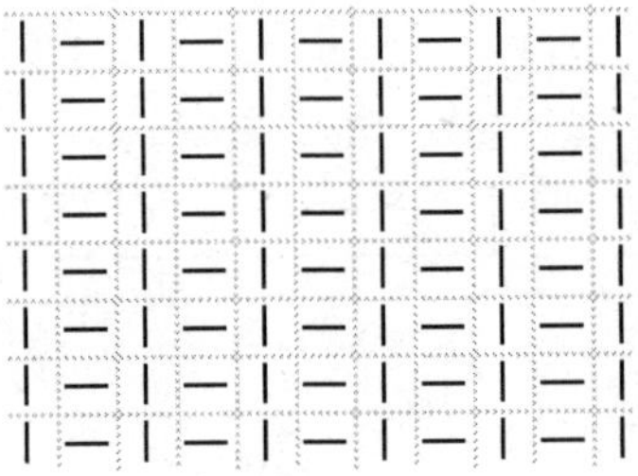

单罗纹

【成品尺寸】衣长74cm　胸围96cm　袖长57cm

【工具】9号棒针

【材料】蓝色棉绒线620g

【密度】10cm²：25针×32行

【附件】纽扣3枚

【制作过程】1. 单股线编织。

2. 起120针双罗纹针边，编织后片下针，编织到52cm时开始袖窿减针，按结构图减针后编织到肩部，两肩部各余9cm。

3. 起140针双罗纹针边，编织前下片下针，不加减针织37cm，断线。起120针编织前上片下针，织到15cm时进行袖窿减针，共织21cm时前领窝减针，按图示减针后肩部余9cm。将前下片中心位置拿活褶固定后与前上片缝合。

4. 起65针从袖口编织袖片下针，按图示均匀减针，织47cm后开始袖山减针，按图所示减针后余19针，断线。用同样方法再完成另一片袖片。

5. 对应相应位置缝合，挑织双罗纹针织领边，一侧及后领织4cm后收针断线，一侧继续编织，并加出52针，按图加针后共织8cm。在加针边缝好装饰纽扣。

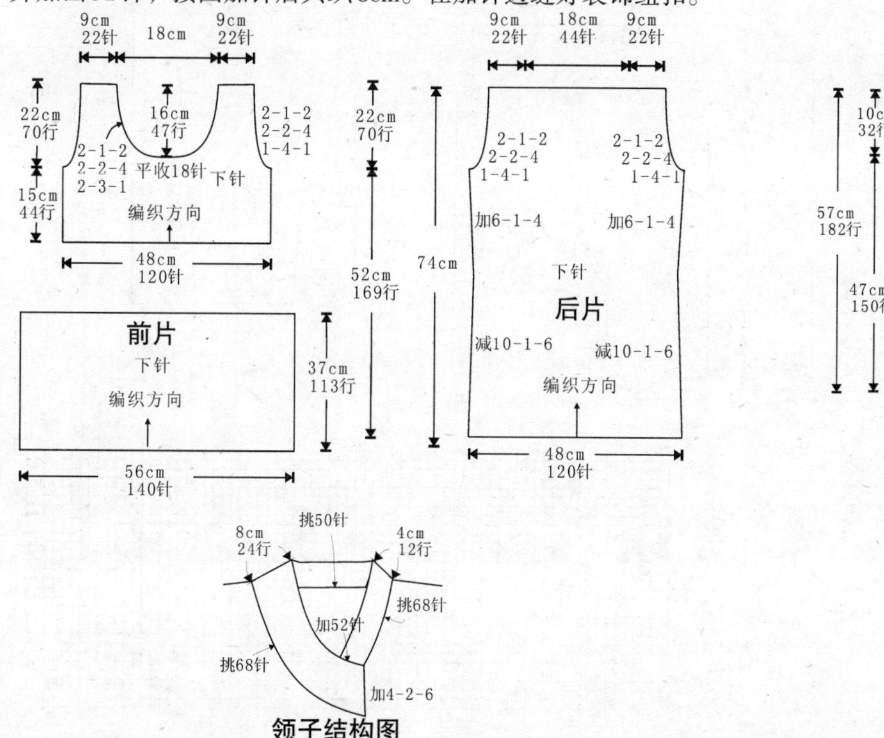

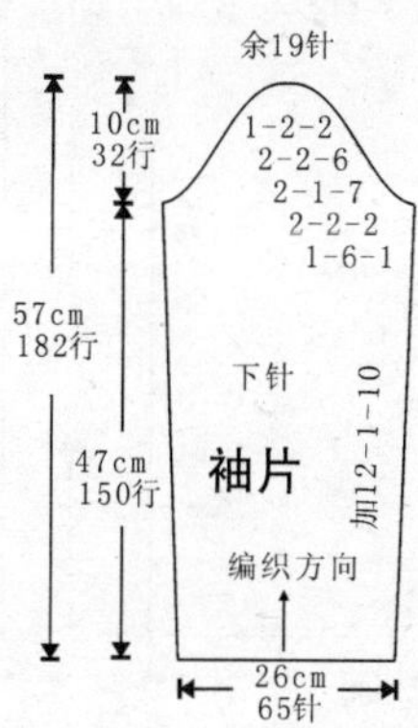

浪漫长款毛衫

【成品尺寸】衣长75cm　胸围96cm　袖长54cm

【工具】5号棒针

【材料】灰色花棉绒线750g　粉色花棉绒线70g　蓝色花棉绒线40g

【密度】10cm^2：13针×21行

【附件】装饰花若干

【制作过程】1. 单股线编织。

2. 起74针编织后片下针，侧缝减针，编织到43cm处改织配色花样，身长共编织到53cm开始袖窿减针，按结构图减完针后，不加减针编织到肩部。

3. 用同样方法起织前片下针，侧缝加减针后编织到67cm时进行前衣领减针，按结构图减完针后收针断线。

4. 起28针编织袖片花样，按结构图所示均匀加针编织袖片，编织45cm后开始袖山减针，按图所示减针后余12针，断线。用同样方法再完成另一片袖片。

5. 沿边对应相应位置缝实。沿领窝挑织下针领边，共织10cm。在前片下方缝好装饰花。

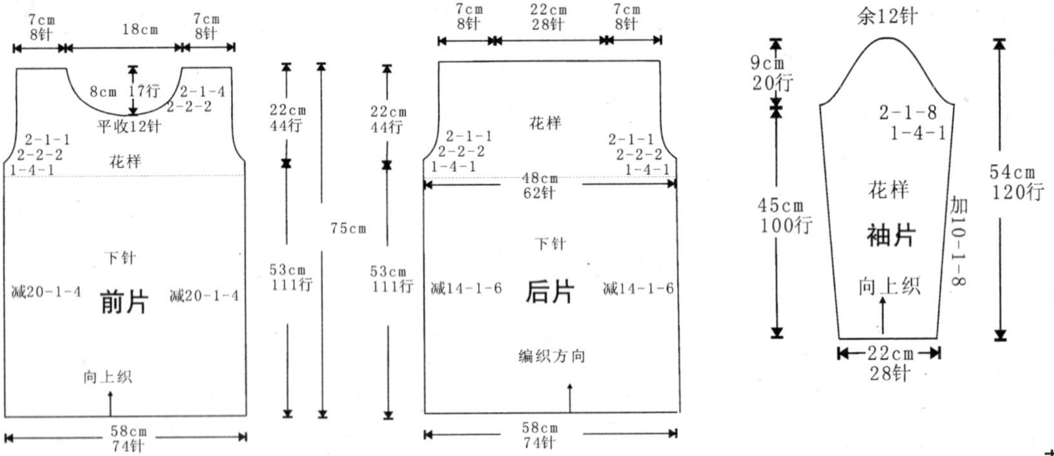

7cm 8针　18cm　7cm 8针
8cm 17行　2-1-4 2-2-2
平收12针
2-1-1 2-2-2 1-4-1
花样
下针
减20-1-4　前片　减20-1-4
向上织
58cm 74针

22cm 44行　53cm 111行　75cm　22cm 44行　53cm 111行

7cm 8针　22cm 28针　7cm 8针
花样
2-1-1 2-2-2 1-4-1　2-1-1 2-2-2 1-4-1
48cm 62针
下针
减14-1-6　后片　减14-1-6
编织方向
58cm 74针

余12针
9cm 20行
2-1-8 1-4-1
花样
45cm 100行
袖片
加10-1-8
向上织
54cm 120行
22cm 28针

花样

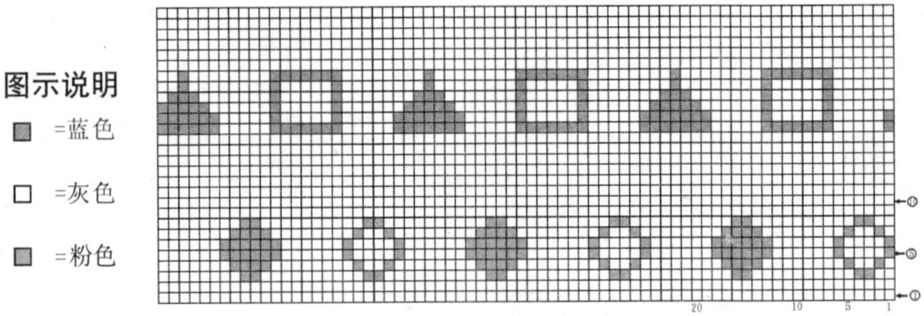

图示说明
■=蓝色
□=灰色
■=粉色

【成品尺寸】衣长73cm　胸围96cm　袖长55cm

【工具】7号棒针

【材料】褐色交织马海毛线960g

【密度】$10cm^2$：21针×25行

【制作过程】1. 单股线编织。

2. 起110针双罗纹针边，然后编织后片下针，两侧减针收腰，身长共织52cm后开始袖窿减针，按结构图减完针后，不加减针编织到72cm时，减出后领窝，两肩部各余9cm。

3. 起110针双罗纹针后编织前片花样，两侧加减针收腰，共编织52cm时同时进行袖窿、前领窝减针，按结构图减完针后收针断线。

4. 起56针双罗纹针从袖口编织袖片下针，按结构图所示均匀加针，编织45cm后开始袖山减针，按图所示减针后余16针，断线。用同样方法再完成另一片袖片。

5. 沿边对应相应位置缝实。另起针单独编织双罗纹针装饰腰边，共织7cm，沿前片花样交换处绕身片缝实。挑织双罗纹针领边，完成后将领边与衣片缝实。

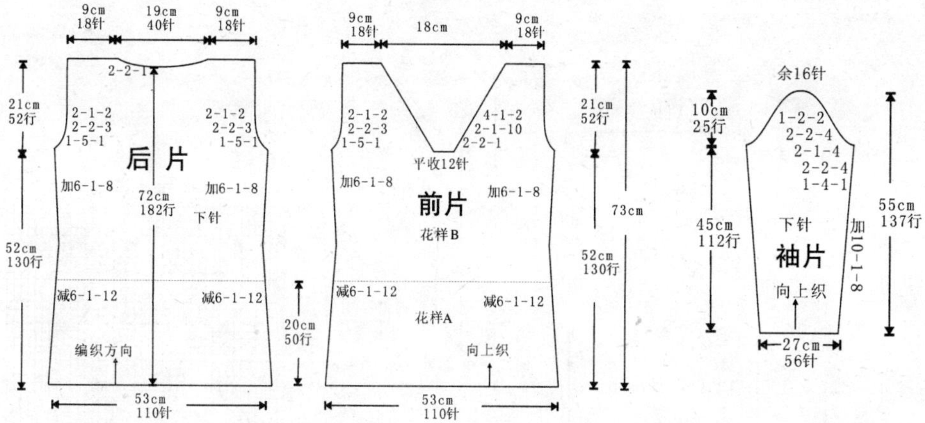

花样A

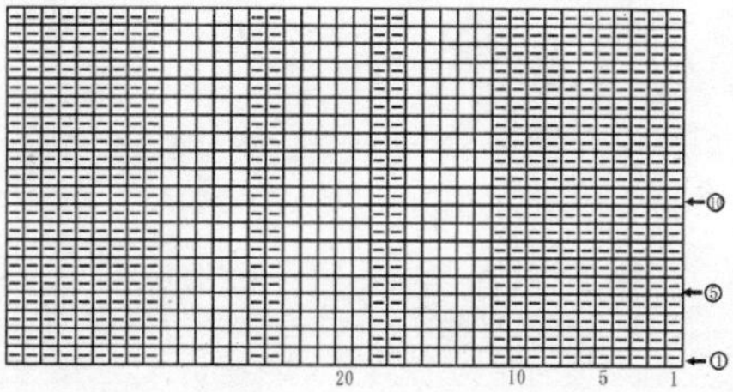

花样B

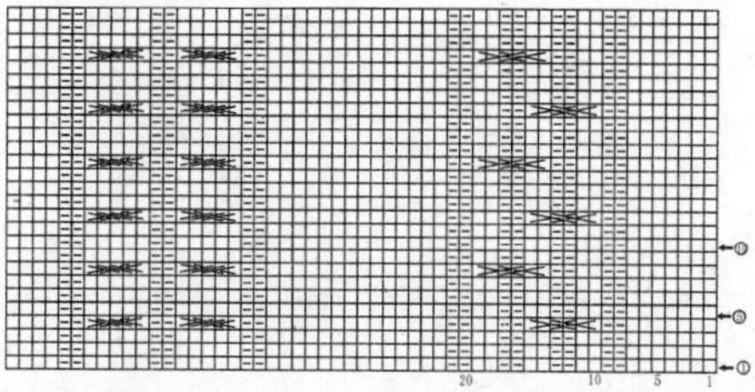

【成品尺寸】衣长56cm　胸围96cm　袖长57cm

【工具】9号棒针

【材料】灰色毛线700g

【密度】10cm²：25针×32行

【附件】装饰带1条

【制作过程】1. 单股线编织。

2. 起120针编织后片下针，共编织到34cm时开始袖窿减针，按结构图减完针后，不加减针编织到肩部，两肩部各余9cm。

3. 用同样方法起120针编织前片花样，袖窿减针后身长织到48cm时进行前领窝减针，按图示减针后肩部余9cm。

4. 起65针双罗纹针从袖口编织袖片下针，按图示均匀加针，编织47cm后开始袖山减针，按图所示减针后余19针，断线。用同样方法再完成另一片袖片。

5. 起150针编织下片下针，不加减针织20cm，共织两片。

6. 沿对应位置将各片缝合，将下片拿活褶后与上身片缝合，起下针编织5行后改织双罗纹针领边，沿领窝缝合。沿上下身片缝合线外侧挑织下针，织6行后盖过缝隙沿边缝实。穿入装饰带，用锁边机沿花样边及下边定型装饰。

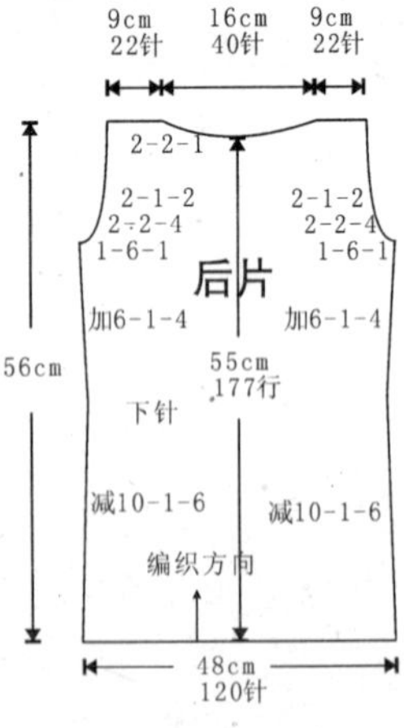

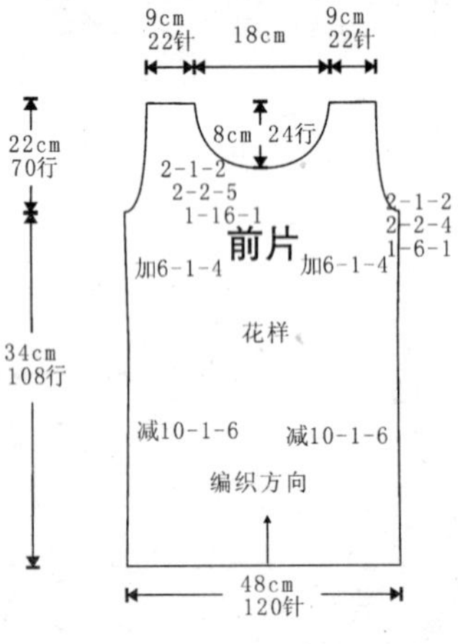

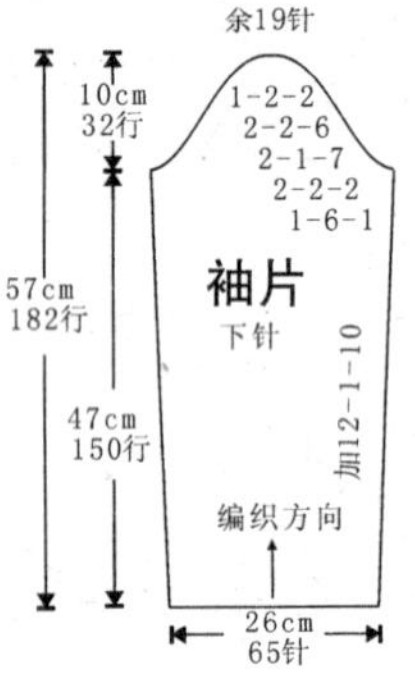

9cm 22针　16cm 40针　9cm 22针
2-2-1
2-1-2　2-2-4　1-6-1
2-1-2　2-2-4　1-6-1
后片
加6-1-4　加6-1-4
56cm
55cm 177行
下针
减10-1-6　减10-1-6
编织方向
48cm 120针

9cm 22针　18cm　9cm 22针
22cm 70行
8cm 24行
2-1-2　2-2-5　1-16-1
2-1-2　2-2-4　1-6-1
前片
加6-1-4　加6-1-4
34cm 108行
花样
减10-1-6　减10-1-6
编织方向
48cm 120针

余19针
10cm 32行
1-2-2　2-2-6　2-1-7　2-2-2　1-6-1
57cm 182行
袖片
下针
47cm 150行
加12-1-10
编织方向
26cm 65针

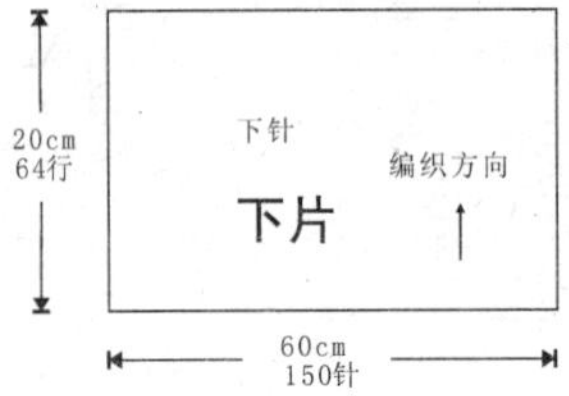

20cm 64行
下针
编织方向
下片
60cm 150针

花样

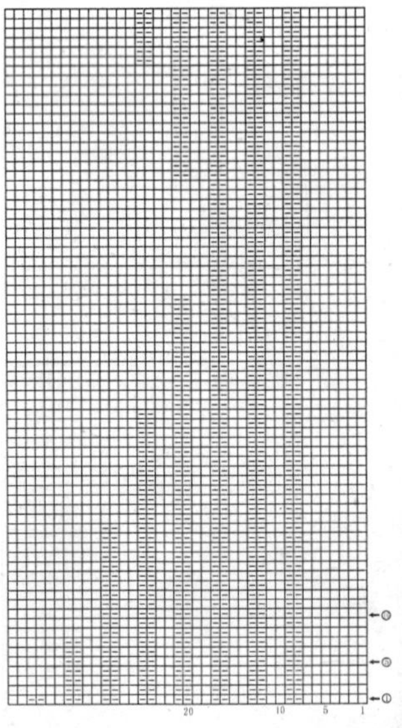

时尚深色毛衣

【成品尺寸】衣长70cm　胸围88cm　袖长60cm

【工具】9号棒针　5号钩针

【材料】黑灰色花毛线820g

【密度】$10cm^2$：25针×38行

【附件】纽扣3枚

【制作过程】1. 单股线编织。

2. 起110针双罗纹针后编织后片上针，共编织到48cm时开始袖窿减针，按结构图减完针后，不加减针编织到肩部。

3. 起60针上针编织一侧前上身片，织4行后在一侧开始前领减针，共织28cm后在另一侧进行袖窿减针，按图示减针后两肩各余10cm。另起60针双罗纹针后编织前下身片上针，不加减针织32cm后收针断线。单独起26针编织花样片，共织24cm后收针断线。连接下身片、花样片、上身片缝合，整体完成后身长共70cm。用同样方法完成另一侧前身片，方向相反。

4. 起62针双罗纹针从袖口编织袖片下针，按结构图所示均匀加针编织，编织47cm后开始袖山减针，按图所示减针后余18针，断线。用同样方法再完成另一片袖片。

5. 单独起针按图编织领片，宽度根据个人喜好确定。在一侧留出扣眼位置，在另一侧钉上纽扣。

6. 沿对应位置将各片缝合，将领片沿一侧衣襟边与衣片缝合。

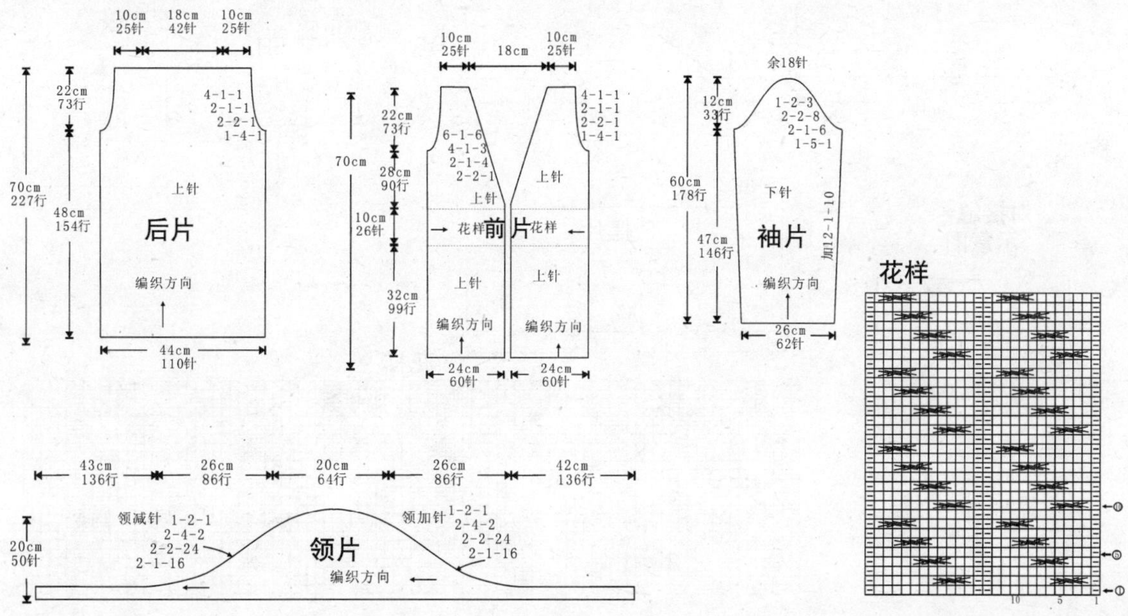

【成品尺寸】衣长82cm　胸围96cm　袖长53cm

【工具】7号棒针

【材料】深灰色花马海毛860g

【密度】10cm²：21针×23行

【制作过程】1. 单股线编织。

2. 起100针编织后上身片下针，编织到20cm时开始两侧袖窿减针，按结构图减完针后，不加减针编织到肩部。

3. 起15针编织前上身片下针，一侧按图加针形成斜边，共加29针，共织20cm时开始衣领窝减针；一侧不加减针编织到20cn时袖窿减针，按结构图减完针后收针断线。用同样方法完成另一侧前身片，减针方向相反。

4. 起60针双罗纹针从袖口编织袖片下针，按结构图所示均匀加针，编织42cm后开始袖山减针，按图所示减针后余18针，断线。用同样方法再完成另一片袖片。

5. 另起109针编织下摆片花样，一侧加减针、一侧不加减针编织，共织93cm，完成后收针断线。将下摆片减针一侧与已缝合的上身片对接缝实。沿领窝挑织双罗纹针领片，共织12cm。

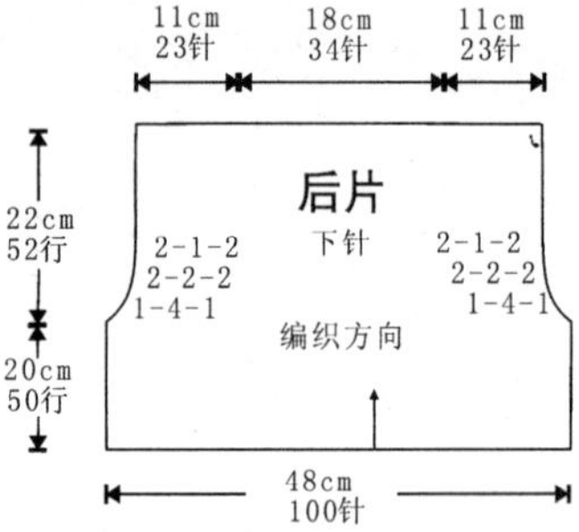

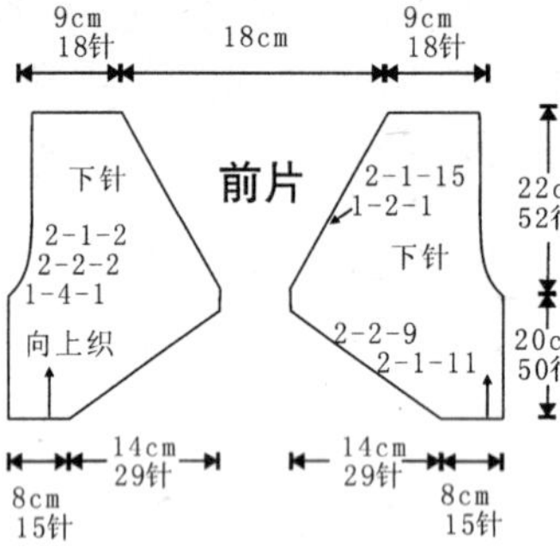

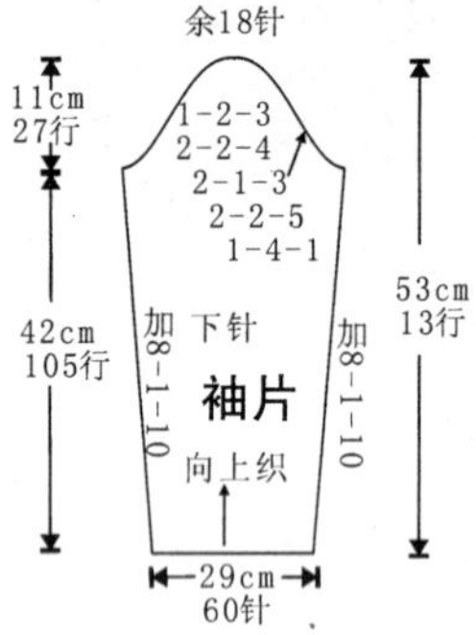

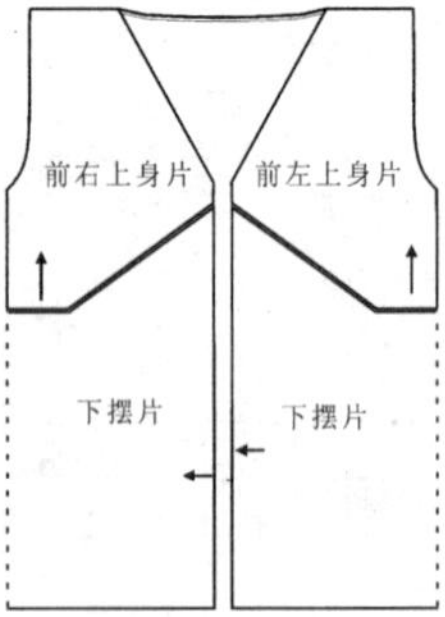

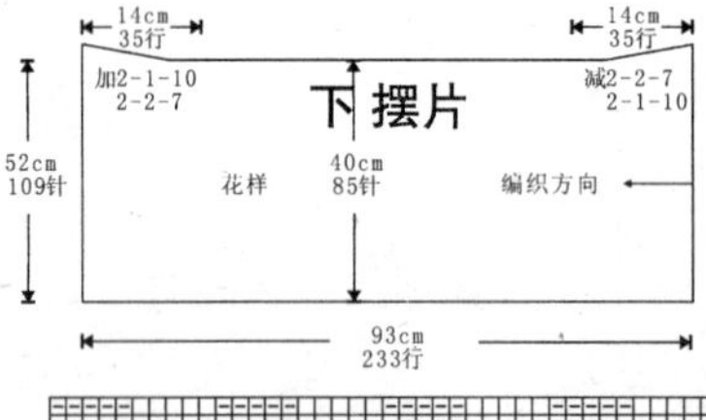

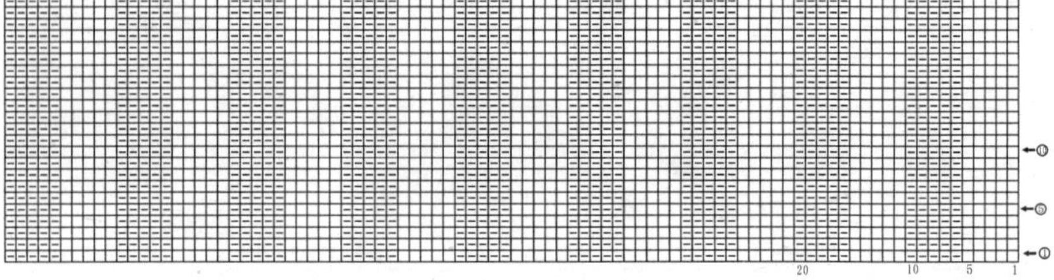

优雅长款毛衣

【成品尺寸】衣长80cm　胸围96cm　袖长53cm

【工具】1.7mm棒针

【材料】红色纯羊毛线

【密度】$10cm^2$：44针×55行

【制作过程】前、后片分别按图起针，先织双层平针底边后，改织下针至15cm，即编入32cm的花样，再改织下针至编织完成。袖片按图起针，先织双层平针底边，后改织下针至15cm，即编织32cm的花样，再改织下针至编织完成，全部缝合。领子另织，按编织方向织花样，按彩图缝合，完成。

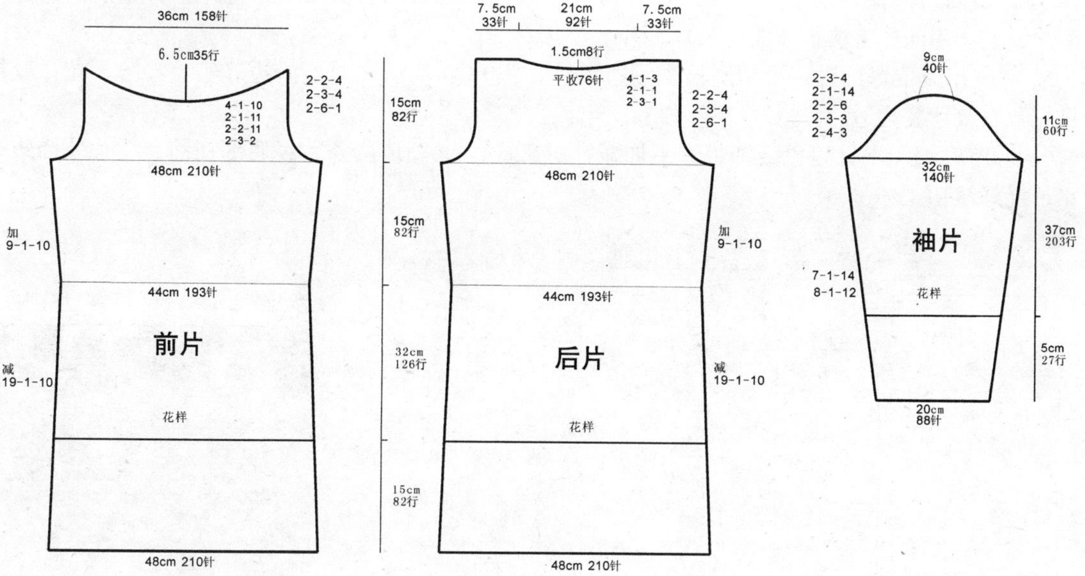

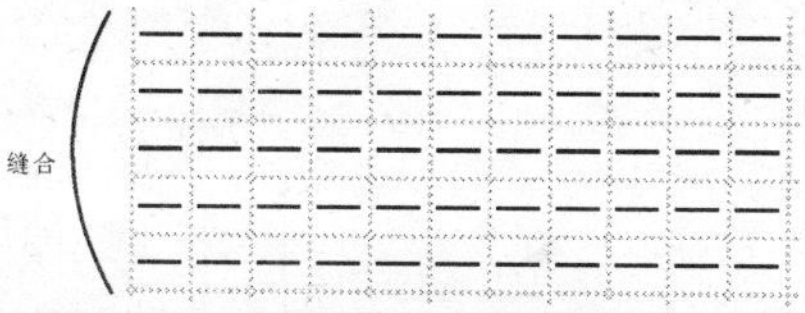

前片：36cm 158针；6.5cm35行；2-2-4，2-3-4，2-6-1；4-1-10，2-1-11，2-2-11，2-3-2；48cm 210针；加 9-1-10；44cm 193针；减 19-1-10；花样；48cm 210针

15cm 82行；15cm 82行；32cm 126行；15cm 82行

后片：7.5cm 33针；21cm 92针；7.5cm 33针；1.5cm8行；平收76针；4-1-3，2-1-1，2-3-1；2-2-4，2-3-4，2-6-1；48cm 210针；加 9-1-10；44cm 193针；减 19-1-10；花样；48cm 210针

袖片：9cm 40针；2-3-4，2-1-14，2-2-6，2-3-3，2-4-3；11cm 60行；32cm 140针；37cm 203行；7-1-14，8-1-12；花样；5cm 27行；20cm 88针

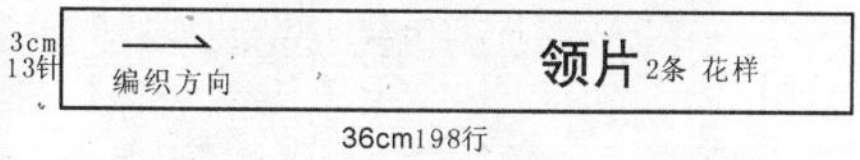

领片 2条 花样：3cm 13针；编织方向；36cm198行

缝合

双层平针底边花样

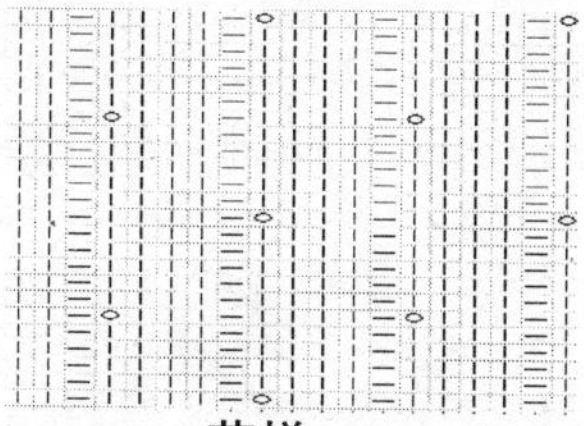

花样

【成品尺寸】衣长74cm　胸围96cm　袖长57cm

【工具】9号棒针

【材料】褐色牛奶绒线380g　橘红色牛奶绒线230g

【密度】10cm²：25针×32行

【附件】纽扣3枚

【制作过程】1. 单股线编织。

2. 单色线起120针双罗纹针边，然后配色编织后片花样，编织到52cm时开始袖窿减针，同时将线换为单色下针编织，按结构图减针后编织到肩部，两肩部各余9cm。

3. 用同样方法起120针编织前片花样，织到66cm进行前领窝减针，按图示减针后肩部余9cm。

4. 单色线起90针从袖口编织单色袖片下针，按图示均匀减针，织47cm后开始袖山减针，按图所示减针后余19针，断线。袖口拿活褶固定，挑织下针边后向内侧对折沿边缝实。用同样方法再完成另一片袖片。

5. 对应相应位置缝合，沿领窝挑织领边下针，织14cm后向内对折沿边缝实。沿腋下花样变换处挑织双罗纹针装饰边。

6. 起15针编织下针单色装饰带，不加减针织52cm，共完成两条，经肩部在前、后片装饰边处固定，缝好纽扣。

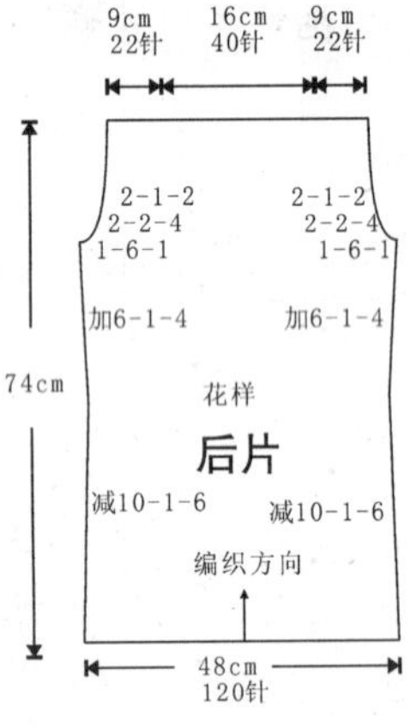

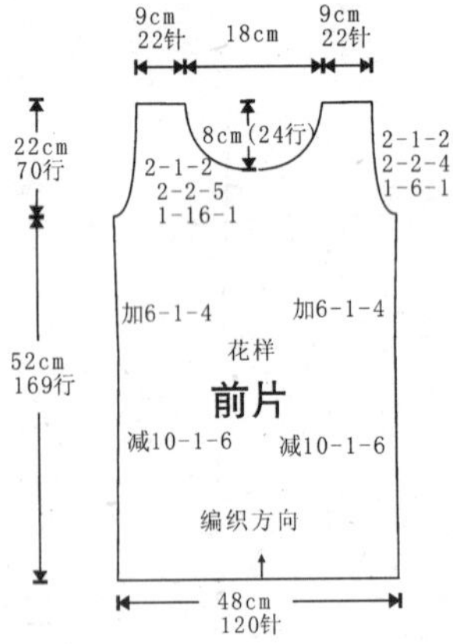

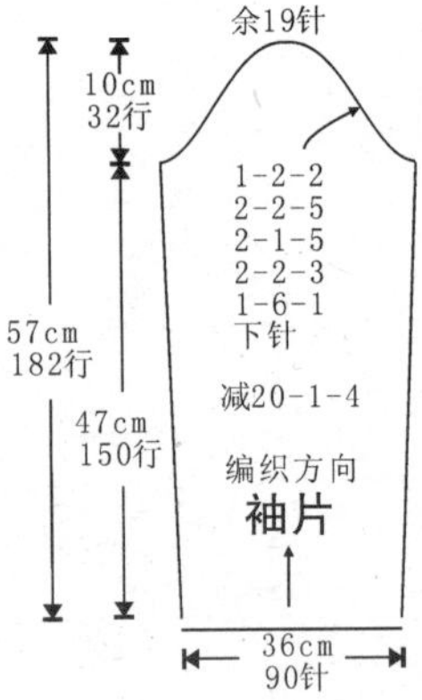

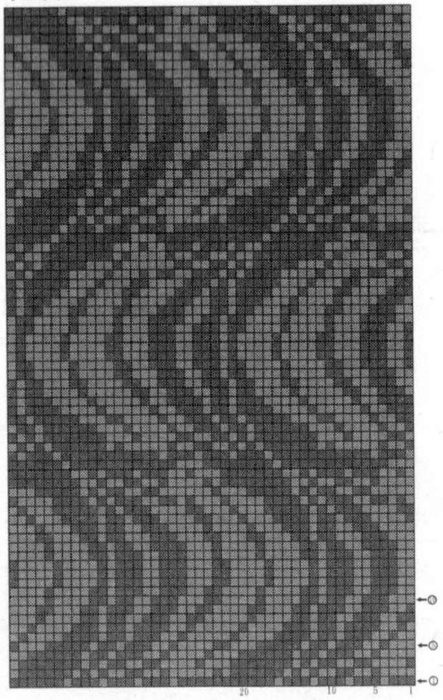

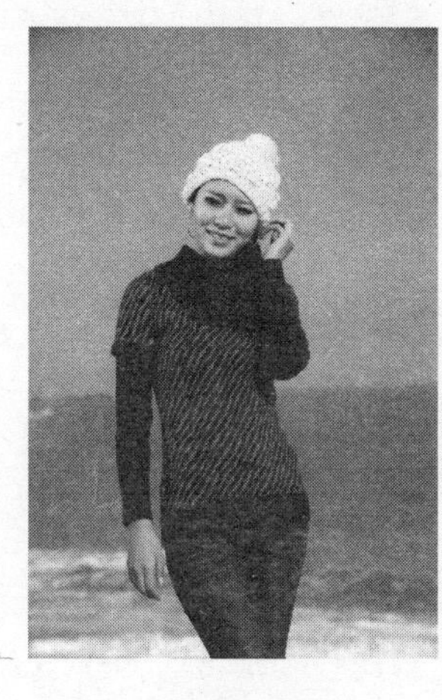

【成品尺寸】衣长62cm　胸围96cm　袖长59cm

【工具】9号棒针

【材料】褐色牛奶绒380g　橘红色牛奶绒230g

【密度】10cm²：25针×32行

【附件】纽扣3枚

【制作过程】1. 单股线编织。

2. 单色线起120针双罗纹针边，然后编织后片花样，编织到40cm时开始袖窿减针，身长共织到61cm时减出后领窝，按结构图减针，两肩部各余10cm。

3. 同样方法起120针编织前片花样，织至40cm时同时进行袖窿和前领窝减针，按图示减针后肩部余5cm。

4. 单色线起10针编织内前片下针，一侧按图加减针、一侧不加减针编织，共织22cm，完成两片。分别沿前领窝缝实。

5. 单色线起86针双罗纹针边，从袖口编织外袖片花样，不加减针织10cm后开始袖山减针，按图所示减针后余19针，断线。单色线起66针双罗纹针，从袖口编织内袖片，按图示均匀加针，织37cm后断线。将内外袖片沿边缝实。用同样方法再完成另一片外袖片。

6. 对应相应位置缝合，沿领窝缝合内前片，外侧挑织双罗纹针装饰领边，沿内前片领窝挑织双罗纹针领片，织16cm，缝好纽扣。

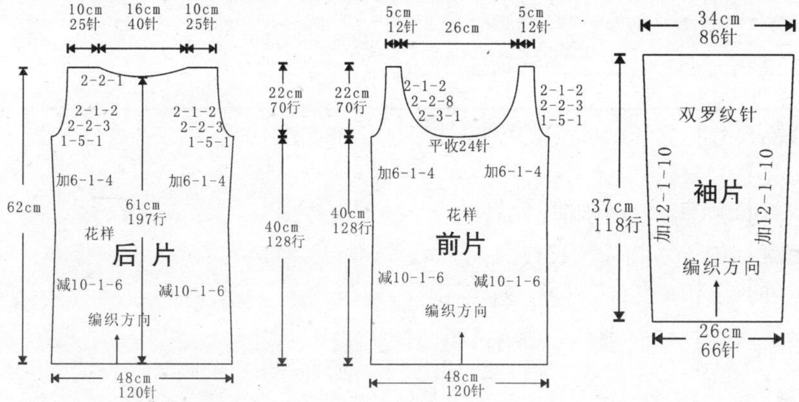

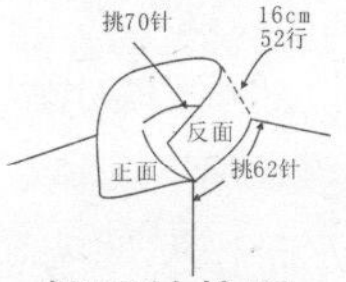

领子结构图

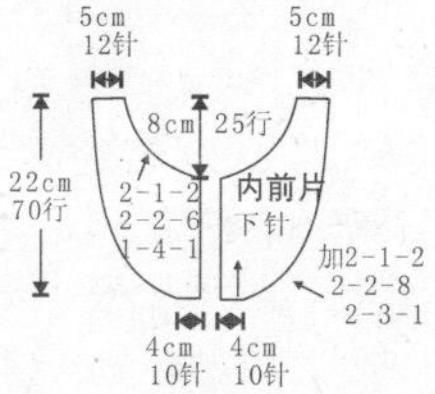

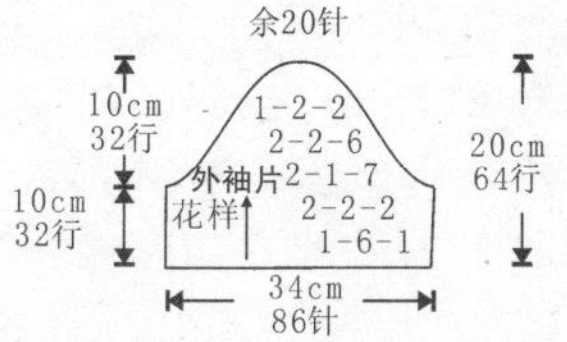

图示说明：
■ =褐色
■ =橘红色

花样

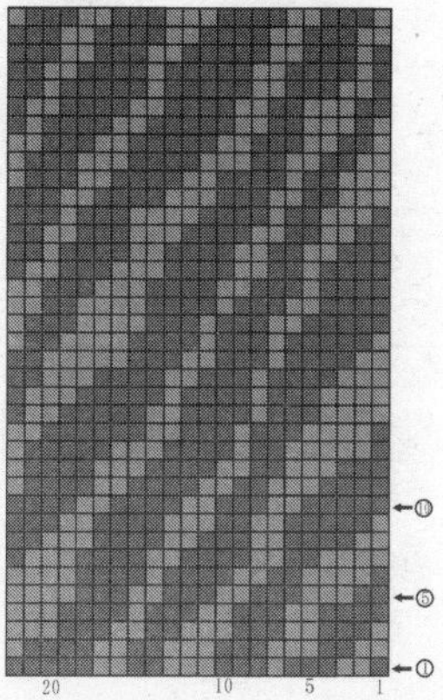

魅力短袖衫

【成品尺寸】衣长42cm　胸围96cm　袖长59cm

【工具】7号棒针

【材料】黑色毛线340g

【密度】10cm²：13针×26行

【制作过程】1. 单股线编织。

2. 起64针双罗纹针后编织46行，然后编织后片上针，编织上针10行后两侧开始按图示减针，最后余28针，收针断线。

3. 用同样方法完成前片，编织到104行时前领窝减针，收针断线。

4. 起84针双罗纹针从袖口编织袖片上针，织16行后按图示减针，共织38cm，最后余40针，断线。用同样方法再完成另一片袖片。

5. 沿边对应相应位置缝实。沿领窝挑织双罗纹针领片，共织30cm。

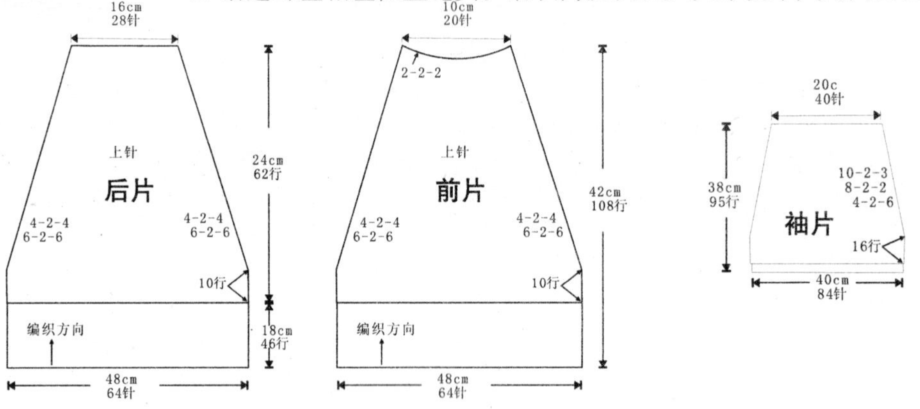

【成品尺寸】衣长64cm　胸围92cm　袖长58cm

【工具】9号棒针

【材料】咖啡色开司米线670g

【密度】10cm²：20针×27行

【附件】纽扣6枚

【制作过程】1. 二股线编织。

2. 起96针下针编织后片，编织24cm后即第63行时将下针边对折挑针并织成双层边，然后编织花样，双层边后身长共织30cm开始袖窿减针，按结构图减针到肩部，余28针。

3. 用同样针法起62针编织前片，衣襟边随前片同织，挑织双层边收针留出口袋位置，编织30cm后开始袖窿减针，身长共编织到49cm时进行前衣领减针，按结构图减完针后收针断线。用同样方法编织另一片前片，减针方向相反。一侧留出扣眼位置。

4. 用同样起边法编织袖片花样，起70针，从袖口开始编织袖片，编织24cm后开始袖山减针，按图所示减针后余16针，断线。用同样方法再完成另一片袖片。

5. 将前、后片及袖片对应位置缝合。沿领窝挑织上针领边。钉好纽扣。、

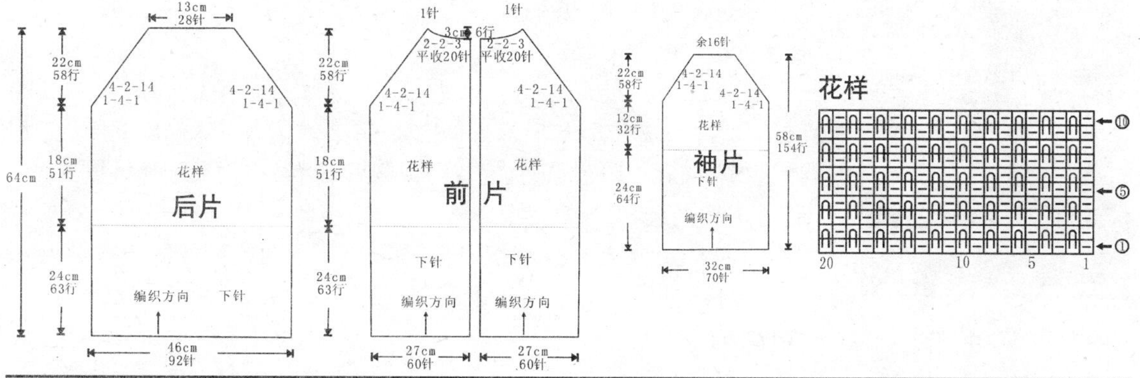

素雅薄款毛衫

【成品尺寸】衣长41cm　胸围90cm

【工具】8号棒针　环形针

【材料】灰色毛线210g

【密度】10cm²：21针×25行

【制作过程】1. 单股线编织。

2. 起94针编织后片花样，不加减针编织到肩部，肩部各留出28针，完成后收针断线。

3. 起34针按花样编织前片，在一侧加出圆摆，共需加14针，编织到12cm时开始前衣领减针，按结构图减完针后不加减针编织到肩部，完成后收针断线。用同样方法完成另一侧前片，两片方向相反。

4. 沿边对应相应位置缝合后，缝合侧缝时留出袖窿。另起针用环形针宽松点挑织花样衣边，共织28行。

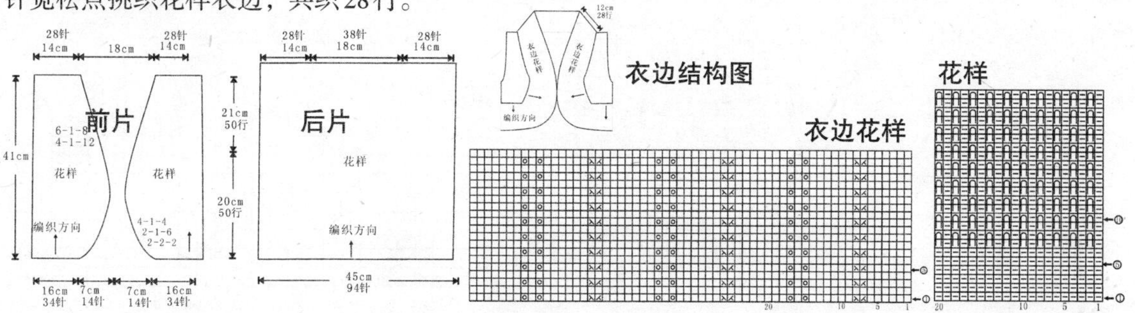

【成品尺寸】衣长57cm　胸围96cm　袖长21cm

【工具】8号棒针

【材料】灰色毛线210g

【密度】10cm²：21针×23行

【制作过程】1. 单股线编织。

2. 先起103针编织后上片花样A，不加减针编织到肩部，共织21cm，肩部递减后收针断线。再另起26cm编织花样B一侧后下片，不加减针共织36cm，用同样方法完成另一侧后下片。将两后下片重叠3cm后与后上片沿边缝合。

3. 起58针按花样A编织一侧前身片，不加减针织到肩部，共织57cm，肩部递减后留出24针继续编织，再织19cm，完成后收针断线。用同样方法完成另一侧前片，两片方向相反。

4. 沿边对应相应位置缝合后，缝合侧缝时留出袖窿。将前片延长处对接缝合，再与后领缝合。

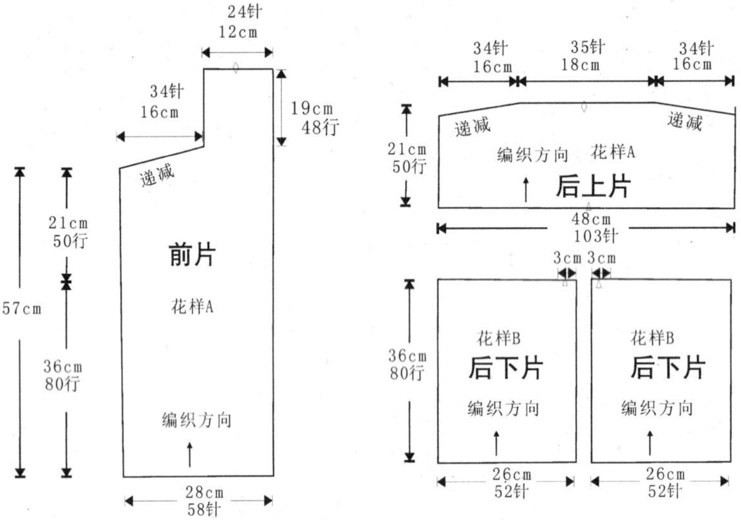

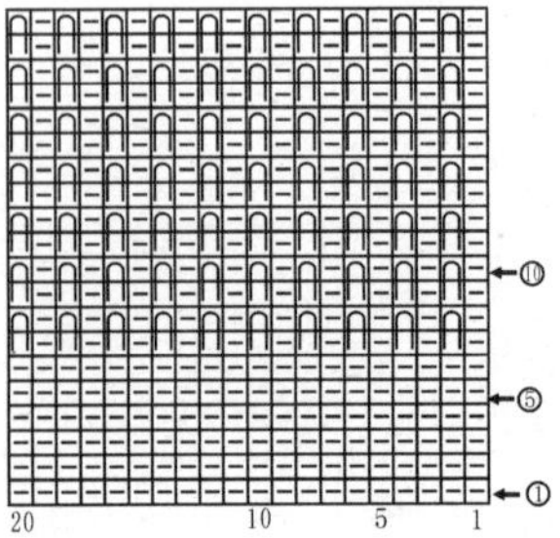

24针
12cm
34针
16cm
19cm
48行
递减
21cm
50行
57cm
前片
花样A
36cm
80行
编织方向
28cm
58针

34针
16cm
35针
18cm
34针
16cm
递减
递减
21cm
50行
编织方向
花样A
后上片
48cm
103针
3cm 3cm
花样B
后下片
编织方向
36cm
80行
花样B
后下片
编织方向
26cm
52针
26cm
52针

花样A

⑩
⑤
①
20　10　5　1

花样B

⑤
①
20　10　5　1

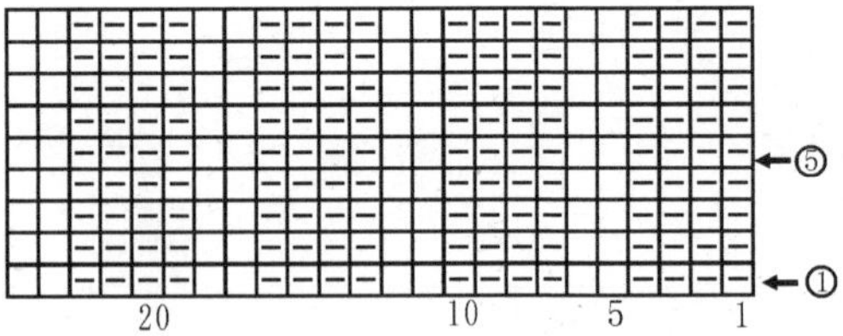

优雅短袖衫

【成品尺寸】衣长65cm　胸围96cm　袖长12cm

【工具】1.7mm棒针　小号钩针1支

【材料】灰色纯羊毛线

【密度】10cm²：44针×55行

【附件】纽扣2枚

【制作过程】前片分左右两片，分别按图起针，织花样，至织完成。后片按图起针，织花样，至织完成。袖窿和领窝按图加减针，下摆另织双罗纹，袖片按图织好，全部缝合。用缝衣针缝上纽扣，完成。

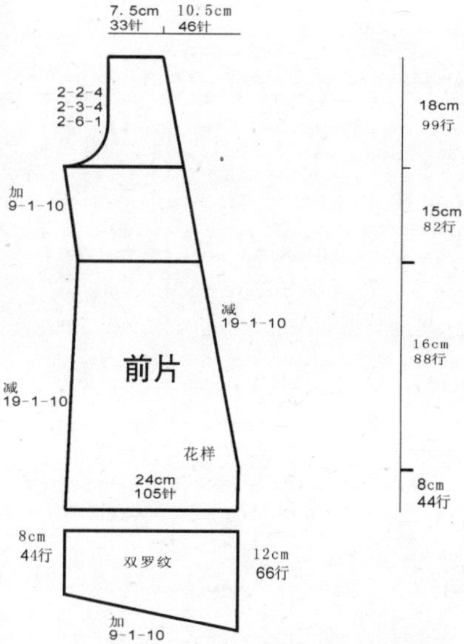

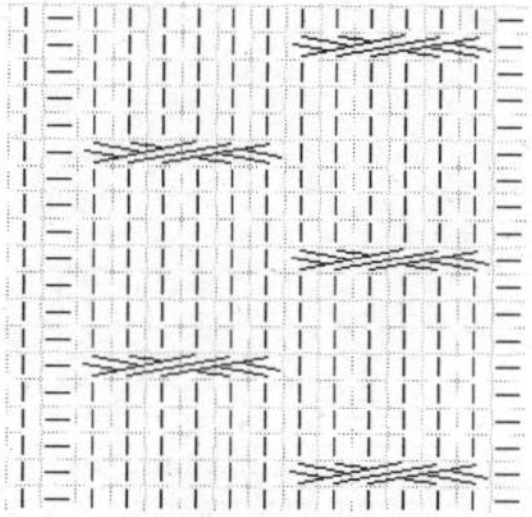

7.5cm 33针　10.5cm 46针
2-2-4
2-3-4
2-6-1
加 9-1-10
减 19-1-10
减 19-1-10
前片
花样
24cm 105针
8cm 44行
双罗纹
12cm 66行
加 9-1-10

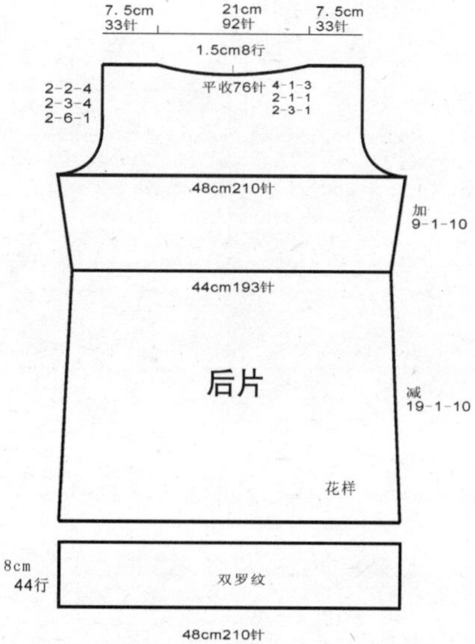

18cm 99行
15cm 82行
16cm 88行
8cm 44行

7.5cm 33针　21cm 92针　7.5cm 33针
1.5cm8行
平收76针 4-1-3 2-1-1 2-3-1
2-2-4
2-3-4
2-6-1
48cm210针
加 9-1-10
44cm193针
后片
减 19-1-10
花样
8cm 44行
双罗纹
48cm210针

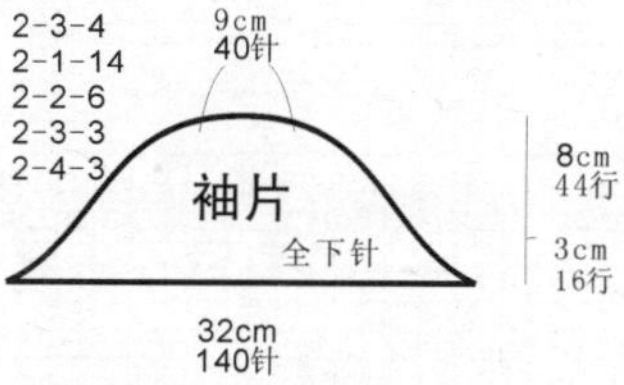

2-3-4
2-1-14
2-2-6
2-3-3
2-4-3
9cm 40针
袖片
全下针
32cm 140针
8cm 44行
3cm 16行

花样

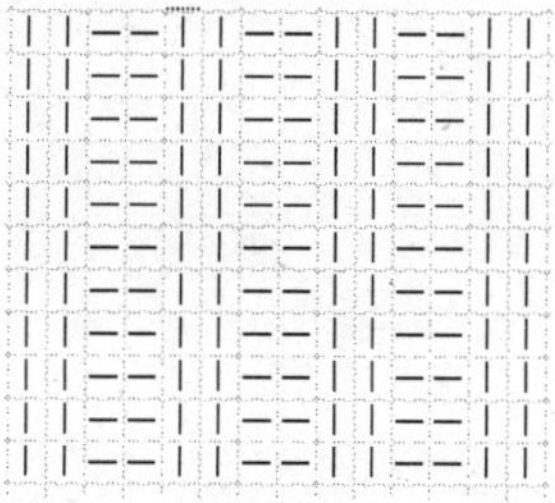

双罗纹

【成品尺寸】衣长55cm　胸围85cm　袖长33cm

【工具】7号环形针

【材料】灰色马海毛300g

【密度】10cm²：21针×23行

【制作过程】1. 单股线编织。短袖衣由单片完成。

2. 起178针编织衣片花样，不加减针编织124行，形成85cm×55cm长方形，收针断线。沿边对折后两侧留出袖口位置，按图所示将标注符号处对应缝合。

3. 另起针单独编织衣边内侧边和袖口下针装饰边，分别编织两条，沿衣边和袖口边缝合。沿已缝合的内侧衣边挑织外边花样装饰边，共织12cm。

4. 此短袖衣可根据个人喜好调节尺寸，织成的长方形越小，衣服的尺寸就越小。

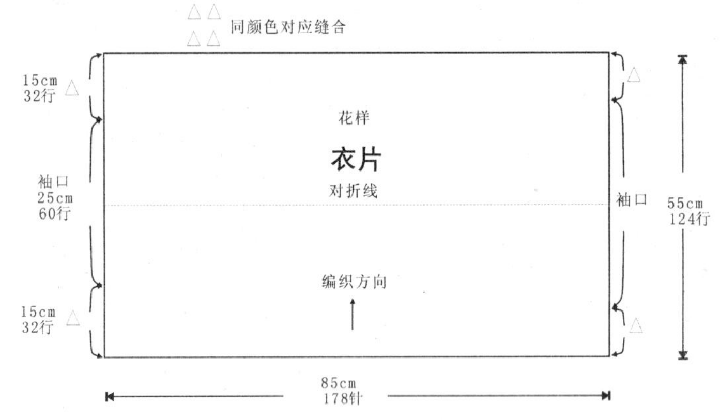

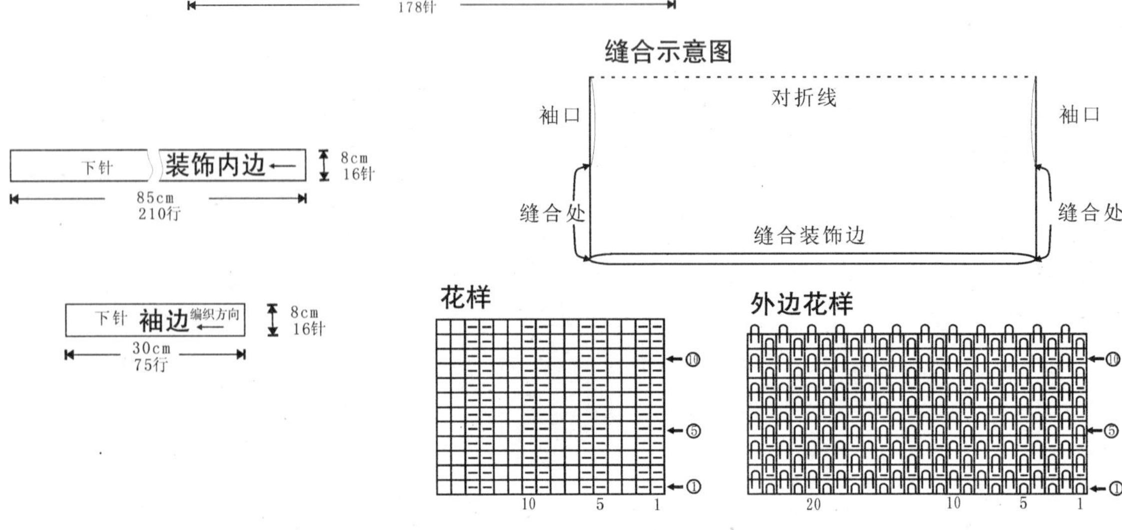

简约蝙蝠衫

【成品尺寸】衣长53cm　胸围80cm　袖长30cm
【工具】7号棒针　环形针
【材料】灰色毛线520g
【密度】10cm²：23针×25行
【制作过程】1. 单股线编织。

2. 起126针从袖口开始编织袖片花样，两侧按图加针，共织50行，袖长编织到30cm时开始领窝减针，后领窝不加减针，前领窝按图示加减针，领窝共织20cm，按图示完成后，再连接身片继续编织，按原来减针针数如数加出另一侧袖片，完成后收针断线。

3. 将前、后片沿侧缝对接缝合，留出袖窿。挑织双罗纹针衣边，将袖窿拿活褶后挑织下针包边。

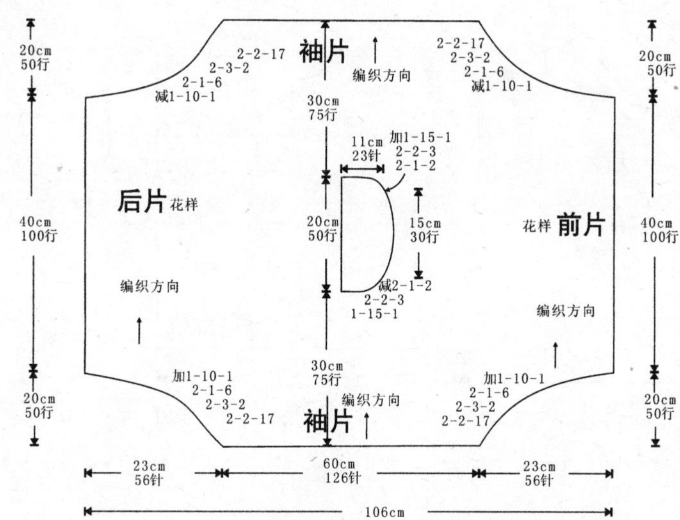

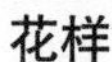

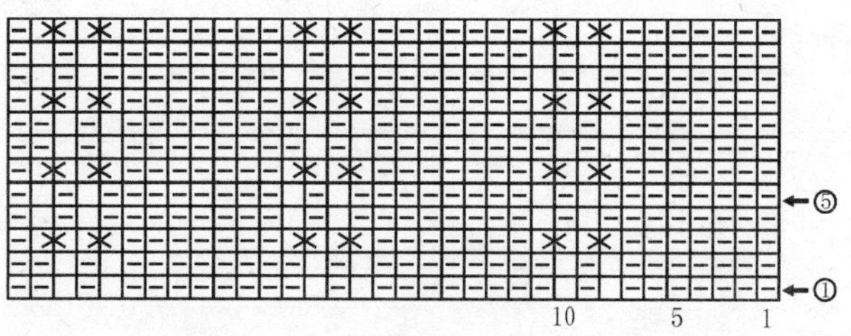

【成品尺寸】衣长63cm　胸围94cm　袖长23cm

【工具】10号棒针

【材料】白色毛线280g

【密度】$10cm^2$：23针×34行

【制作过程】1. 单股线编织。

2. 起170针，不加减针编织单片袖片花样A，共织78行。完成两片。

3. 起108针双罗纹针后编织身片花样B，编织到25cm两侧加减针收腰，按图减针，收针断线。共完成两片。

4. 将一片袖片的两端沿前、后身片的减针处对接缝合，将前、后身片对接沿侧缝缝合，留出袖窿位置，袖窿的大小可根据个人需要确定。用同样拼接方法再完成另一侧的袖片。

5. 沿领窝挑织双罗纹针领边，缝合领尖。

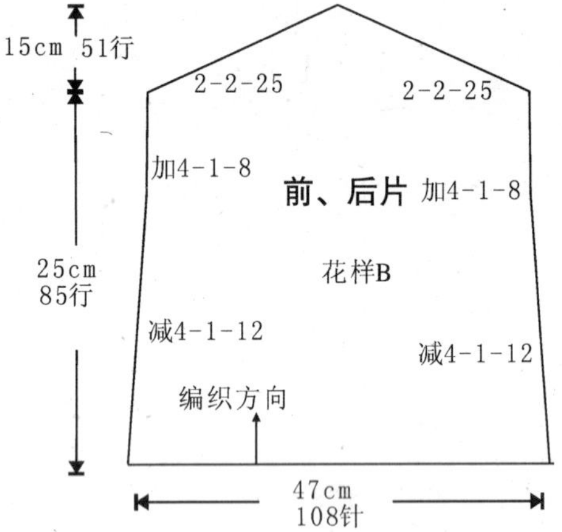

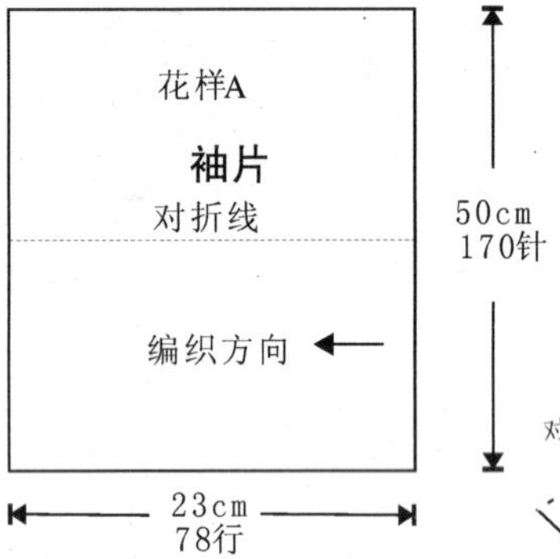

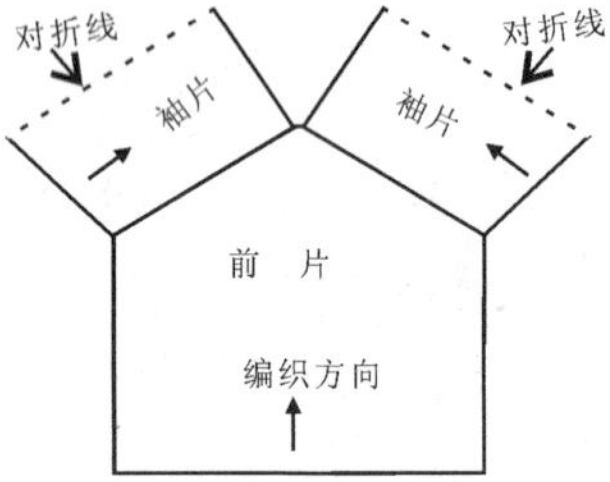

花样A

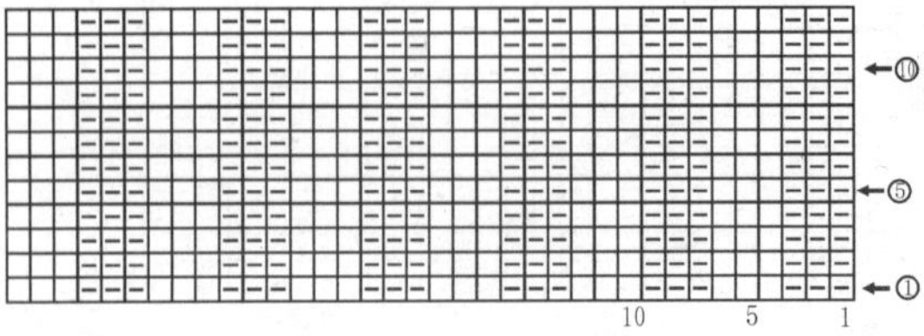

花样B

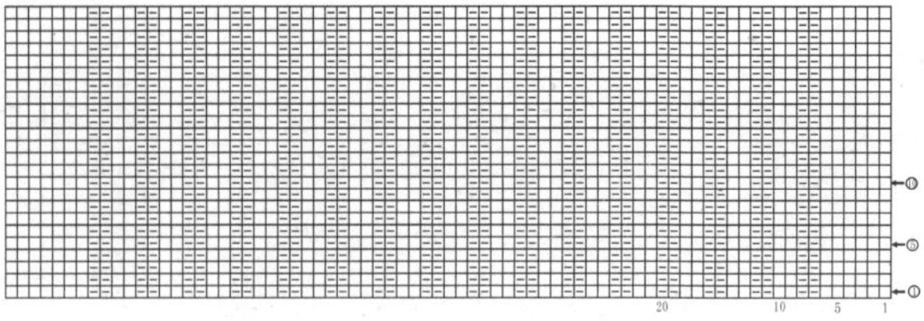

个性短袖装

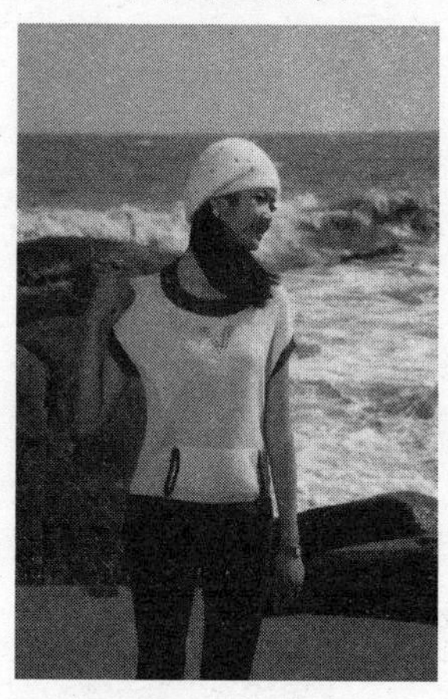

【成品尺寸】衣长55cm　胸围94cm　袖长13cm

【工具】10号棒针

【材料】粉色细毛线280g　灰色细毛线30g

【密度】10cm²：23针×34行

【制作过程】1. 单股线编织。

2. 用粉色线起107针开始编织后片下针并按结构图减针，到20cm后开始加针，加针织至35cm时，开始不加减针直织至肩部，即形成袖窿，收针断线。

3. 用粉色线起107针完成前片下针，编织两行后留出袋口，分别编织到10cm再合针编织，共编织至43cm时，在中心位置平收39针后两侧分别减针留出领窝。

4. 沿边对应位置缝合，余出袖窿。用灰色线挑织双罗纹针下边、领边、袖边及袋口边。

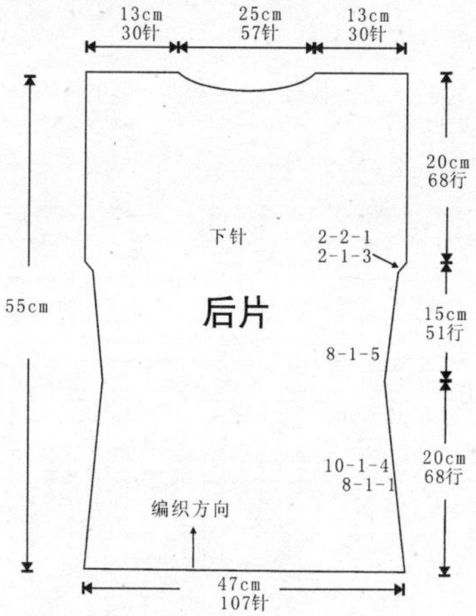

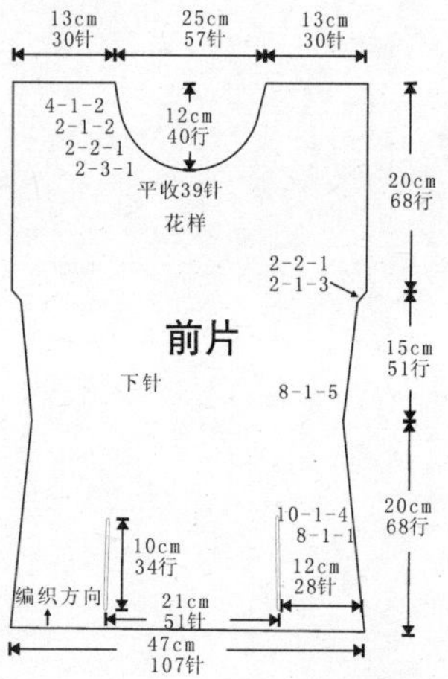

整体示意图

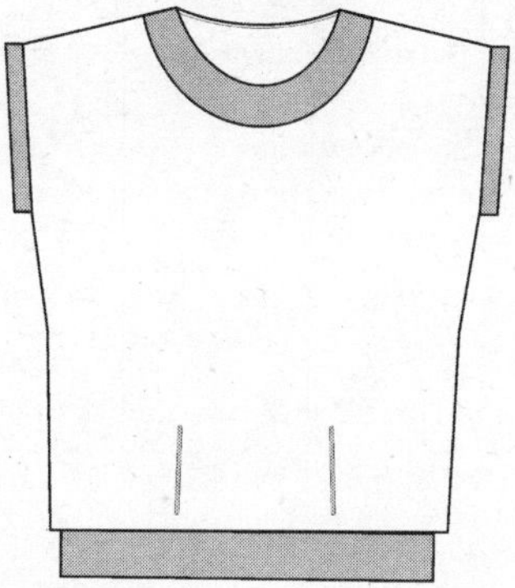

花样

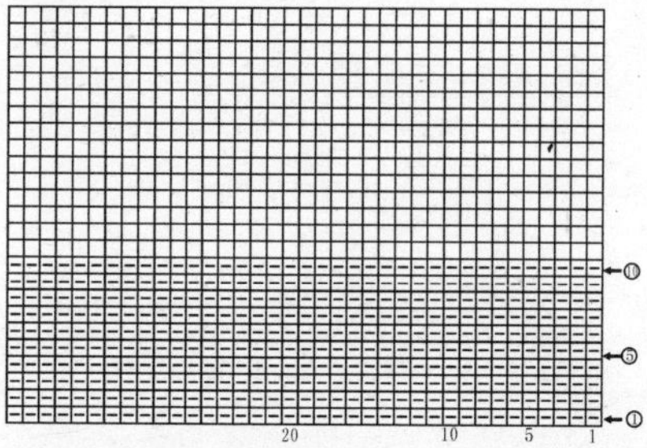

双罗纹针

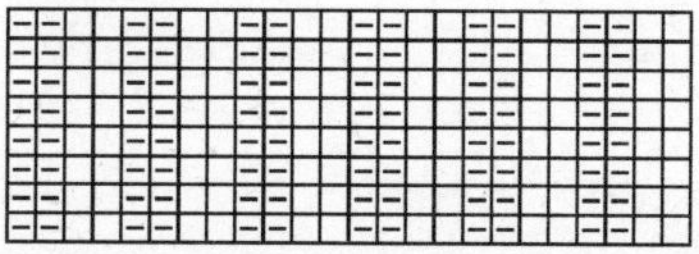

【成品尺寸】衣长55cm　胸围94cm　袖长13cm

【工具】7号棒针

【材料】白色毛线260g

【密度】10cm²：21针×25行

【附件】大纽扣2枚

【制作过程】1. 单股线编织。

2. 起100针双罗纹针边，然后编织后片花样，编织19cm时两侧开始袖窿加针，加到23cm时完成袖片的加针，袖边随袖片同织，然后不加减针编织17cm后收针断线。

3. 起48针双罗纹针边，编织前片花样，衣襟边随前片同织。同样编织19cm时开始加出袖片，身长共织到34cm时进行前领窝减针，按图示减针后收掉身片针，保留衣襟边针。用同样方法完成另一片前片，减针方向相反。一侧留出扣眼位置。

4. 沿边对应相应位置缝合，沿后领窝挑织双罗纹针领片，随衣襟边同织领片，共织14cm。缝好纽扣。

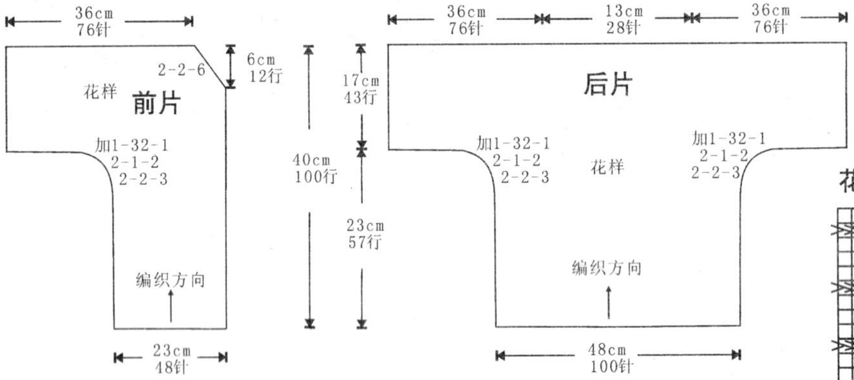

前片
36cm 76针
6cm 12行
2-2-6
花样
加1-32-1
2-1-2
2-2-3
编织方向
23cm 48针

17cm 43行
40cm 100行
23cm 57行

后片
36cm 76针　13cm 28针　36cm 76针
加1-32-1
2-1-2
2-2-3
花样
加1-32-1
2-1-2
2-2-3
编织方向
48cm 100针

花样
⑩ ⑤ ①
10 5 1

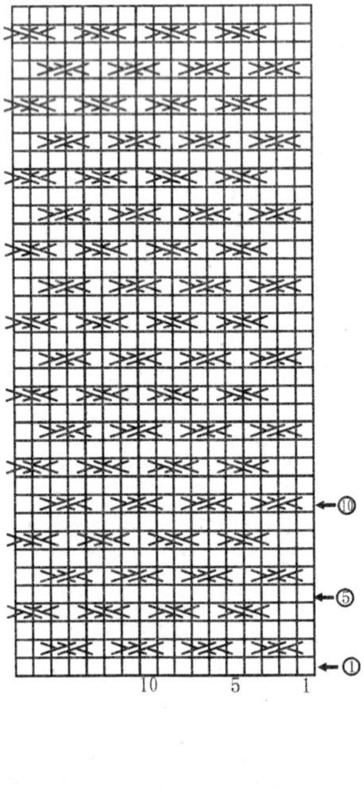

妩媚无袖衫

【成品尺寸】衣长65cm　胸围96cm

【工具】1.7mm棒针

【材料】深咖啡色纯羊毛线

【密度】$10cm^2$：44针×55行

【制作过程】前、后片分别按图起针，织双罗纹10cm后，改织下针，至织完成。袖窿和领窝按图加减针，全部缝合。前领挑针，织双罗纹5cm，形成圆领。后领挑针，织5cm下针，摺边缝合，领尖缝合，形成双层V领。缝上衣袋，完成。

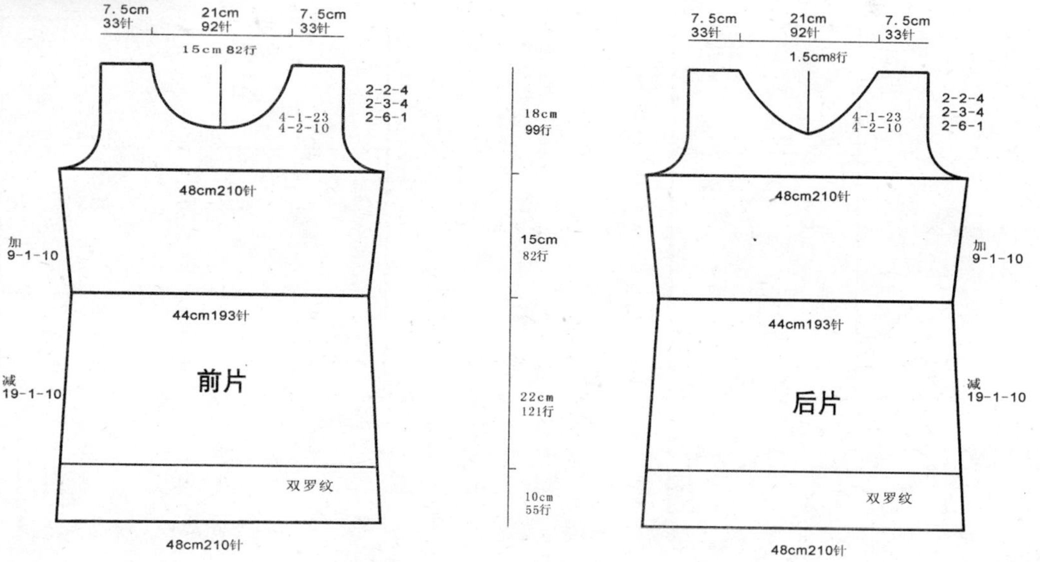

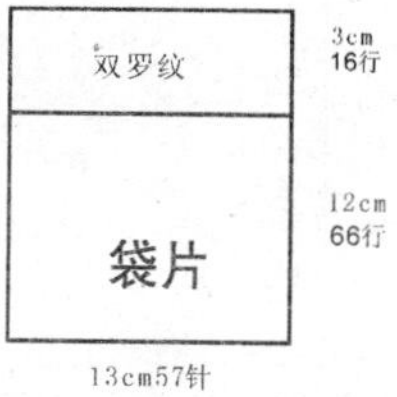

7.5cm 33针　21cm 92针　7.5cm 33针
15cm 82行
2-2-4
2-3-4
2-6-1
4-1-23
4-2-10
48cm210针
加 9-1-10
44cm193针
前片
减 19-1-10
双罗纹
48cm210针

18cm 99行
15cm 82行
22cm 121行
10cm 55行

7.5cm 33针　21cm 92针　7.5cm 33针
1.5cm8行
2-2-4
2-3-4
2-6-1
4-1-23
4-2-10
48cm210针
加 9-1-10
44cm193针
后片
减 19-1-10
双罗纹
48cm210针

双罗纹
3cm 16行
袋片
12cm 66行
13cm57针

后领结构图

前领结构图

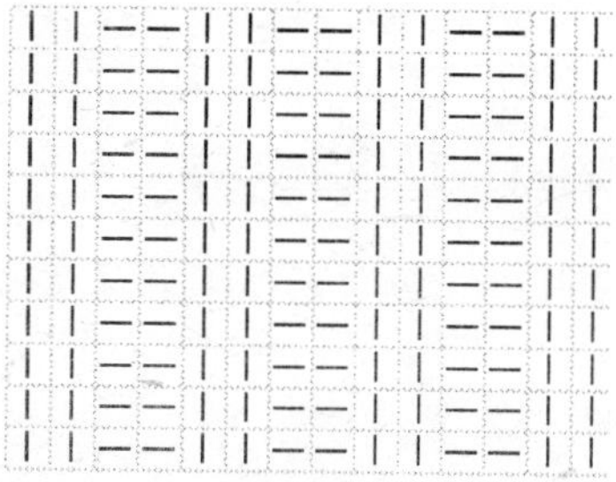

双罗纹

【成品尺寸】衣长65cm　胸围96cm

【工具】1.7mm棒针

【材料】红色纯羊毛线

【密度】10cm²：44针×55行

【附件】装饰扣1枚

【制作过程】前片分左右两片，分别按图起5针，织单罗纹，并按图加针，至织完成。后片按图起5针，织花样，并按图加针，织至完成。肩部和缝合点处缝合，装上装饰扣，完成。

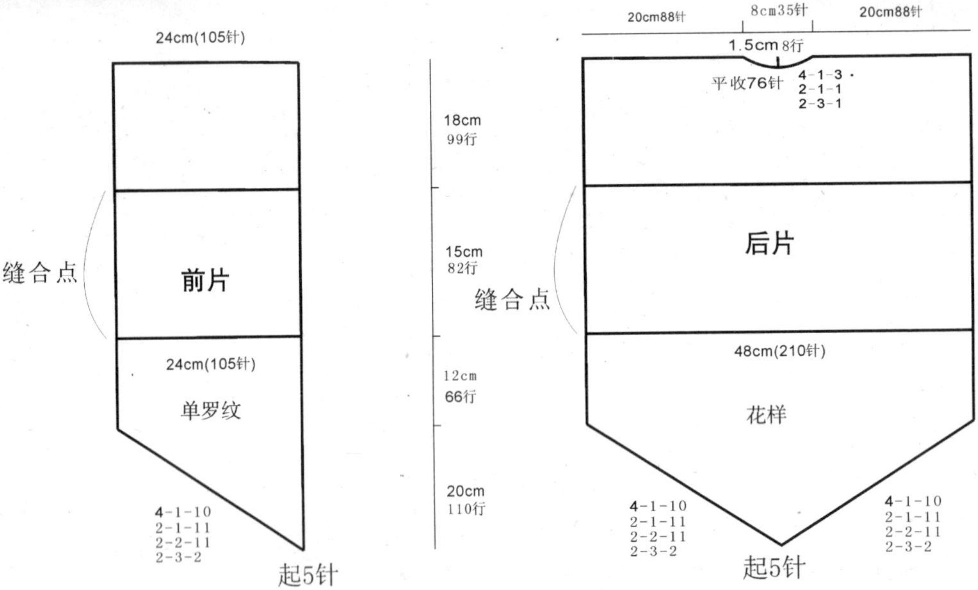

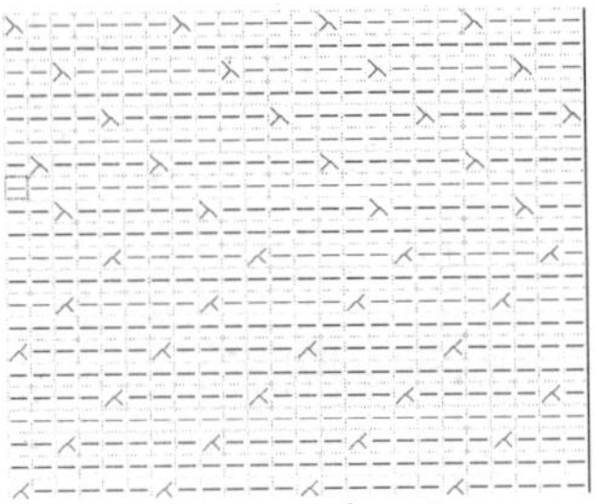

24cm(105针)

缝合点

前片

24cm(105针)

单罗纹

4-1-10
2-1-11
2-2-11
2-3-2

起5针

18cm
99行

15cm
82行

12cm
66行

20cm
110行

20cm88针　8cm35针　20cm88针

1.5cm 8针

平收76针　4-1-3
2-1-1
2-3-1

后片

缝合点

48cm(210针)

花样

4-1-10
2-1-11
2-2-11
2-3-2

4-1-10
2-1-11
2-2-11
2-3-2

起5针

花样

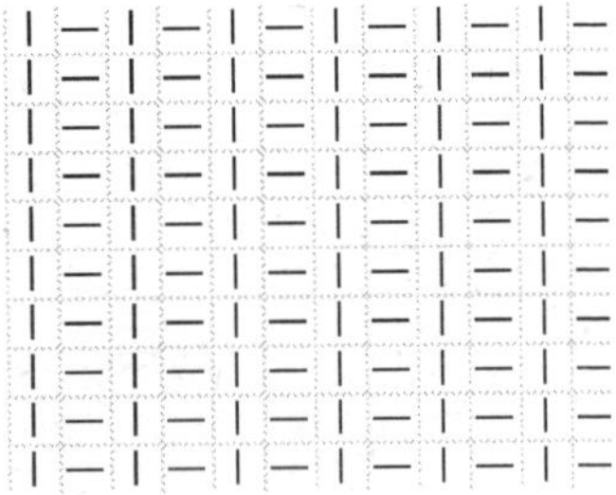

单罗纹

清新薄款毛衣

【成品尺寸】衣长65cm　胸围96cm　袖长45cm

【工具】1.7mm棒针

【材料】白色、玫红色纯羊毛线

【密度】10cm^2：44针×55行

【附件】亮珠若干

【制作过程】 前、后片按图起针，先织双层平针底边后，改织下针至织完成。衣片、袖窿和领窝按图加减针。衣袖按图起针，先织双层平针底边后，改织下针至织完成。袖口另织花样A，袖片和袖山按图加减针，全部缝合。内前领另织花样B，领圈另织花样A，按彩图折叠缝合，领尖缝合，形成双层V领。缝上亮珠，完成。

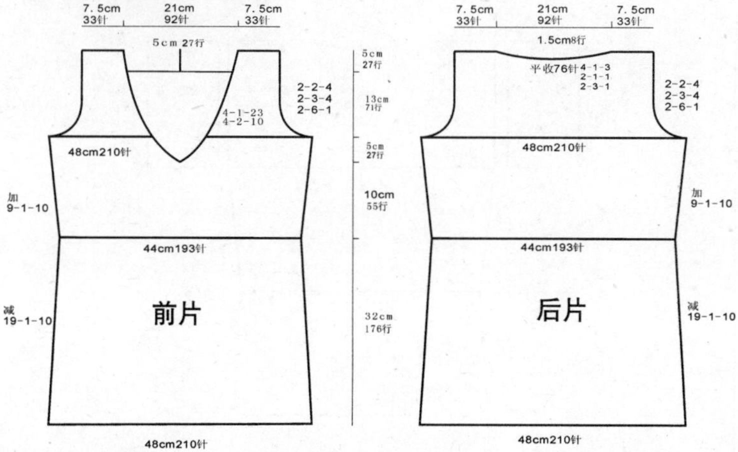

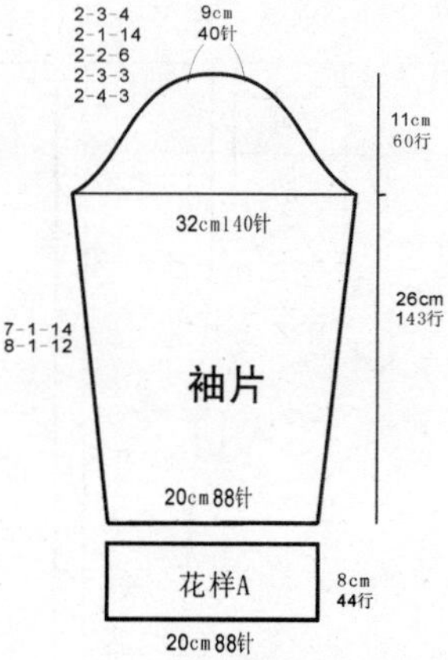

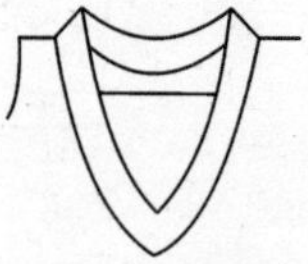

前片：7.5cm 33针　21cm 92针　7.5cm 33针　5cm 27行　2-2-4　2-3-4　2-6-1　4-1-23　4-2-10　48cm210针　加 9-1-10　44cm193针　减 19-1-10　48cm210针

5cm 27行　13cm 71行　5cm 27行　10cm 55行　32cm 176行

后片：7.5cm 33针　21cm 92针　7.5cm 33针　1.5cm8行　平收76针 4-1-3　2-1-1　2-3-1　2-2-4　2-3-4　2-6-1　48cm210针　加 9-1-10　44cm193针　减 19-1-10　48cm210针

袖片：2-3-4　2-1-14　2-2-6　2-3-3　2-4-3　9cm 40针　11cm 60行　32cm140针　7-1-14　8-1-12　26cm 143行　20cm88针

花样A　8cm 44行　20cm88针

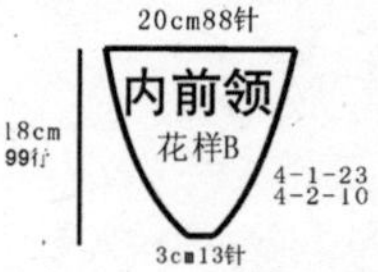

内前领：20cm88针　18cm 99行　花样B　4-1-23　4-2-10　3cm13针

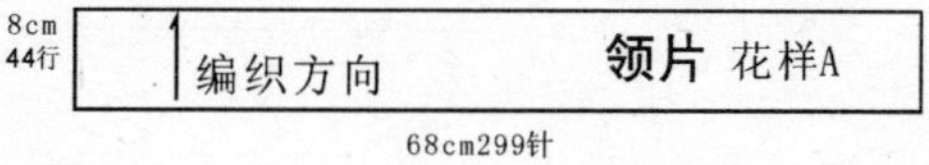

领片 花样A：8cm 44行　编织方向　68cm299针

领子结构图

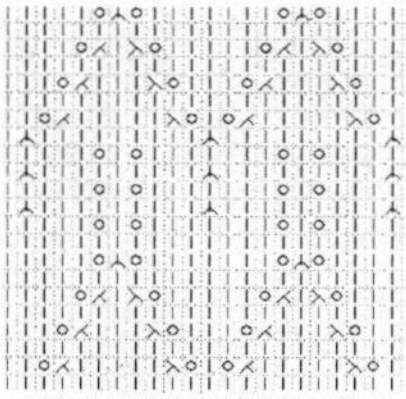

花样A 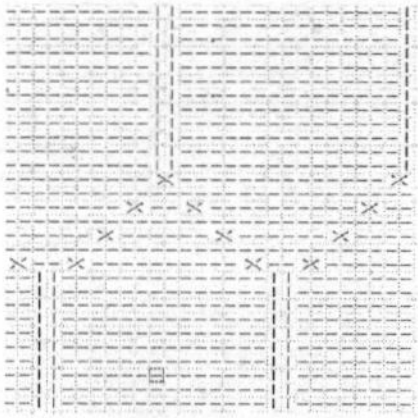　花样B 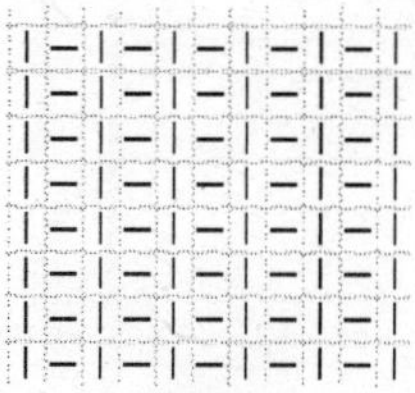　单罗纹 　双层平针底边图解　缝合

【成品尺寸】衣长65cm　胸围96cm　连肩袖长30cm

【工具】1.7mm棒针

【材料】深紫色纯羊毛线

【密度】10cm²：44针×55行

【附件】门襟金属扣1只　亮珠若干

【制作过程】前片分A、B、C片编织，A片为袖片，起88针，织15cm双罗纹。B片为前片，起53针，织双罗纹15cm后改织下针，至织完成。C片为门襟，按编织方向起针，织12cm双罗纹，完成后，A、B、C片缝合，用同样方法织另一边。后片按图起针，织15cm双罗纹后，改织下针，至织完成。两边为衣袖，起88针，织15cm双罗纹，全部缝合。帽子另织，与领圈缝合，门襟装饰金属扣和亮珠，完成。

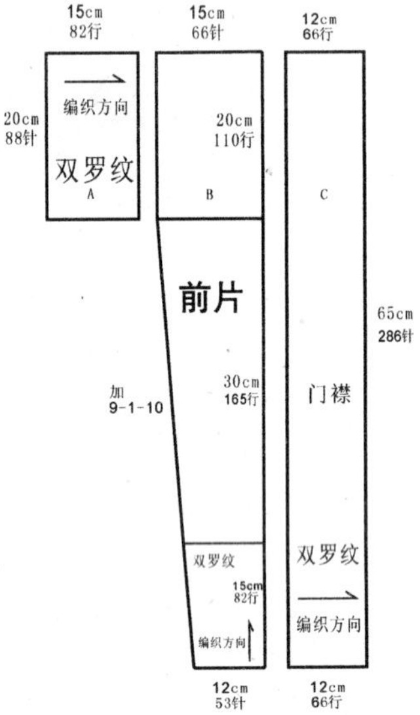

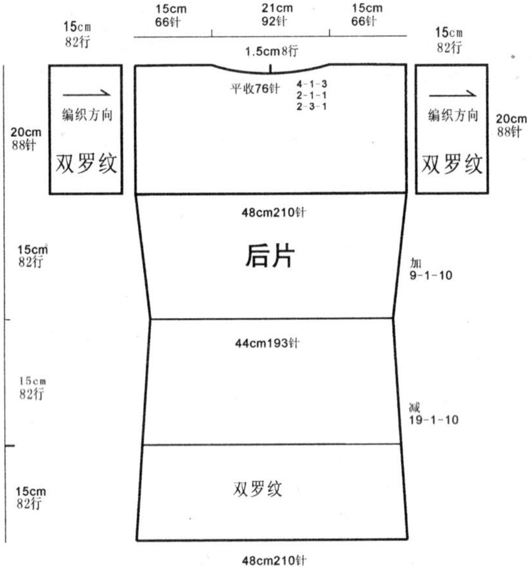

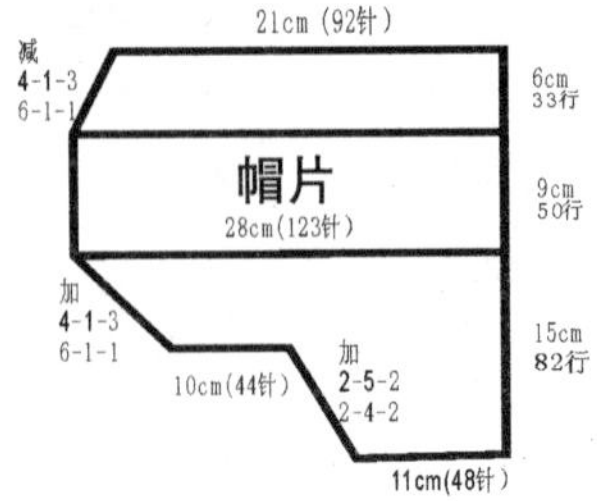

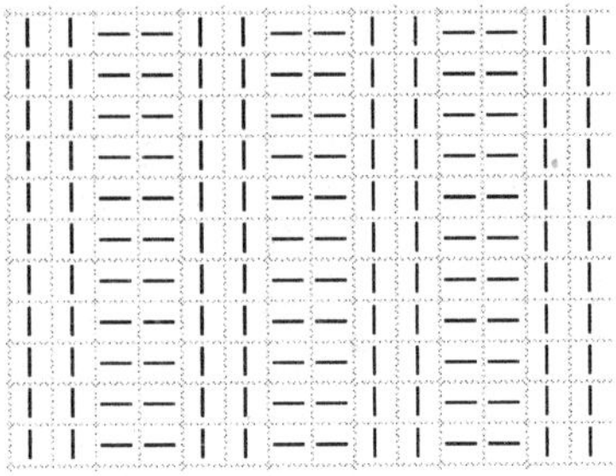

温柔短款毛衫

【成品尺寸】衣长65cm　胸围96cm　袖长26cm

【工具】1.7mm棒针　绣花针

【材料】浅蓝色纯羊毛线

【密度】10cm²：44针×55行

【附件】亮片、绣花若干

【制作过程】前、后片分别按图起针，织双罗纹10cm后，改织下针至织完成。袖窿和领窝按图加减针，袖片按图起针，先织双层平针底边后，改织下针，至织完成。衣袖和领窝按图加减针，全部缝合。领圈挑针，织下针5cm，褶边缝合，领尖缝合，形成双层V领。绣上绣花，缝上亮片，完成。

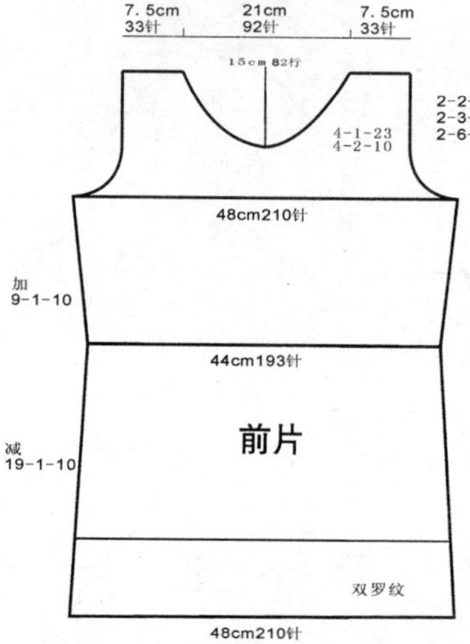

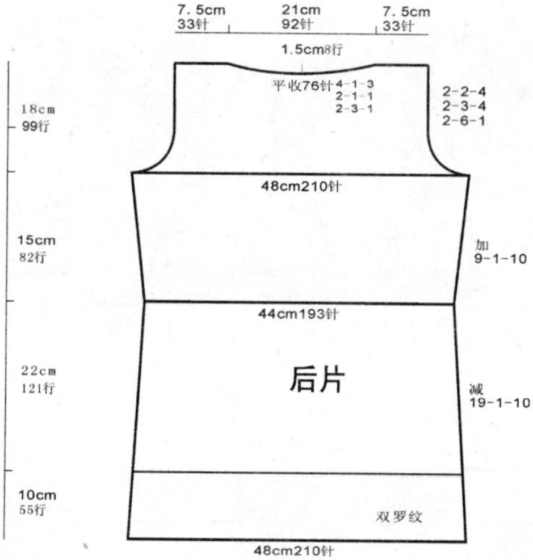

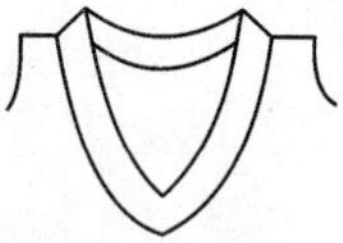

7.5cm 33针　21cm 92针　7.5cm 33针
15cm 82行
2-2-4
2-3-4
2-6-1
4-1-23
4-2-10
48cm210针
加 9-1-10
44cm193针
前片
减 19-1-10
双罗纹
48cm210针

18cm 99行
15cm 82行
22cm 121行
10cm 55行

7.5cm 33针　21cm 92针　7.5cm 33针
1.5cm8行
平收76针 4-1-3
2-1-1
2-3-1
2-2-4
2-3-4
2-6-1
48cm210针
加 9-1-10
44cm193针
后片
减 19-1-10
双罗纹
48cm210针

领子结构图

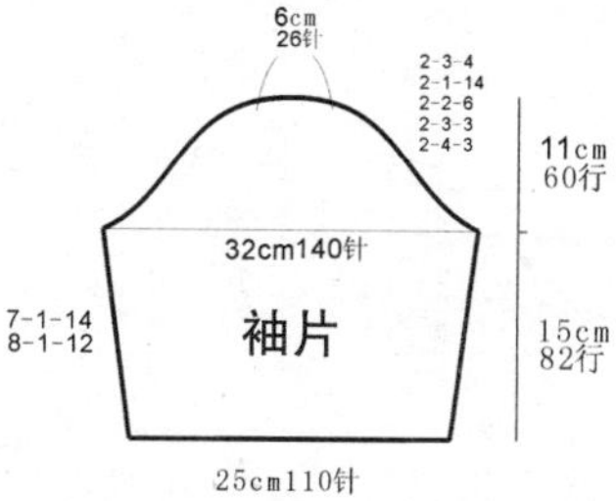

6cm 26针
2-3-4
2-1-14
2-2-6
2-3-3
2-4-3
11cm 60行
32cm140针
7-1-14
8-1-12
袖片
15cm 82行
25cm110针

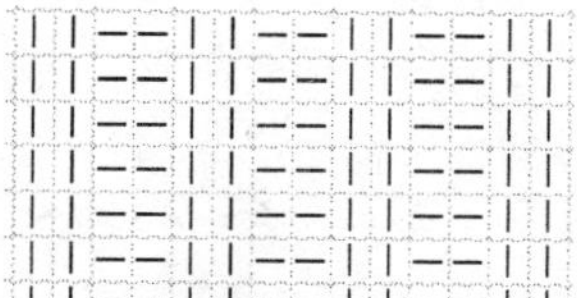

双罗纹

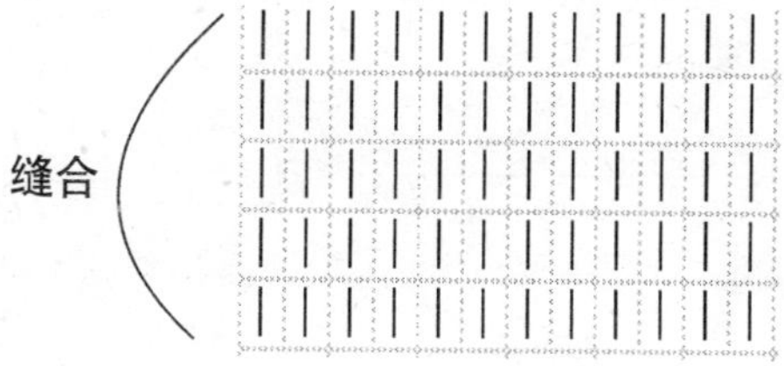

缝合

双层平针底边

【成品尺寸】衣长65cm　胸围94cm　袖长25cm

【工具】1.7mm棒针

【材料】灰色纯羊毛线

【密度】$10cm^2$：44针×55行

【附件】亮片若干

【制作过程】前、后片分别按图起针，织10cm双罗纹后，改织下针，至织完成。袖片按图织5cm双罗纹后，改织下针，至织完成，全部缝合。衣领挑针，织5cm双罗纹，领尖缝合，形成V领。缝上亮片，完成。

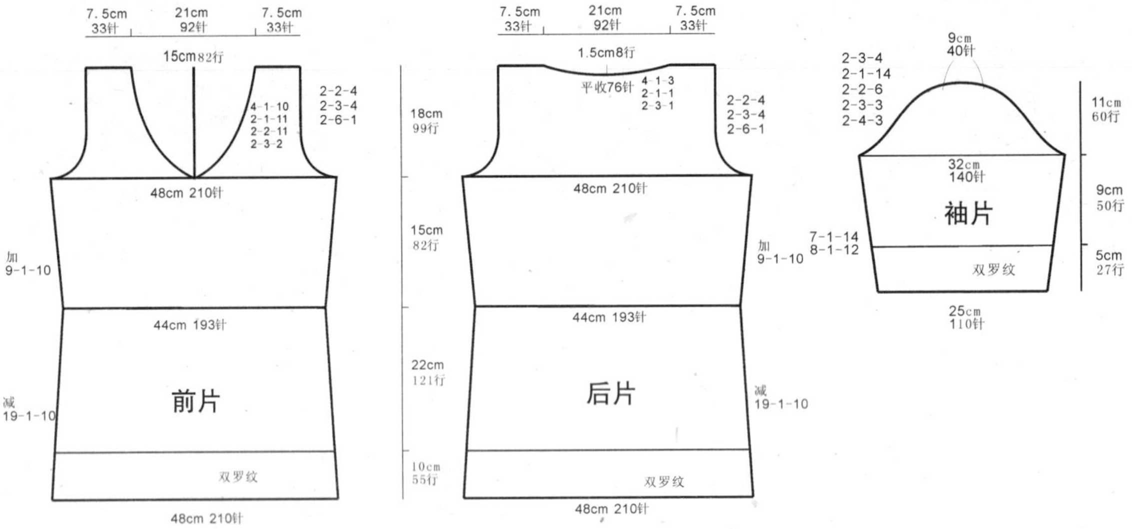

前片：7.5cm 33针　21cm 92针　7.5cm 33针　15cm82行　4-1-10　2-1-11　2-2-11　2-3-2　2-2-4　2-3-4　2-6-1　48cm 210针　加 9-1-10　44cm 193针　减 19-1-10　双罗纹　48cm 210针

后片：7.5cm 33针　21cm 92针　7.5cm 33针　1.5cm8行　平收76针　4-1-3　2-1-1　2-3-1　2-2-4　2-3-4　2-6-1　18cm 99行　48cm 210针　15cm 82行　加 9-1-10　44cm 193针　22cm 121行　减 19-1-10　10cm 55行　双罗纹　48cm 210针

袖片：9cm 40针　2-3-4　2-1-14　2-2-6　2-3-3　2-4-3　11cm 60行　32cm 140针　9cm 50行　7-1-14　8-1-12　5cm 27行　双罗纹　25cm 110针

领子结构图

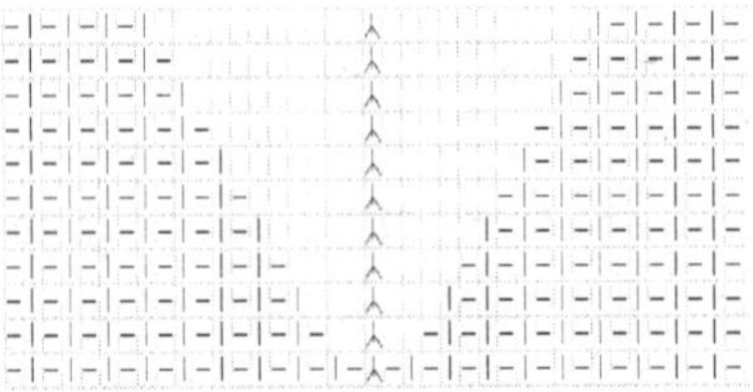

领口花样图解

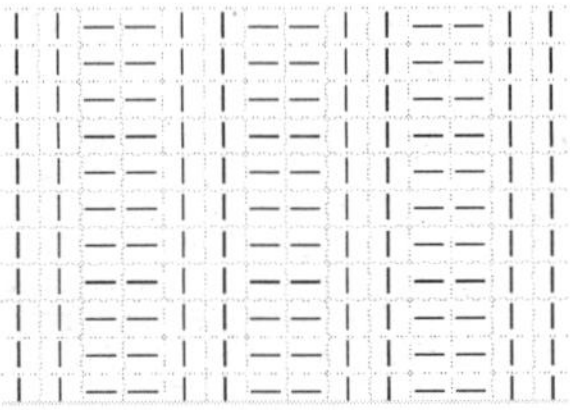

双罗纹

风情蝙蝠衫

【成品尺寸】衣长72cm 胸围96cm 袖长26cm

【工具】7号棒针 环形针

【材料】灰色开司米线320g 银灰色开司米线300g

【密度】10cm²：25针×22行

【附件】装饰纽扣9枚

【制作过程】1. 二色线二股编织。

2. 起52针从袖口开始编织后片花样，两侧按图示加针编织，加到50行即完成袖片，加到90行完成肩部加针，然后不加减针编织20cm完成后领，后片共织52cm，再按加针针数如数减针编织另一侧，完成后收针断线。

3. 用同样方法编织前片，加针织到90行完成肩部加针后，开始前衣领加减针，领窝中间改由一色单股线编织，共编织32行后重新二色二股线编织，编织50行即完成前领窝，前片共织52cm，再按加针针数如数减针编织另一侧，完成后收针断线。单股线起22针编织单片下针，织32行，共织5片，每片扭转后沿前领窝的单股线编织处缝实。

4. 将前、后片沿侧缝对接缝合。沿袖窿挑织下针双层边。沿肩部挑织上针单股线双层装饰边，再沿领窝挑织上针单色线双层领边。

5. 沿衣边挑织双罗纹针下边，共织20cm，完成后再沿前领窝单股线编织处横向挑织双罗纹针装饰边。钉好装饰纽扣。

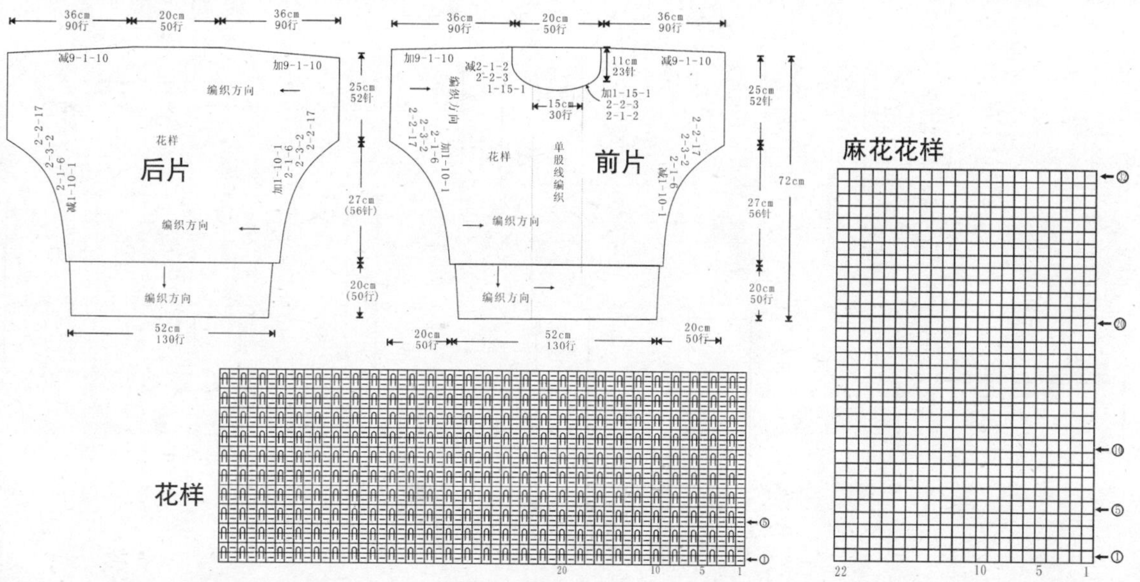

【成品尺寸】衣长52cm　胸围92cm　袖长26cm
【工具】9号棒针
【材料】浅灰色毛线420g
【密度】10cm²：24针×32行
【附件】纽扣2枚
【制作过程】1. 单股线编织。

2. 起108针双罗纹针后编织后片上针，不加减针编织至肩部，身上共52cm，收针不断线，留作编织帽片的连接。

3. 起108针双罗纹针后编织一侧前片上针，编织上针38行后一侧不加减针，一侧按图示减针，共织40cm后余28针，收针不断线。另起针从反面双罗纹针处重新挑织108针上针织另一侧前片，用同样方法完成减针，减针方向相反。

4. 起106针双罗纹针从袖口编织袖片上针，按图示减针后，共织26cm，最后余22针，断线。用同样方法再完成另一片袖片。

5. 沿边对应相应位置缝实。沿领窝挑织上针帽片，共织32cm后，沿帽顶缝合，缝好装饰口袋和纽扣。

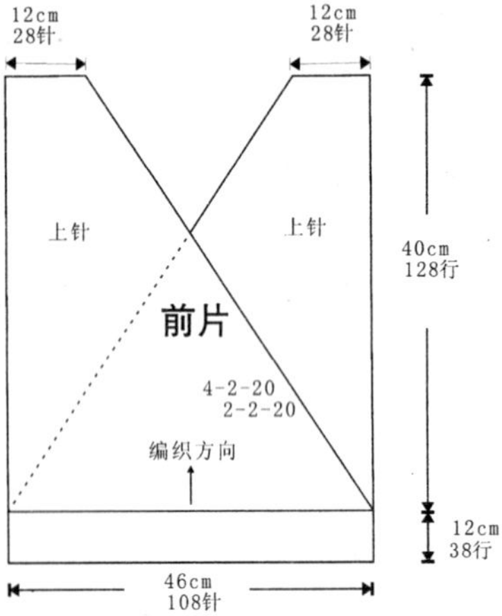

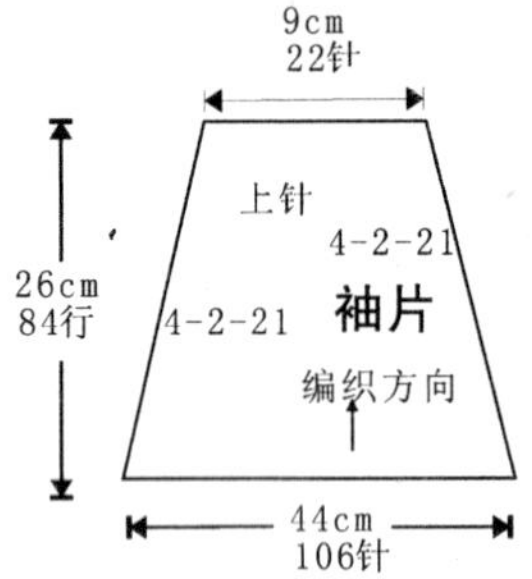

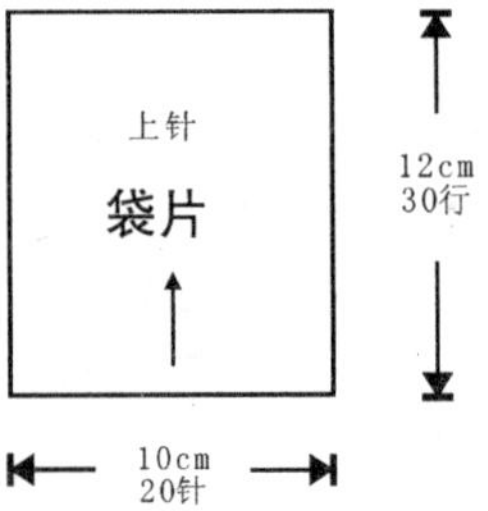

12cm 28针　22cm 52针　12cm 28针
上针
后片
编织方向
40cm 128行
12cm 38行
46cm 108针

12cm 28针　12cm 28针
上针　上针
前片
4-2-20
2-2-20
编织方向
40cm 128行
12cm 38行
46cm 108针

9cm 22针
上针
4-2-21
4-2-21
袖片
编织方向
26cm 84行
44cm 106针

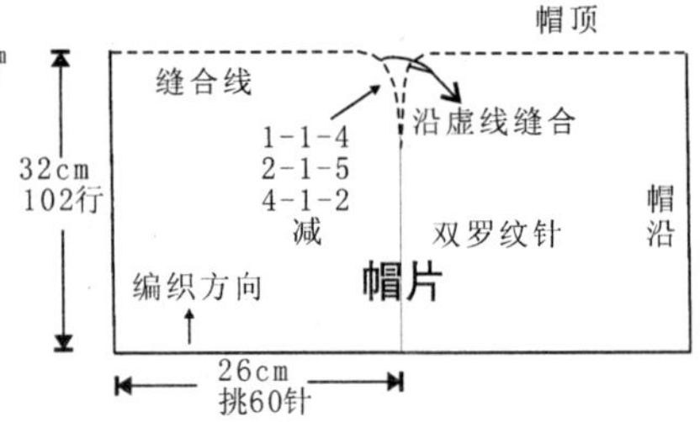

帽顶
缝合线
沿虚线缝合
1-1-4
2-1-5
4-1-2
减
双罗纹针
帽沿
帽片
编织方向
32cm 102行
26cm 挑60针

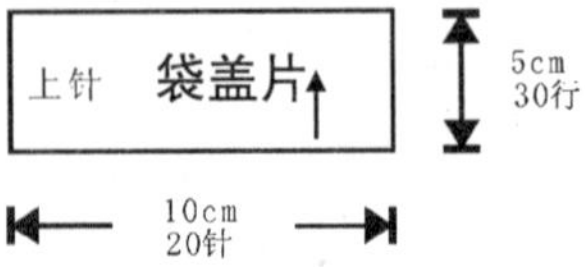

上针　袋盖片
5cm 30行
10cm 20针

上针
袋片
12cm 30行
10cm 20针

秀气无袖衫

【成品尺寸】衣长65cm　胸围96cm

【工具】1.7mm棒针

【材料】绿色纯羊毛线

【密度】10cm²：44针×55行

【附件】拉链1条

【制作过程】前片分左右两片，分别按图起针，织双罗纹8cm后，改织花样，至织完成。后片按图织双罗纹8cm后，改织下针，至织完成，全部缝合。门襟织5cm下针褶边缝合，形成双层门襟，领圈挑针，织15cm双罗纹的长方形，装上拉链，形成翻领。袖口挑针，织5cm下针，褶边缝合，形成双层袖口，完成。

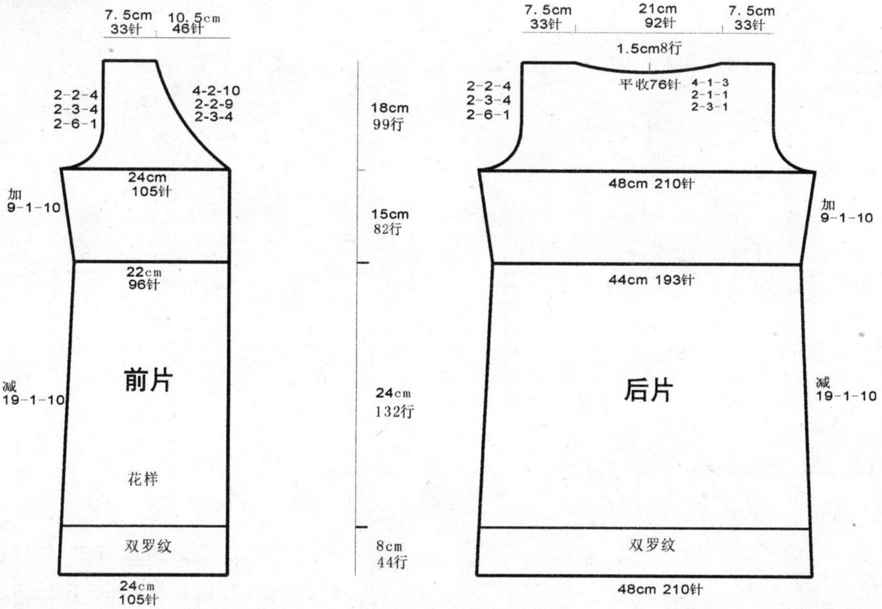

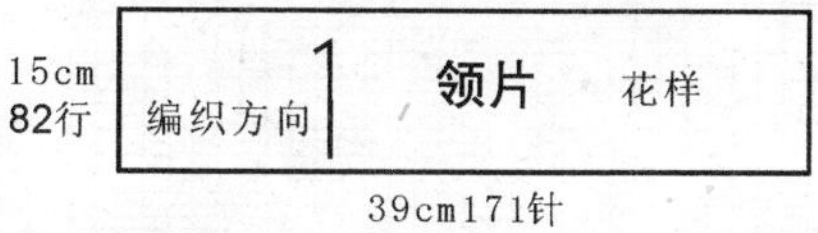

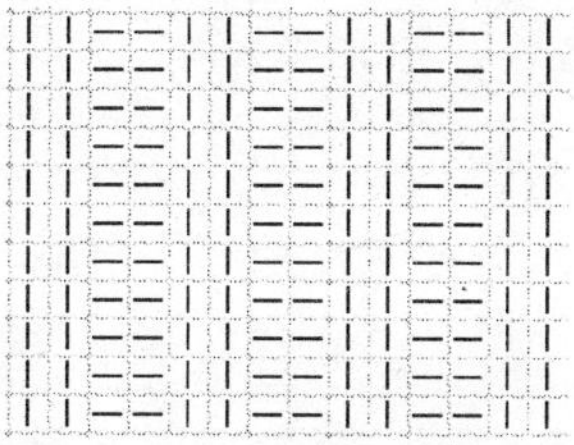

双罗纹

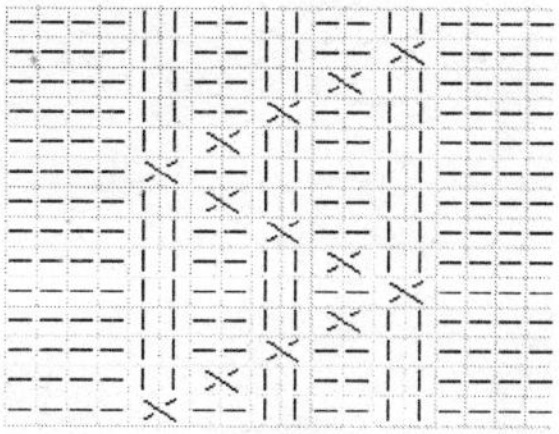

花样

【成品尺寸】衣长65cm　胸围96cm

【工具】7号棒针

【材料】秋香绿毛线260g

【密度】10cm²：41针×55行

【附件】拉链1条

【制作过程】1. 单股线编织。

2. 起100针编织下边双罗纹针，编织16行后开始全下针编织后片，共编织到35cm时，开始袖窿减针，按结构图减完针后，不加减针编织到56cm时减出后领窝，两肩部各余11cm。

3. 起52针编织双罗纹针下边，编织16行后开始按花样编织前片，编织到35cm时进行袖窿减针，共编织到49cm时进行前衣领减针，按结构图减完针后收针断线。用同样方法完成另一侧前片，减针方向相反。

4. 沿边对应相应位置缝实。另起针挑钩衣襟边、双罗纹针领边。沿衣襟边内侧缝实拉链。

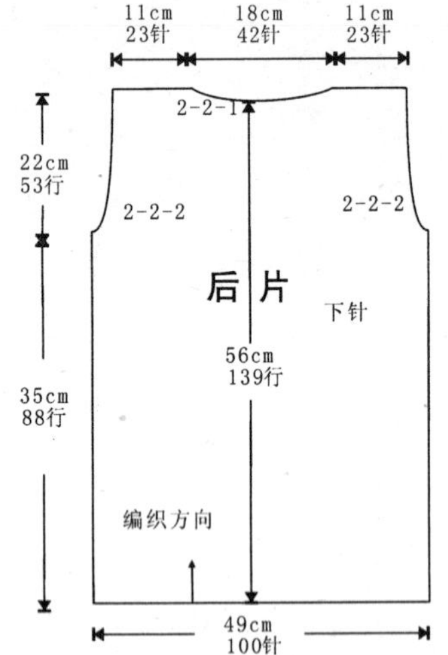

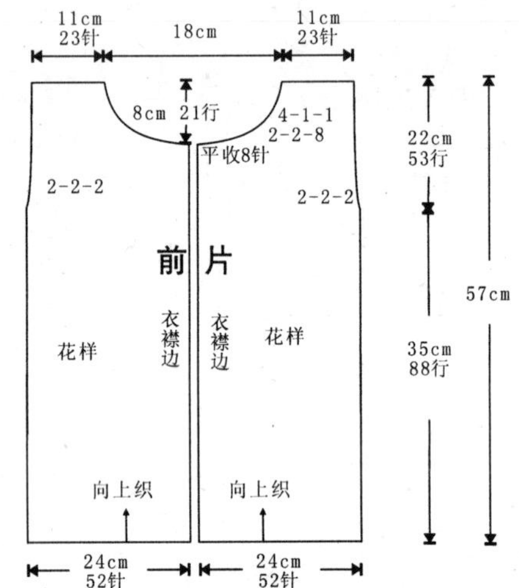

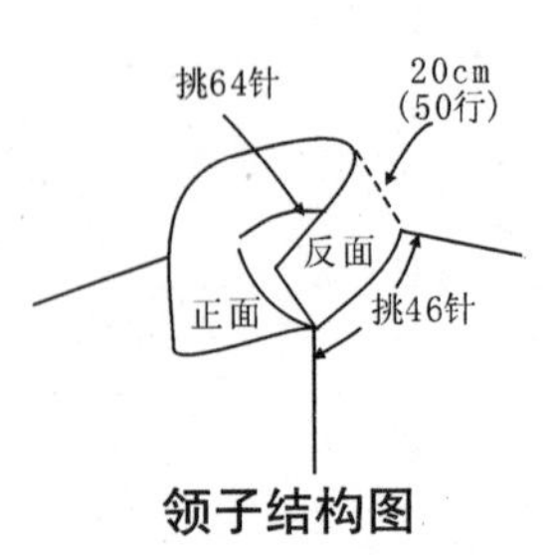

领子结构图

花样

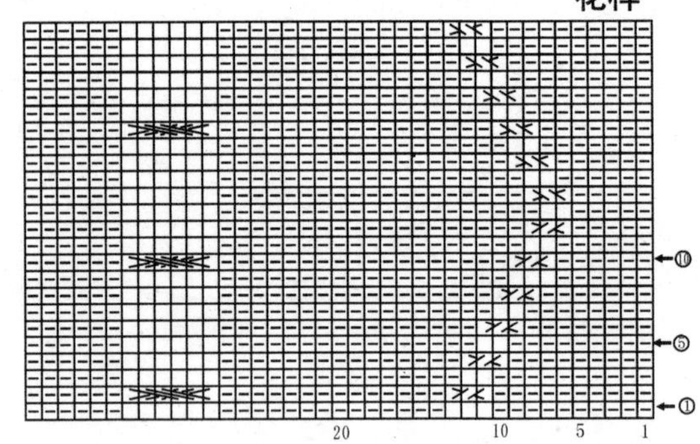

优雅短款毛衣

【成品尺寸】衣长65cm　胸围96cm

【工具】1.7mm棒针　小号钩针

【材料】草绿色纯羊毛线

【密度】10cm²：44针×55行

【制作过程】前片按图起针，织双罗纹10cm后，.改织下针，并分左右两片，至织完成。中间用钩针钩织花样，后片按图起针，织10cm双罗纹，后改织下针，至织完成，全部缝合。领圈挑针，织双罗纹24cm，形成高领。袖窿挑针，织3cm双罗纹的袖口，完成。

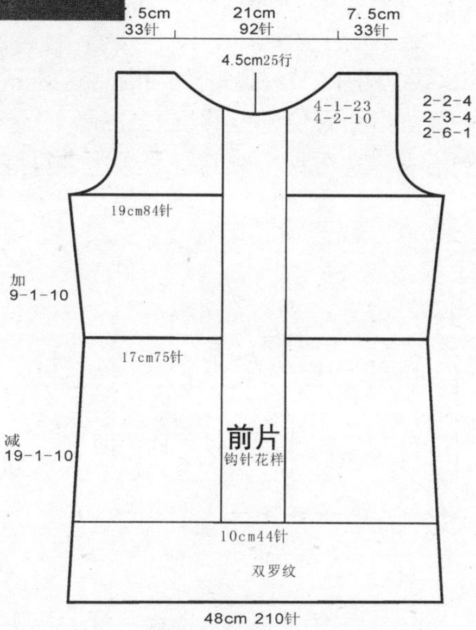

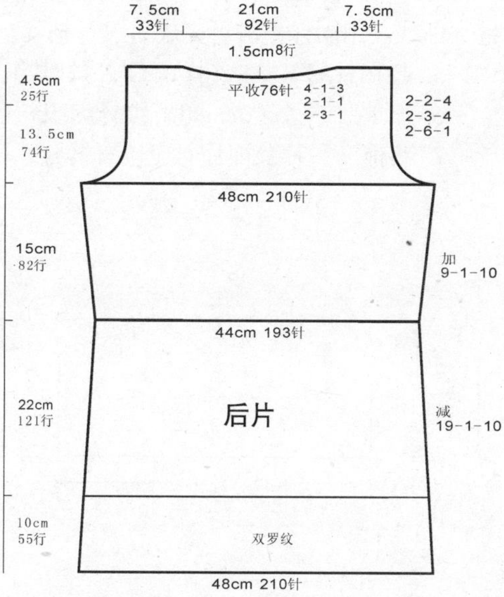

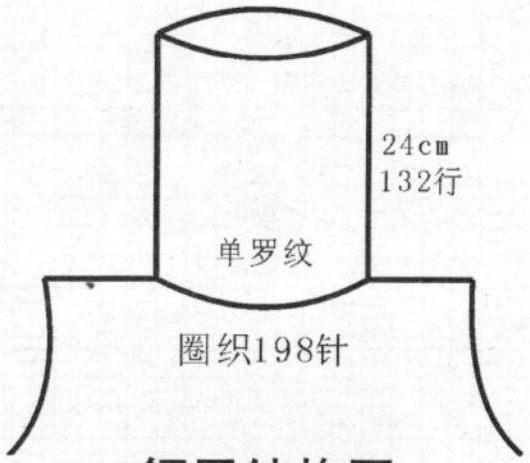

领子结构图

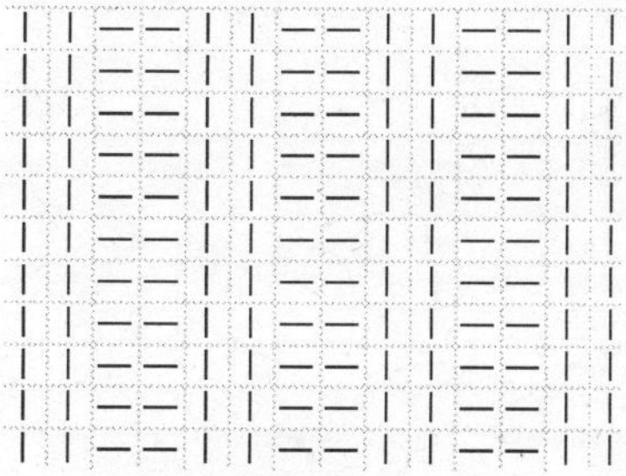

双罗纹

【成品尺寸】衣长44cm　胸围88cm　袖长22cm

【工具】9号棒针

【材料】深蓝色棉绒线200g

【密度】10cm²：22针×26行

【附件】大纽扣2枚　小纽扣8枚

【制作过程】1. 二股线编织。

2. 起96针花样针编织后片，共织22cm开始袖窿减针，按结构图减针到肩部，余36针。

3. 起50针编织前片花样，同样织22cm时开始袖窿减针，身长共编织到11cm时进行前衣领减针，按结构图减完针后收针断线。用同样方法编织另一片前片，减针方向相反。

4. 起72针花样从袖口开始编织袖片，编织2行后按结构图所示开始袖山减针，减针后余12针，断线。用同样方法再完成另一片袖片。

5. 起16针编织袋片花样，不加减针共织11cm，共织两片，分别贴前片沿内侧缝实。钉好装饰小扣。

6. 用单股线另起3cm单罗纹针编织领边，一侧留出扣眼位置，共织125cm。

7. 将前、后片及袖片对应位置缝合，从一侧沿衣襟边方向沿领窝缝合领边，钉好纽扣。

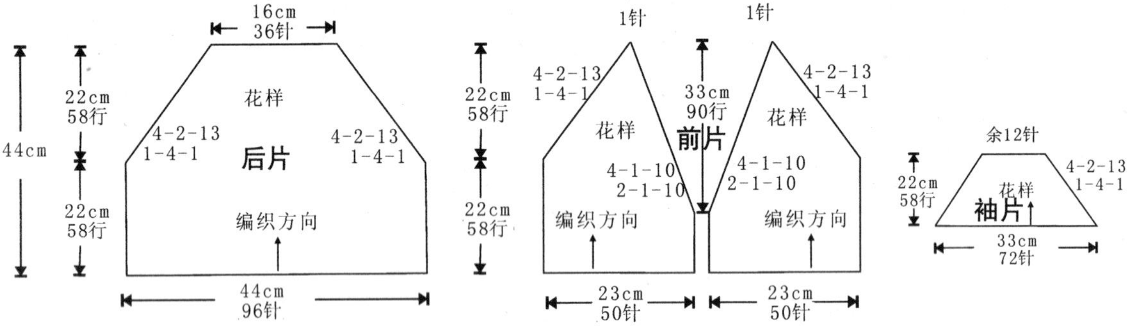

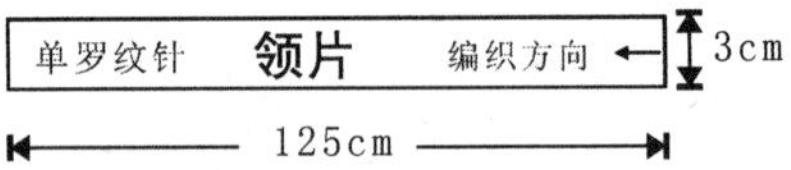

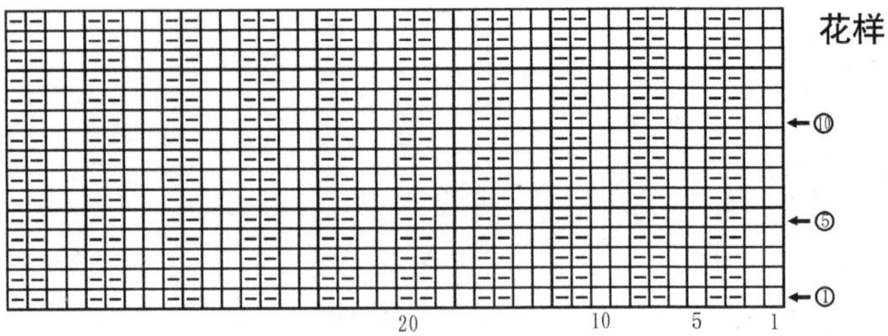

经典黑色长衫

【成品尺寸】衣长85cm　胸围96cm　袖长11cm

【工具】1.7mm棒针　小号钩针1支

【材料】浅杏色纯羊毛线

【密度】10cm²：44针×55行

【附件】纽扣2枚　亮片若干

【制作过程】前片分左右两片，分别按图起针，织双罗纹5cm后，改织下针，至织完成。后片和袖片按图织好，全部缝合。门襟挑针织下针，折边缝合，形成双层衣边。领圈挑针织下针，用缝衣针缝上纽扣，完成。

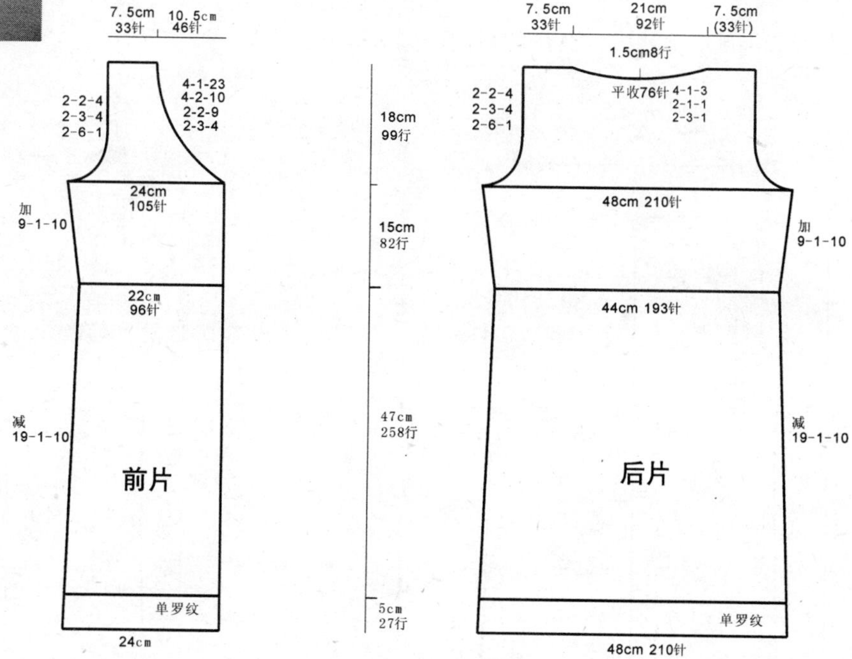

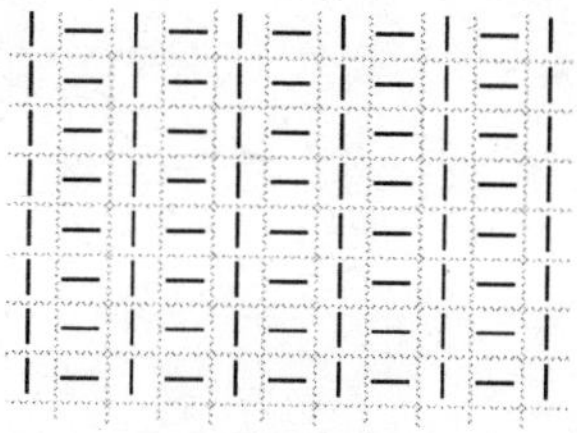

7.5cm 33针　10.5cm 46针
4-1-23
4-2-10
2-2-9
2-3-4
2-2-4
2-3-4
2-6-1
24cm 105针
加 9-1-10
22cm 96针
减 19-1-10
前片
单罗纹
24cm

18cm 99行
15cm 82行
47cm 258行
5cm 27行

7.5cm 33针　21cm 92针　7.5cm (33针)
1.5cm8行
平收76针 4-1-3
2-1-1
2-3-1
2-2-4
2-3-4
2-6-1
48cm 210针
加 9-1-10
44cm 193针
减 19-1-10
后片
单罗纹
48cm 210针

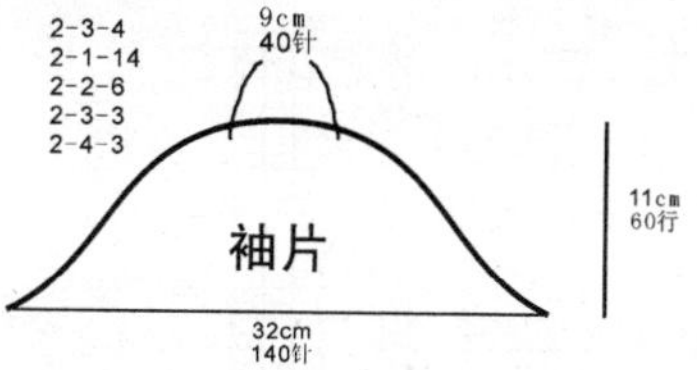

2-3-4
2-1-14
2-2-6
2-3-3
2-4-3
9cm 40针
袖片
11cm 60行
32cm 140针

单罗纹

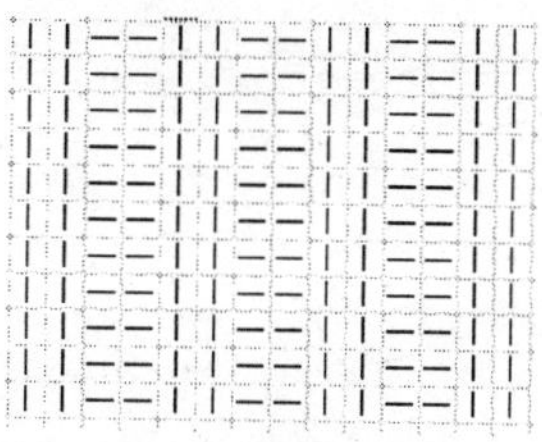

双罗纹

【成品尺寸】衣长70cm　胸围88cm　袖长22cm

【工具】12号棒针

【材料】黑色开司米线260g　装饰纱

【密度】10cm²：35针×40行

【附件】装饰亮片若干

【制作过程】1. 单股线编织。

2. 起168针单罗纹针边，然后编织后片下针，编织到48cm时开始袖窿减针，身长共织到69cm时减出后领窝，按结构图减针，两肩部各余5cm。

3. 用同样方法起168针编织前片下针，织至40cm时进行前领窝减针，织至48cm时再进行袖窿减针，按图示减针后肩部余5cm。

4. 对应相应位置缝合，将裁剪的装饰纱沿前领窝及袖窿缝合，沿领窝及装饰纱边挑织下针边，织10行后向内侧对折沿边缝实。

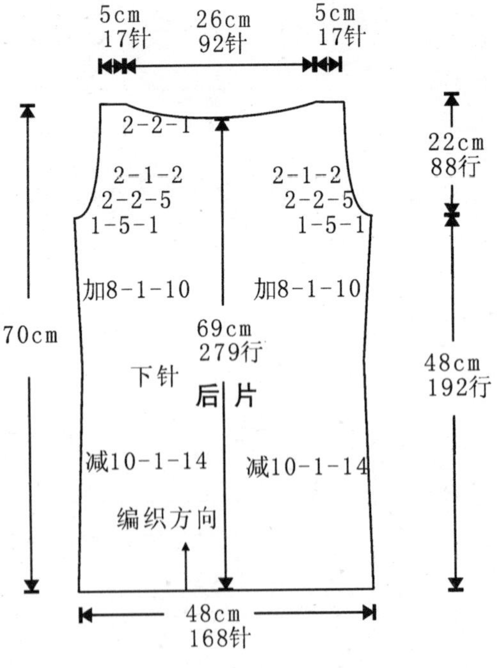

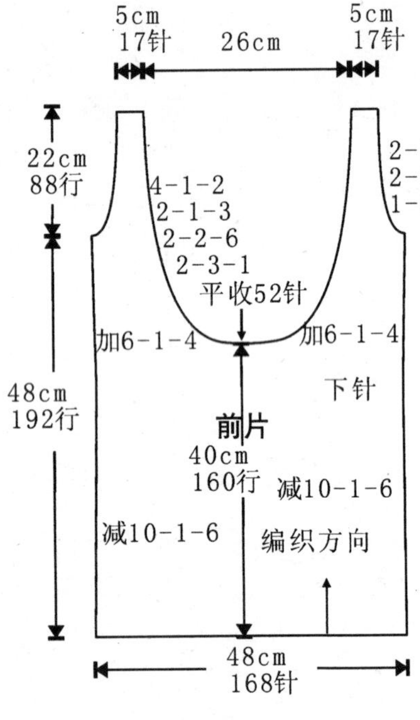

后片：
5cm 17针　26cm 92针　5cm 17针
2-2-1
2-1-2　2-2-5　1-5-1
2-1-2　2-2-5　1-5-1
加8-1-10　加8-1-10
70cm
69cm 279行
下针
后片
22cm 88行
48cm 192行
减10-1-14　减10-1-14
编织方向
48cm 168针

前片：
5cm 17针　26cm　5cm 17针
22cm 88行
2-1-2　2-2-5　1-5-1
4-1-2　2-1-3　2-2-6　2-3-1
平收52针
加6-1-4　加6-1-4
48cm 192行
下针
前片
40cm 160行
减10-1-6　减10-1-6
编织方向
48cm 168针

时尚束身薄衫

【成品尺寸】衣长68cm　胸围96cm　袖长26cm

【工具】1.7mm棒针

【材料】深蓝色纯羊毛线

【密度】10cm²：44针×55行

【附件】亮片若干　蕾丝布料若干

【制作过程】前、后片分别按图起针，织双罗纹5cm后，改织花样至织完成，袖窿和领窝按图加减针。袖片按图起针，织5cm双罗纹后，改织花样，至织完成。衣袖和袖山按图加减针，全部缝合。领圈挑针，织下针5cm，折边缝合，再领尖缝合，形成双层V领。缝上亮片，衣裙摆用蕾丝布料缝制，完成。

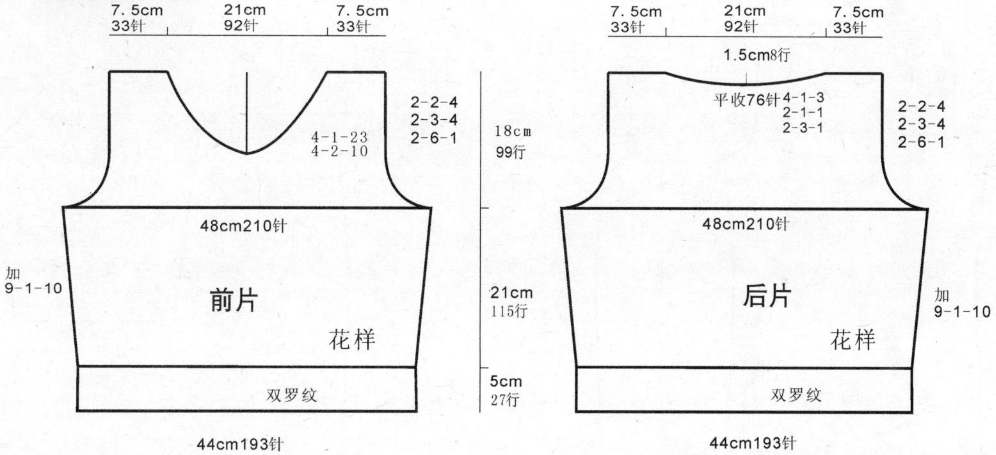

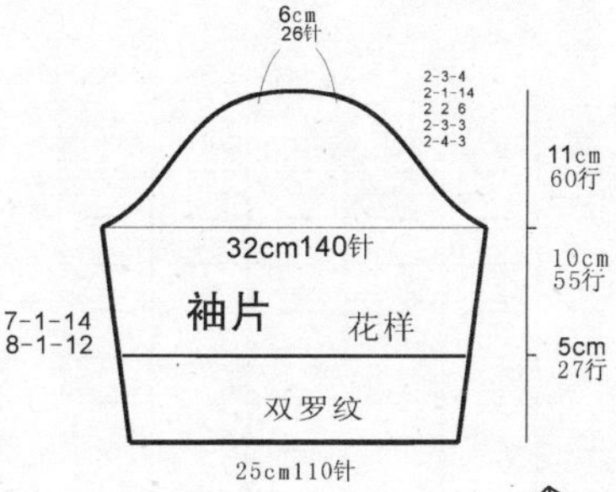

领子结构图

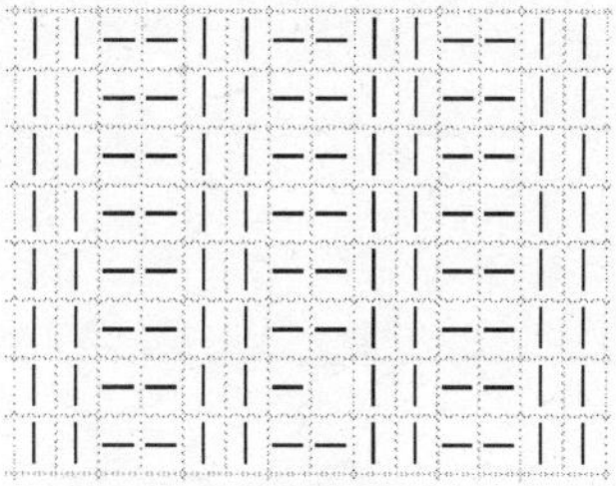

双罗纹

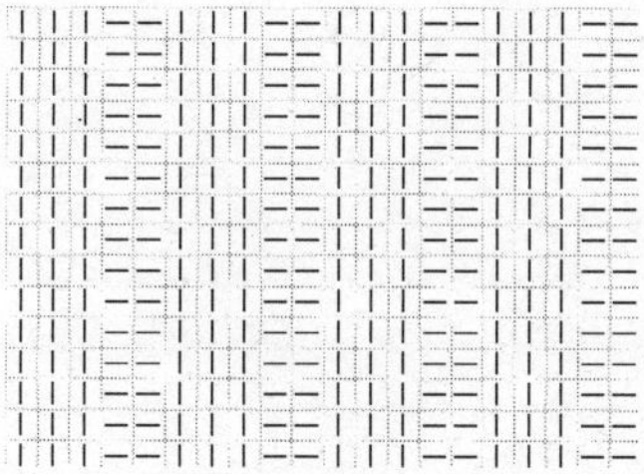

花样

【成品尺寸】衣长85cm　胸围96cm　袖长38cm

【工具】1.7mm棒针

【材料】黑色纯羊毛线

【密度】10cm^2：44针×55行

【附件】真丝布料若干

【制作过程】前、后片分别按图起针，编织单罗纹10cm后改织下针，至编织完成。袖片按图起针，织单罗纹至编织完成，袖口用真丝布料缝制，前领用真丝布料按彩图缝制后，领圈挑针，织单罗纹5cm，形成圆领，完成。

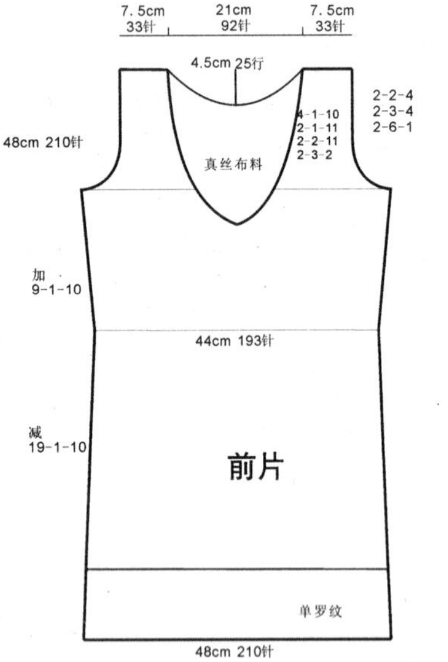

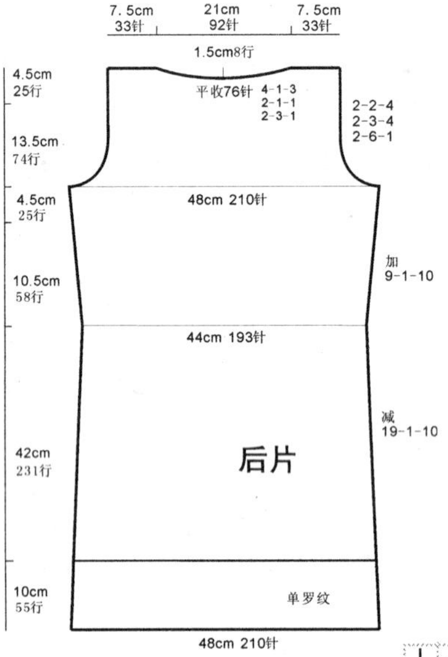

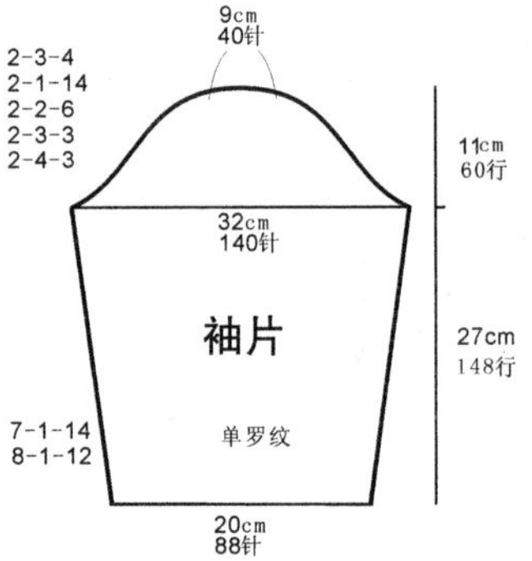

7.5cm 33针　21cm 92针　7.5cm 33针
4.5cm 25行
48cm 210针
2-2-4
2-3-4
2-6-1
4-1-10
2-1-11
2-2-11
2-3-2
真丝布料
加 9-1-10
44cm 193针
减 19-1-10
前片
单罗纹
48cm 210针

4.5cm 25行
13.5cm 74行
4.5cm 25行
10.5cm 58行
42cm 231行
10cm 55行

7.5cm 33针　21cm 92针　7.5cm 33针
1.5cm8行
平收76针
4-1-3
2-1-1
2-3-1
2-2-4
2-3-4
2-6-1
48cm 210针
加 9-1-10
44cm 193针
减 19-1-10
后片
单罗纹
48cm 210针

9cm 40针
2-3-4
2-1-14
2-2-6
2-3-3
2-4-3
11cm 60行
32cm 140针
袖片
27cm 148行
7-1-14
8-1-12
单罗纹
20cm 88针

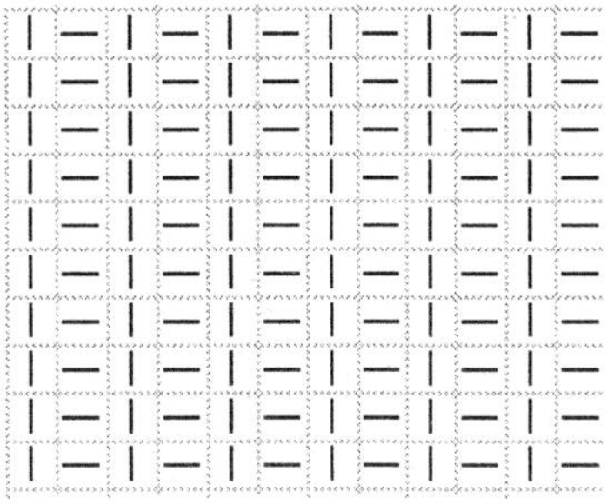

单罗纹

修身长款毛衫

【成品尺寸】衣长85cm　胸围96cm

【工具】1.7mm棒针

【材料】蓝色纯羊毛线

【密度】10cm²：44针×55行

【制作过程】前、后片分别按图起针，编织10cm单罗纹后，改织下针，至织完成，全部缝合。袖窿挑针织2cm花样，领圈挑针，织花样5cm，领尖缝合，形成叠领，完成。

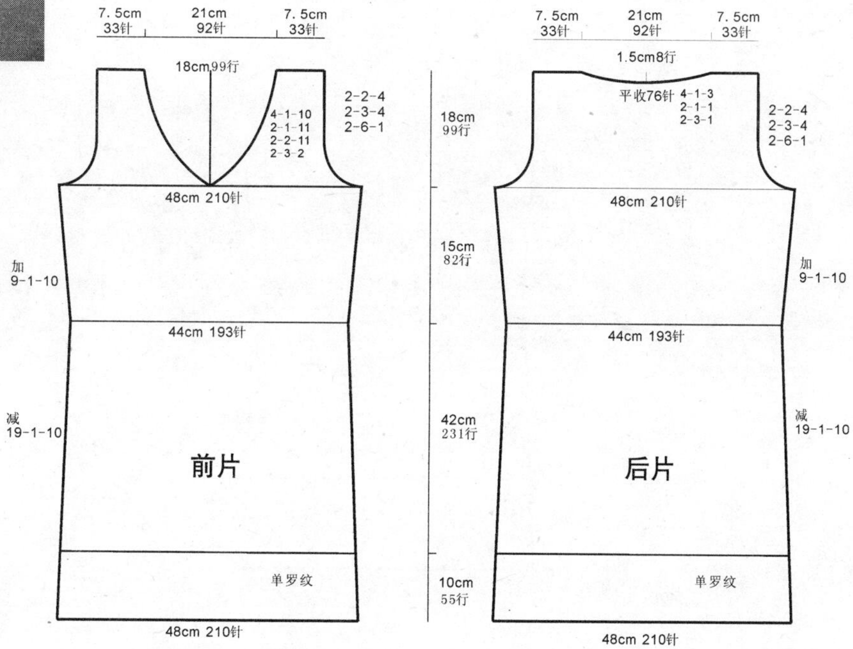

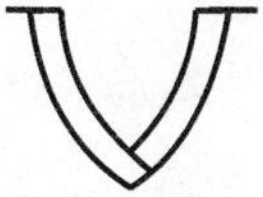

7. 5cm 33针　21cm 92针　7. 5cm 33针

18cm 99行

4-1-10
2-1-11
2-2-11
2-3-2

2-2-4
2-3-4
2-6-1

48cm 210针

加
9-1-10

44cm 193针

减
19-1-10

前片

单罗纹

48cm 210针

7. 5cm 33针　21cm 92针　7. 5cm 33针

1.5cm8行

平收76针
4-1-3
2-1-1
2-3-1

2-2-4
2-3-4
2-6-1

18cm 99行

48cm 210针

15cm 82行

加
9-1-10

44cm 193针

42cm 231行

减
19-1-10

后片

单罗纹

10cm 55行

48cm 210针

领子结构图

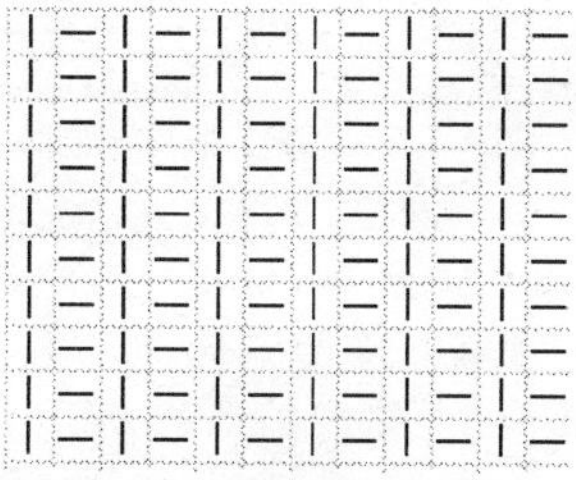

单罗纹

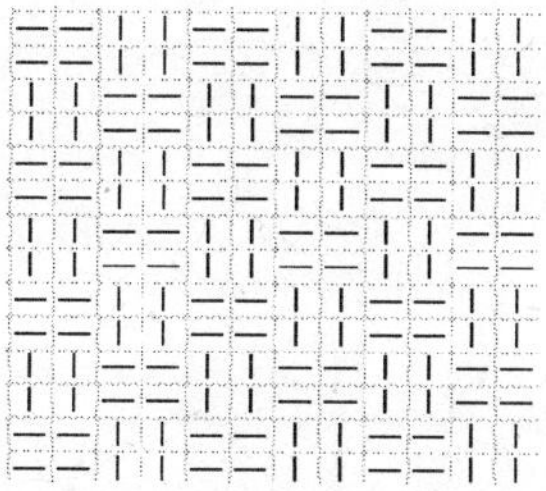

花样

【成品尺寸】衣长85cm　胸围96cm　袖长11cm
【工具】1.7mm棒针
【材料】黑色、白色纯羊毛线
【密度】10cm²：44针×55行
【附件】装饰带1条　毛毛球2个
【制作过程】前、后片分别按图起针，编织单罗纹15cm后改织下针，并间色。袖片按图起针，织下针至编织完成，领圈挑针，织单罗纹5cm，形成圆领。帽子另织，与领圈缝合，系上装饰带，完成。

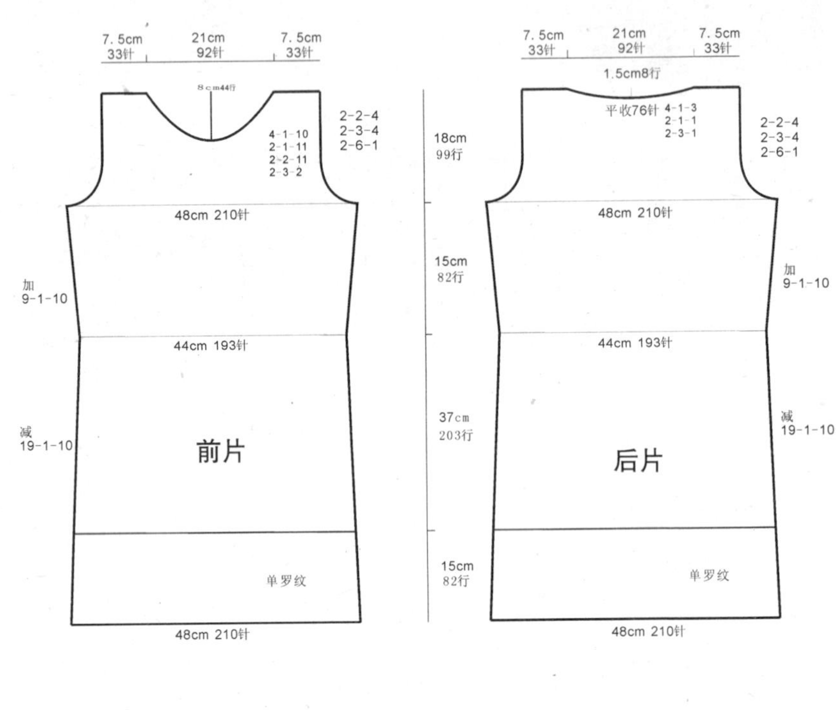

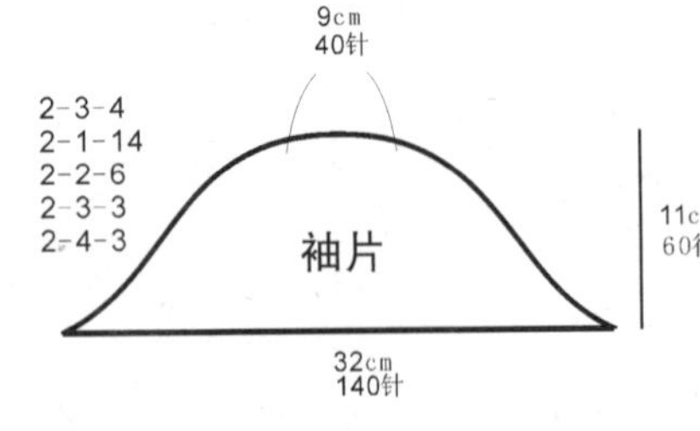

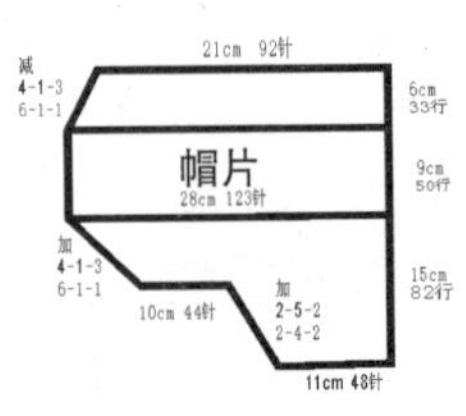

单罗纹

淡雅花边长衫

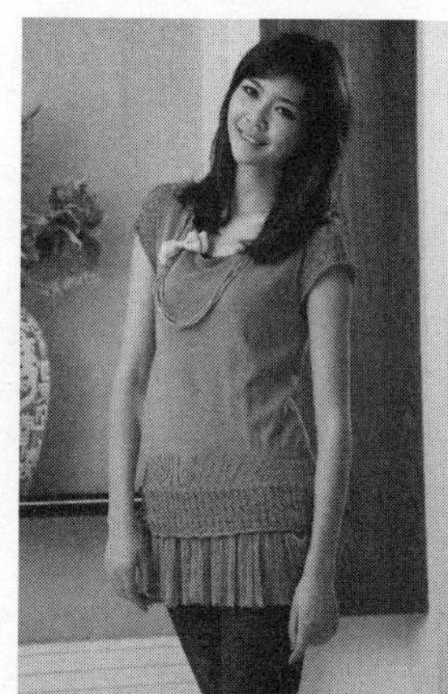

【成品尺寸】衣长100cm　胸围96cm　袖长11cm
【工具】1.7mm棒针
【材料】浅杏色纯羊毛线　蕾丝布料
【密度】10cm²：44针×55行
【制作过程】前、后片分别按图起针，织花样15cm后，改织双罗纹10cm，再织下针，至织完成。袖窿和领窝按图加减针，袖片按图起针，织花样，至织完成。袖山按图减针，全部缝合。领圈挑针，织双罗纹3cm，形成圆领。裙摆用20cm蕾丝布料缝制，完成。

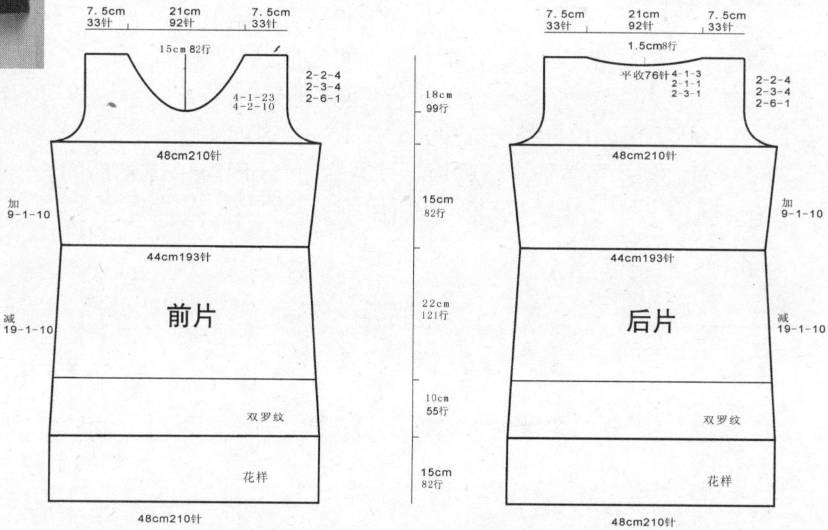

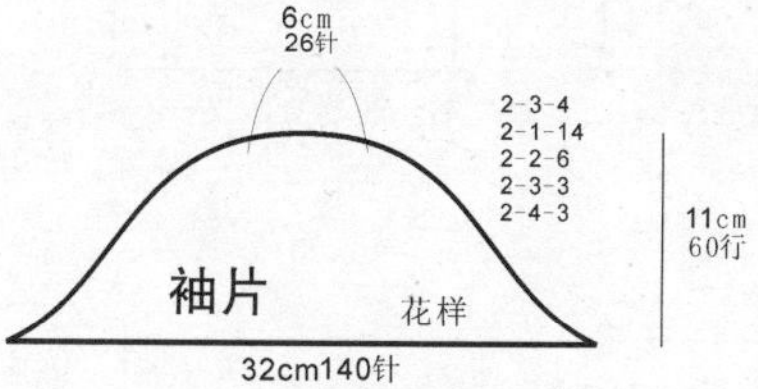

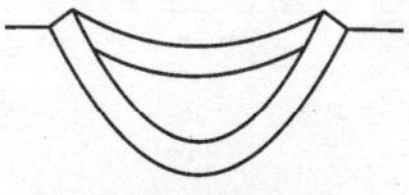

领子结构图

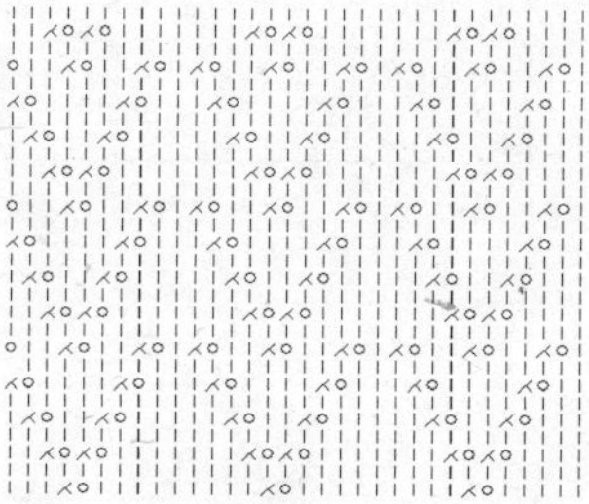

花样

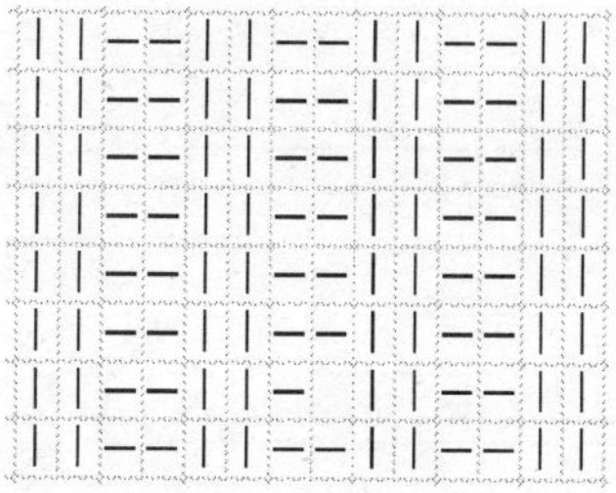

双罗纹

【成品尺寸】衣长76cm　胸围96cm　袖长25cm

【工具】10号棒针

【材料】原色细毛线510g

【密度】$10cm^2$：26针×34行

【附件】缎质装饰带　纽扣4枚

【制作过程】1. 单股线编织。

2. 起130针编织后片下针，编织到34cm时开始袖窿减针，按结构图减完针后，不加减针编织肩部，肩部各余9cm。

3. 起130针编织前片下针，编织到34cm时同时进行袖窿、前领窝减针，按结构图减针，完成后收针断线，肩部各余9cm。

4. 起88针双罗纹针从袖口编织袖片下针，不加减针编织25cm后开始袖山减针，按图所示减针后余18针，断线，将双罗纹针边向外翻，形成双层袖口边，缝好装饰带及纽扣。用同样方法再完成另一片袖片。

5. 起312针编织内装饰边下针，先编8行后再对折合并编织，形成双层下针边，不加减针共织20cm，织两片；同样编织312针外装饰边，共织10cm，织两片。

6. 将身片及袖片对应位置缝合。将内、外装饰边拿褶固定，拿褶后的长度与身片相同，然后同时与身片缝合。挑织下针双层领边，穿入装饰带。

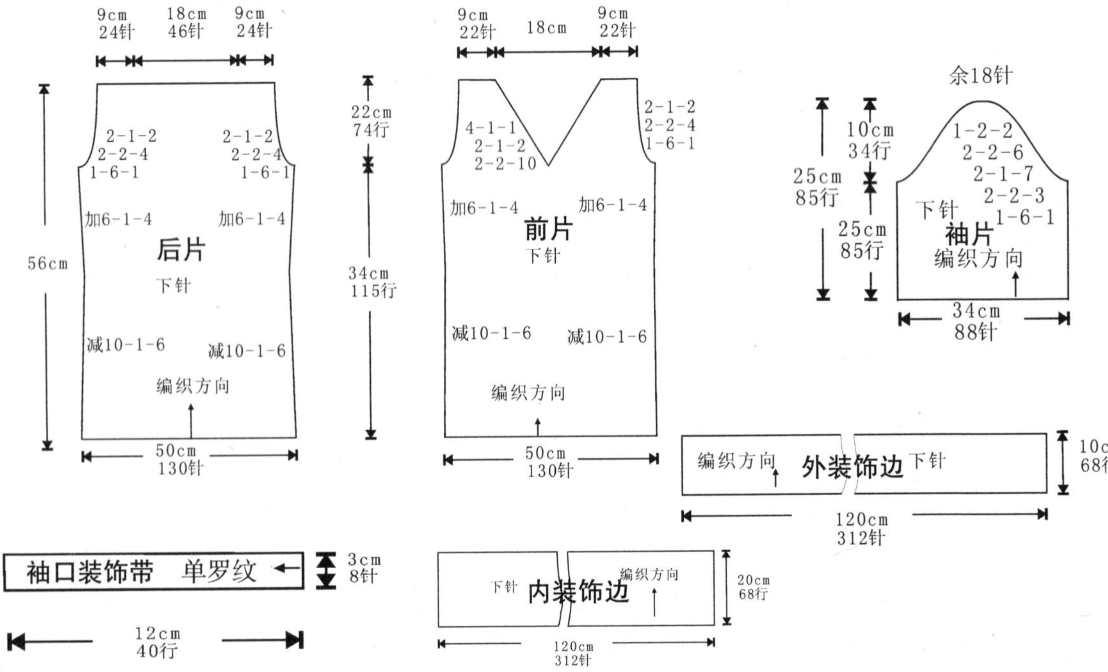

柔美花边装

【成品尺寸】衣长65cm　胸围96cm　袖长35cm

【工具】1.7mm棒针

【材料】杏色纯羊毛线

【密度】10cm²：44针×47行

【附件】亮片若干

【制作过程】前、后片按图起针，先织双层平针底边，后改织下针，至织完成。袖片按图起针，先织双层平针底边，后改织下针，至织完成，全部缝合。领圈挑针，织下针后折边缝合，形成双层圆领。下摆花边另织好，按层次缝好。缝上亮片，完成。

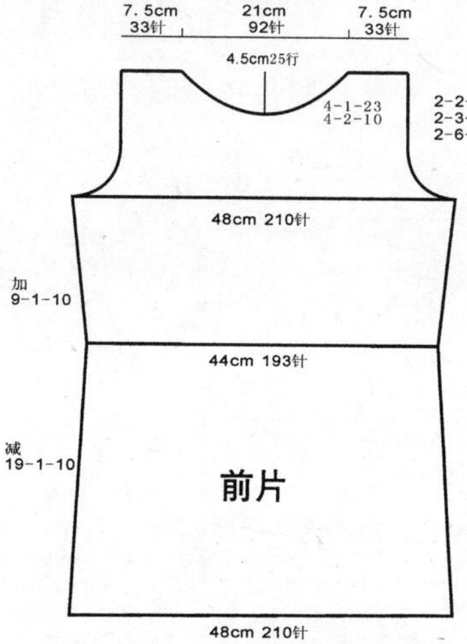

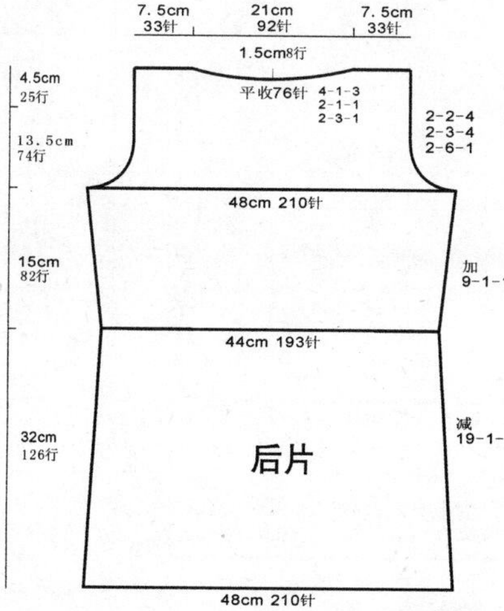

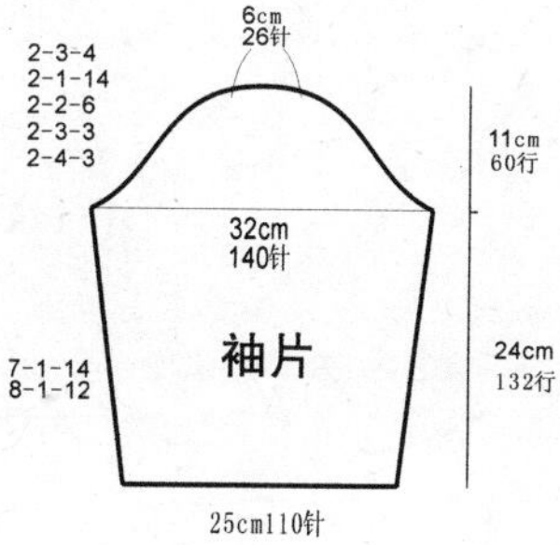

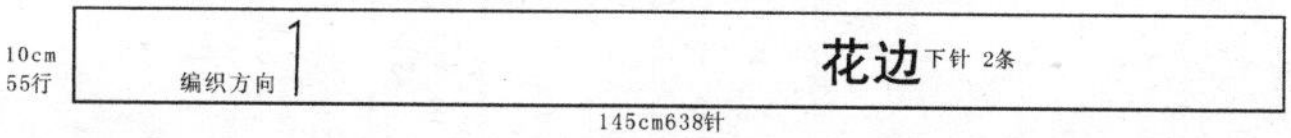

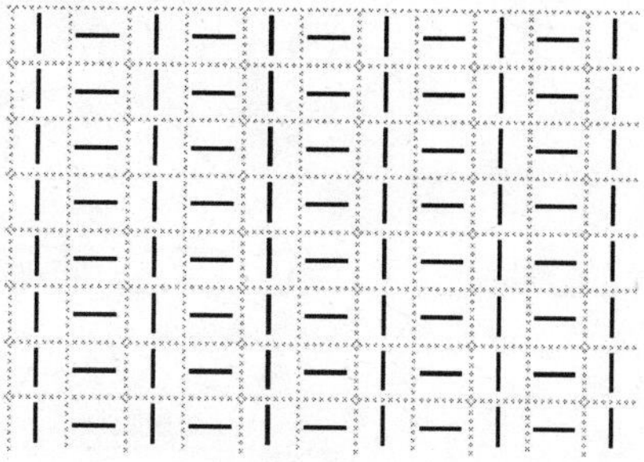

前片：7.5cm 33针　21cm 92针　7.5cm 33针；4.5cm25行；4-1-23　4-2-10；2-2-4　2-3-4　2-6-1；48cm 210针；加 9-1-10；44cm 193针；减 19-1-10；48cm 210针

4.5cm 25行；13.5cm 74行；15cm 82行；32cm 126行

后片：7.5cm 33针　21cm 92针　7.5cm 33针；1.5cm8行；平收76针　4-1-3　2-1-1　2-3-1；2-2-4　2-3-4　2-6-1；48cm 210针；加 9-1-10；44cm 193针；减 19-1-10；48cm 210针

袖片：6cm 26针；2-3-4　2-1-14　2-2-6　2-3-3　2-4-3；11cm 60行；32cm 140针；7-1-14　8-1-12；24cm 132行；25cm110针

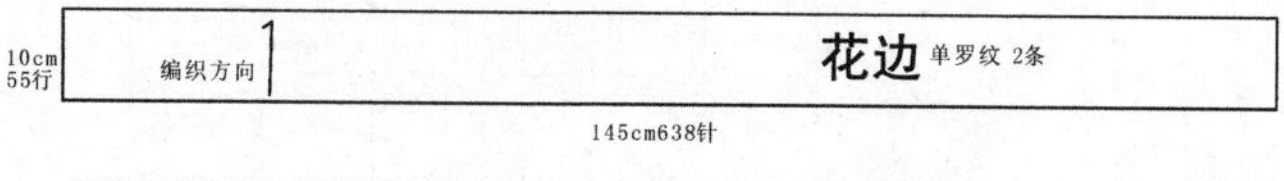

花边 单罗纹 2条：10cm 55行；编织方向；145cm638针

花边 下针 2条：10cm 55行；编织方向；145cm638针

单罗纹

【成品尺寸】衣长85cm　胸围96cm　袖长25cm

【工具】1.7mm棒针

【材料】米黄色纯羊毛线

【密度】10cm²：44针×55行

【附件】橡皮筋若干

【制作过程】 前、后片分上下部分，上部分分别按图起针，先织双层平针底边后，改织下针，腰部织10cm单罗纹，至编织完成。下部分起针，先织双层平针底边后，改织下针，至织完成。均匀缝上橡皮筋后，与上部分缝合，袖片按图起针，织下针至编织完成。袖口打皱褶，形成泡泡袖，领圈挑针，织下针5cm，形成圆领，完成。

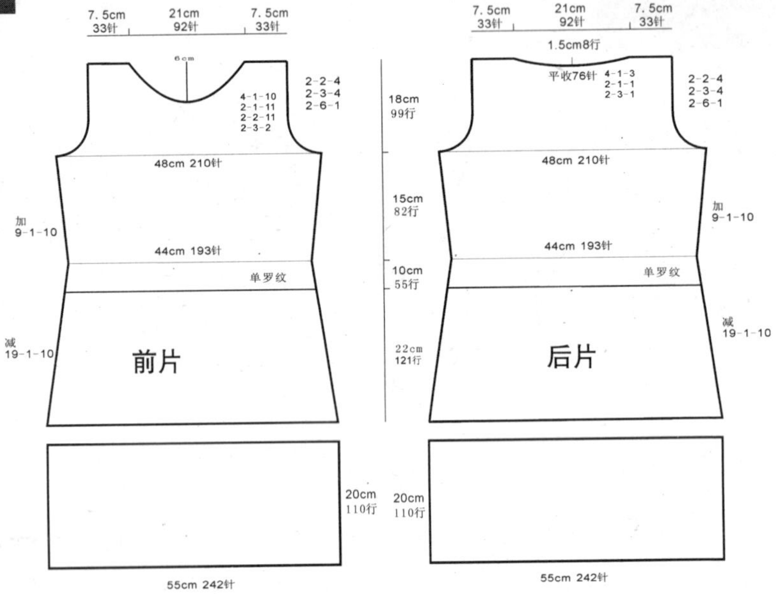

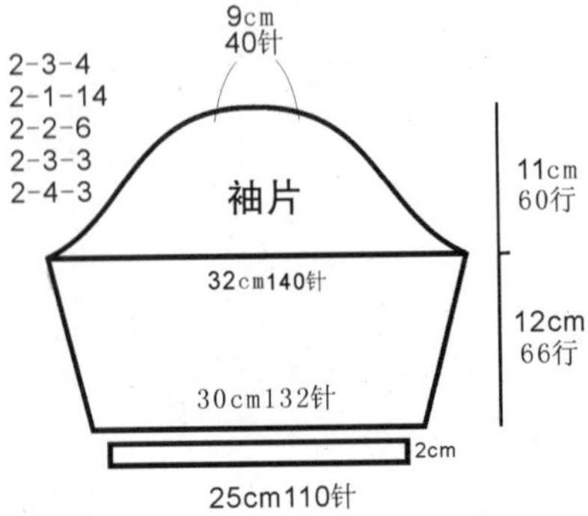

前片
7.5cm 33针　21cm 92针　7.5cm 33针
6cm
4-1-10
2-1-11
2-2-11
2-3-2
2-2-4
2-3-4
2-6-1
48cm 210针
加 9-1-10
44cm 193针
单罗纹
减 19-1-10
55cm 242针
20cm 110行

18cm 99行
15cm 82行
10cm 55行
22cm 121行

后片
7.5cm 33针　21cm 92针　7.5cm 33针
1.5cm8行
平收76针
4-1-3
2-1-1
2-3-1
2-2-4
2-3-4
2-6-1
48cm 210针
加 9-1-10
44cm 193针
单罗纹
减 19-1-10
20cm 110行
55cm 242针

袖片
9cm 40针
2-3-4
2-1-14
2-2-6
2-3-3
2-4-3
11cm 60行
32cm140针
12cm 66行
30cm132针
2cm
25cm110针

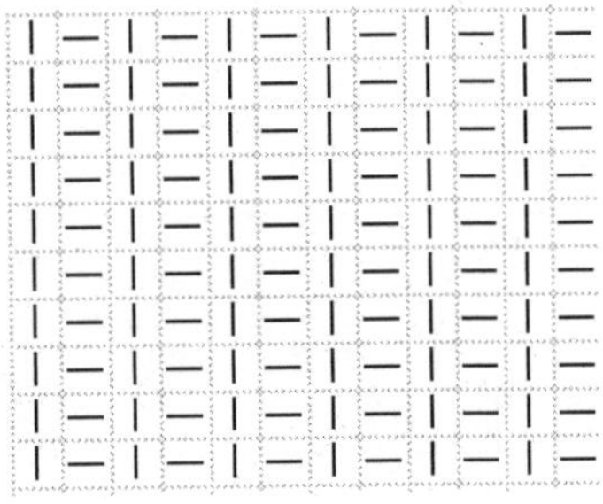

单罗纹

婉约长款毛衣

【成品尺寸】衣长85cm　胸围96cm　袖长35cm

【工具】1.7mm棒针

【材料】深驼色纯羊毛线

【密度】10cm²：44针×55行

【附件】金属扣1枚

【制作过程】前片分左右两片，分别按图起针，织全下针10cm后，改织花样，至织完成。后片和袖片按图织好，全部缝合。门襟另织2条单罗纹的长方形，缝合前片，领圈挑针，按图织35cm单罗纹，边缘缝合形成帽子。用缝衣针缝上金属扣，完成。

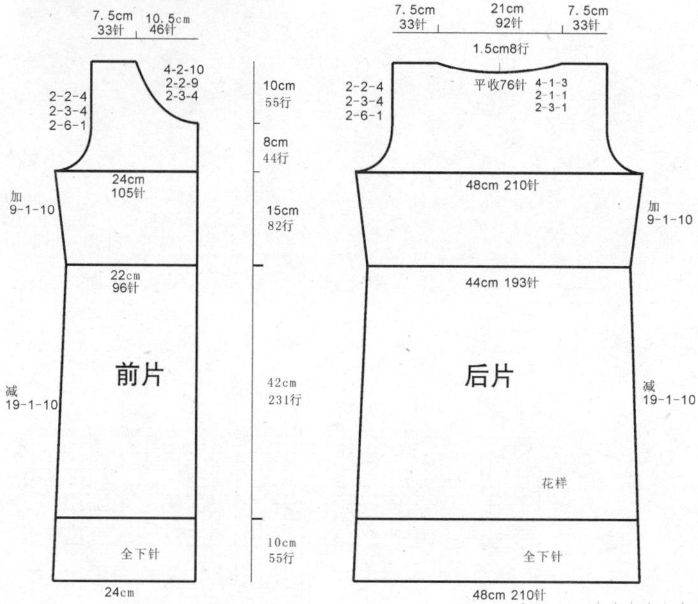

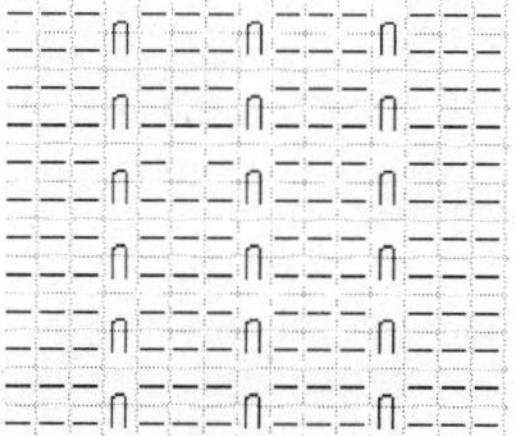

前片
7.5cm 33针　10.5cm 46针
4-2-10
2-2-9
2-3-4
2-2-4
2-3-4
2-6-1
10cm 55行
8cm 44行
24cm 105针
加 9-1-10
15cm 82行
22cm 96针
减 19-1-10
42cm 231行
全下针
10cm 55行
24cm

后片
7.5cm 33针　21cm 92针　7.5cm 33针
1.5cm8针
平收76针
4-1-3
2-1-1
2-3-1
2-2-4
2-3-4
2-6-1
48cm 210针
加 9-1-10
44cm 193针
减 19-1-10
花样
全下针
48cm 210针

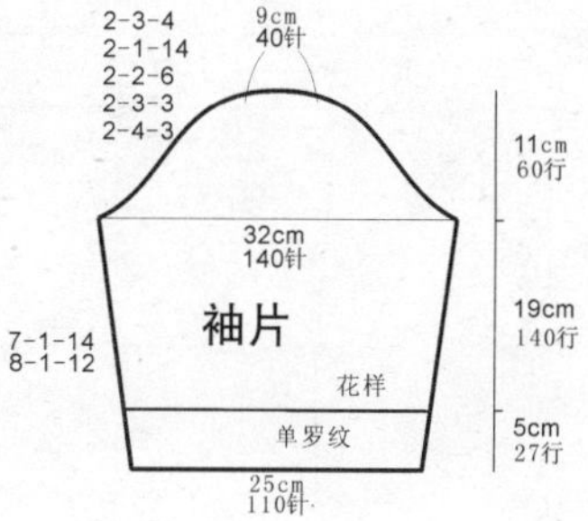

袖片
2-3-4
2-1-14
2-2-6
2-3-3
2-4-3
9cm 40针
11cm 60行
32cm 140针
7-1-14
8-1-12
19cm 140行
花样
单罗纹
5cm 27行
25cm 110针

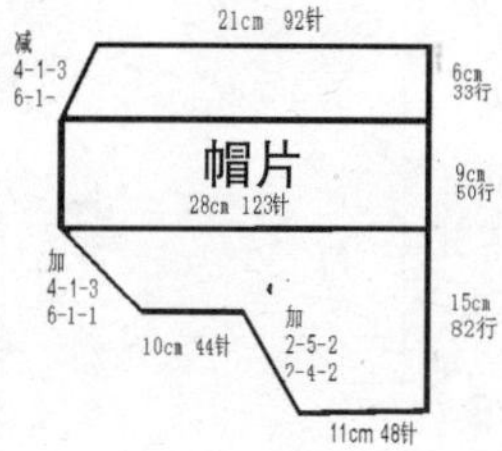

帽片
21cm 92针
减 4-1-3 6-1-
6cm 33行
28cm 123针
9cm 50行
加 4-1-3 6-1-1
10cm 44针
加 2-5-2 2-4-2
15cm 82行
11cm 48针

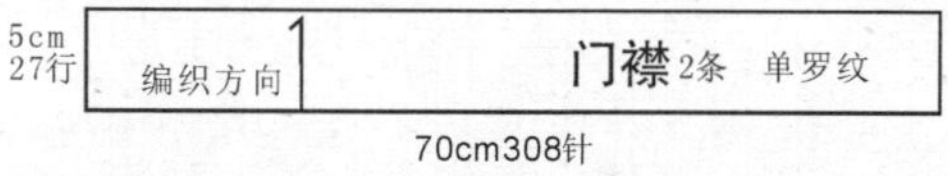

门襟2条　单罗纹
编织方向
5cm 27行
70cm308针

花样

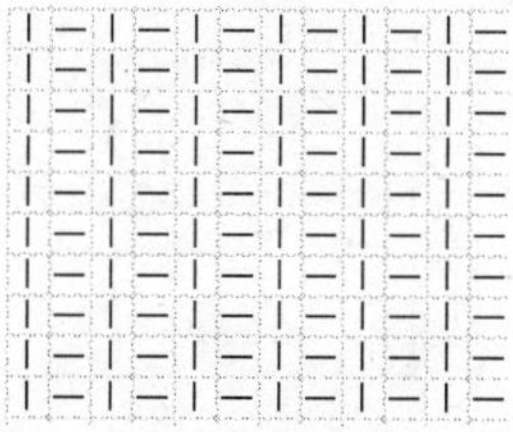

单罗纹

【成品尺寸】衣长75cm　胸围96cm　袖长28cm
【工具】1.7mm棒针
【材料】蓝色纯羊毛线
【密度】10cm²：21针×22行
【附件】装饰纽扣14枚
【制作过程】1. 单股线编织。

2. 起100针单罗纹针边，然后编织前片花样，两侧减针收腰，编织47cm后两侧开始袖窿及前袖片加针，身长共织61cm时开始领窝加减针，按结构图完成后，不加减针编织袖片，袖片共织46cm，然后进行后片袖窿及后袖片和收腰的加减针编织，加减针针数与前片相同。

3. 沿侧缝缝实。另起针挑织领边及袖边，沿前片一侧花样挑织装饰边，宽度可根据个人喜好确定。缝好领前装饰带及纽扣。

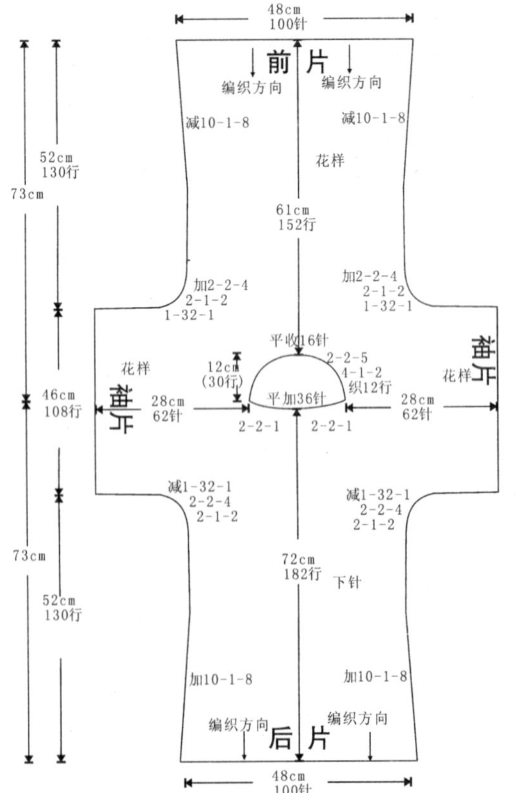

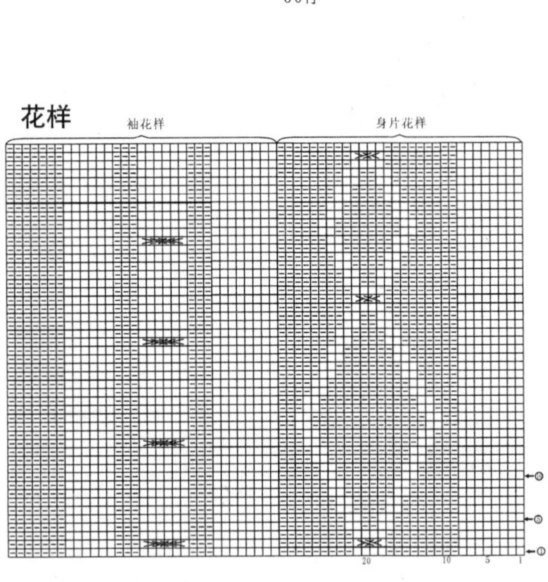

风情束腰装

【成品尺寸】衣长85cm　胸围96cm　袖长32cm

【工具】1.7mm棒针

【材料】黑色纯羊毛线

【密度】10cm²：44针×55行

【附件】装饰纽扣14枚

【制作过程】前后片分上下片织，分别按图起针，织双罗纹至完成。下摆先织双层平针底边，后织下针，至织完成。与前后片缝合，衣袖按图织好，全部缝合。衣领挑针织单罗纹5cm形成圆领。衣袋织好，与前片2边缝合。缝上装饰扣子，完成。

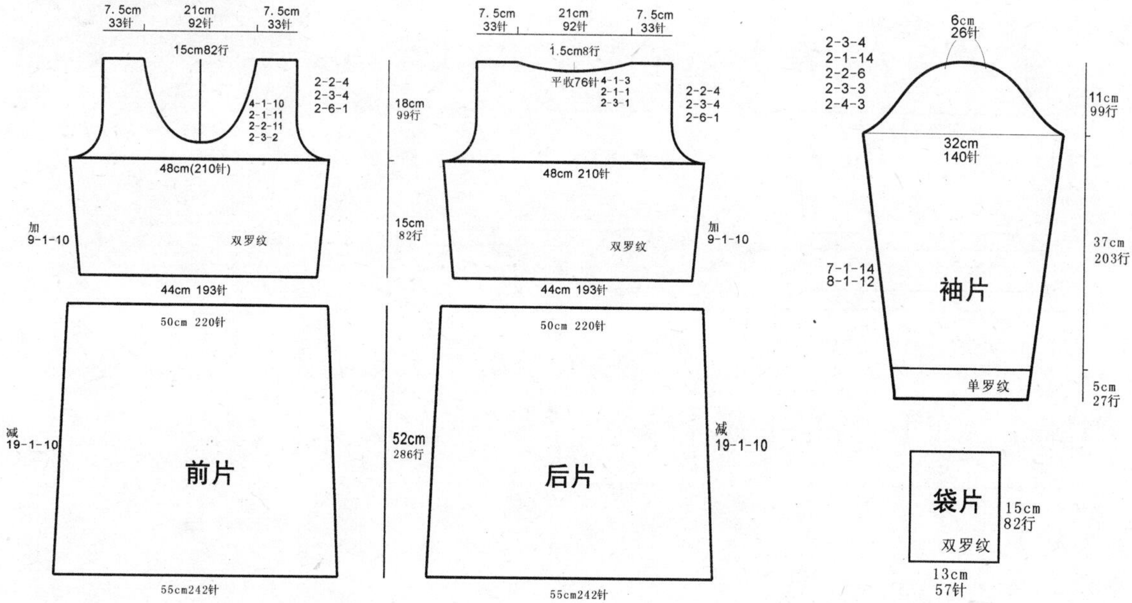

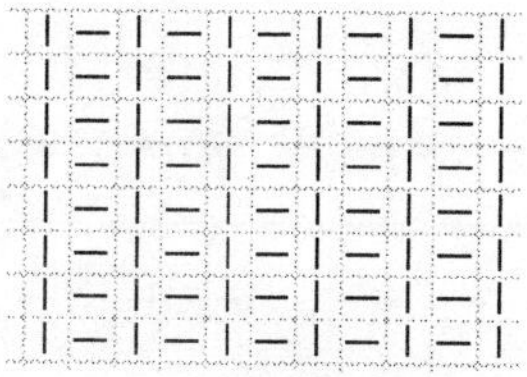

双罗纹

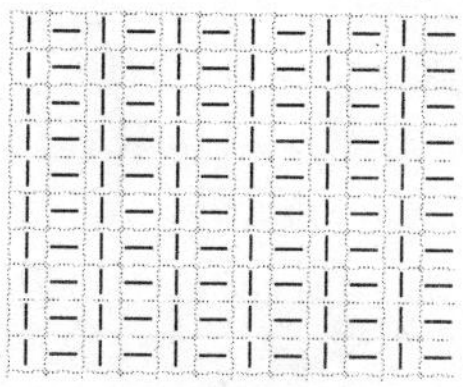

单罗纹

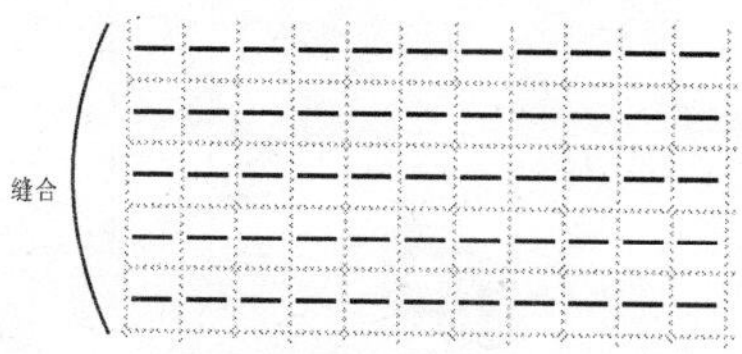

双层平针底边花样

【成品尺寸】衣长85cm　胸围96cm　袖长32cm

【工具】1.7mm棒针

【材料】黑色纯羊毛线

【密度】10cm²：44针×55行

【制作过程】前、后片分上、中、下三部分组成，上部按图起针，织下针并织图案至织完成。中部是长方形，按图织好，下部按图起针，先织双层平针底边，后织下针并织图案至织完成。打皱褶与上、中部缝合，袖片按图起针，先织双层平针底边，后织下针，至织完成，与衣片缝合。衣领挑针织单罗纹，折边缝合，形成双层圆领，完成。

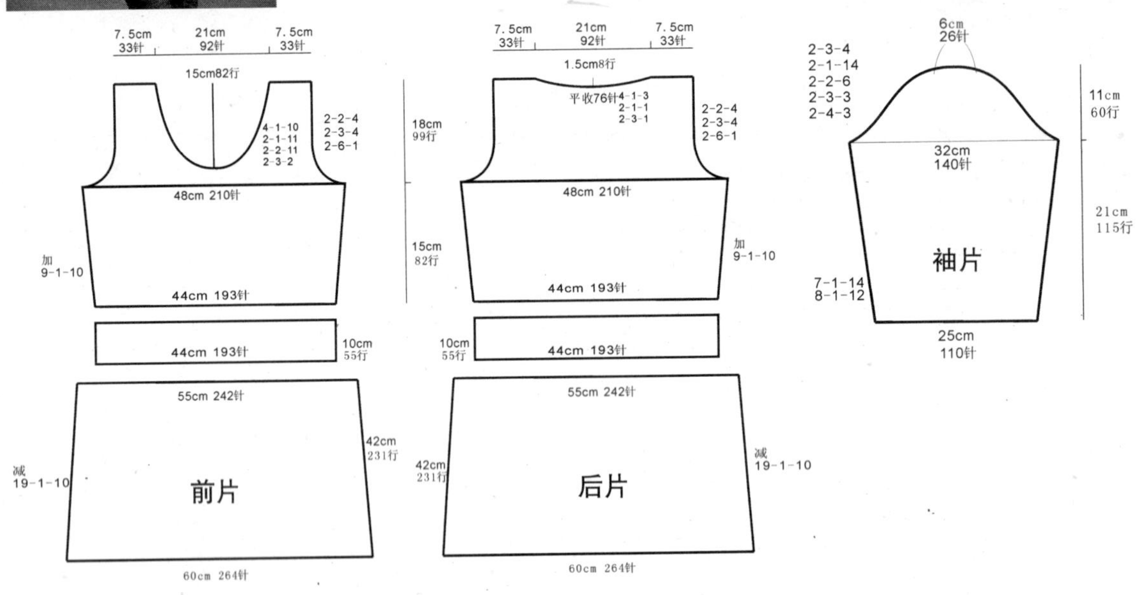

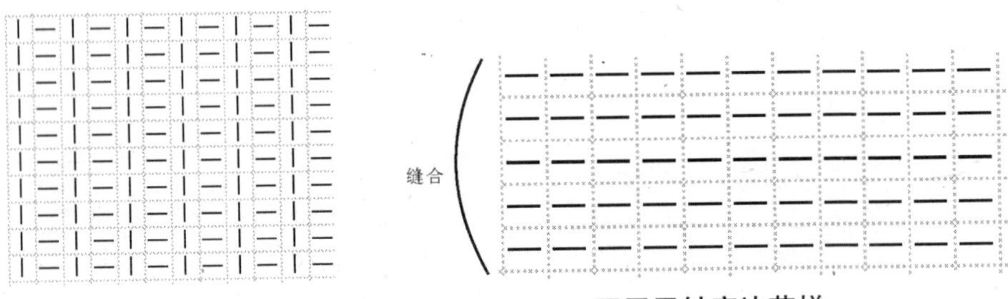

单罗纹　　双层平针底边花样

柔美长款毛衫

【成品尺寸】衣长85cm　胸围96cm

【工具】1.7mm棒针

【材料】白色纯羊毛线

【密度】10cm²：44针×55行

【附件】亮片若干

【制作过程】前、后片分别按图起针，织下针至编织完成。袖窿和领窝按图加减针，下片先织双层平针底边后，改织下针，至织完成。均匀打皱褶，与上片缝合。袖窿挑针，织下针，折边缝合，形成双层袖口。领圈挑针，织下针，折边缝合，形成双层圆领。缝上图案，完成。

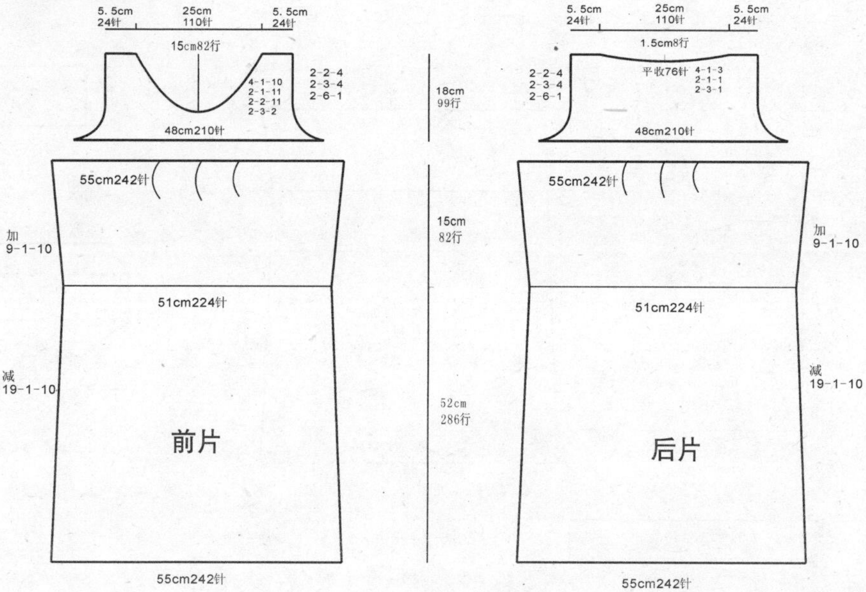

5.5cm 24针　25cm 110针　5.5cm 24针
15cm82行
4-1-10
2-1-11
2-2-11
2-3-2
2-2-4
2-3-4
2-6-1
48cm210针
18cm 99行
55cm242针
加 9-1-10
15cm 82行
51cm224针
减 19-1-10
52cm 286行
前片
55cm242针

5.5cm 24针　25cm 110针　5.5cm 24针
1.5cm8行
平收76针
4-1-3
2-1-1
2-3-1
2-2-4
2-3-4
2-6-1
48cm210针
55cm242针
加 9-1-10
51cm224针
减 19-1-10
后片
55cm242针

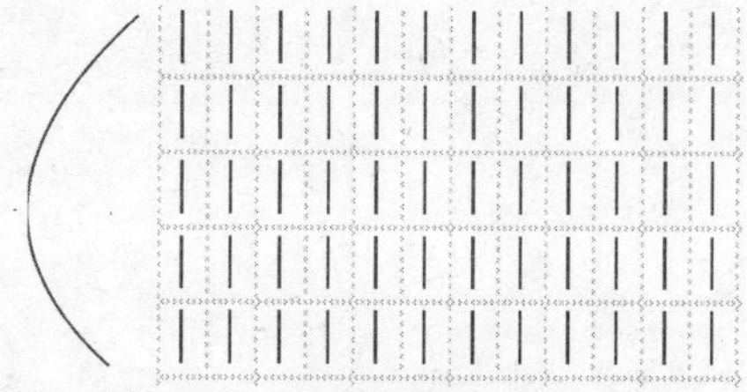

缝合

双层平针底边

【成品尺寸】衣长85cm　胸围96cm

【工具】1.7mm棒针

【材料】浅藕色纯羊毛线

【密度】10cm²：44针×55行

【附件】纽扣5枚

【制作过程】前片分左右两片，分别按图起针，织42cm花样A后改织双罗纹10cm，再改织花样B，至织完成。后片起针，织42cm花样A后，改织双罗纹10cm，再改织下针，至织完成，全部缝合。袖窿挑针，织5cm双罗纹，门襟为长矩形另织，与前片缝合。帽子另织好，与领圈缝合，缝上纽扣和衣袋，完成。

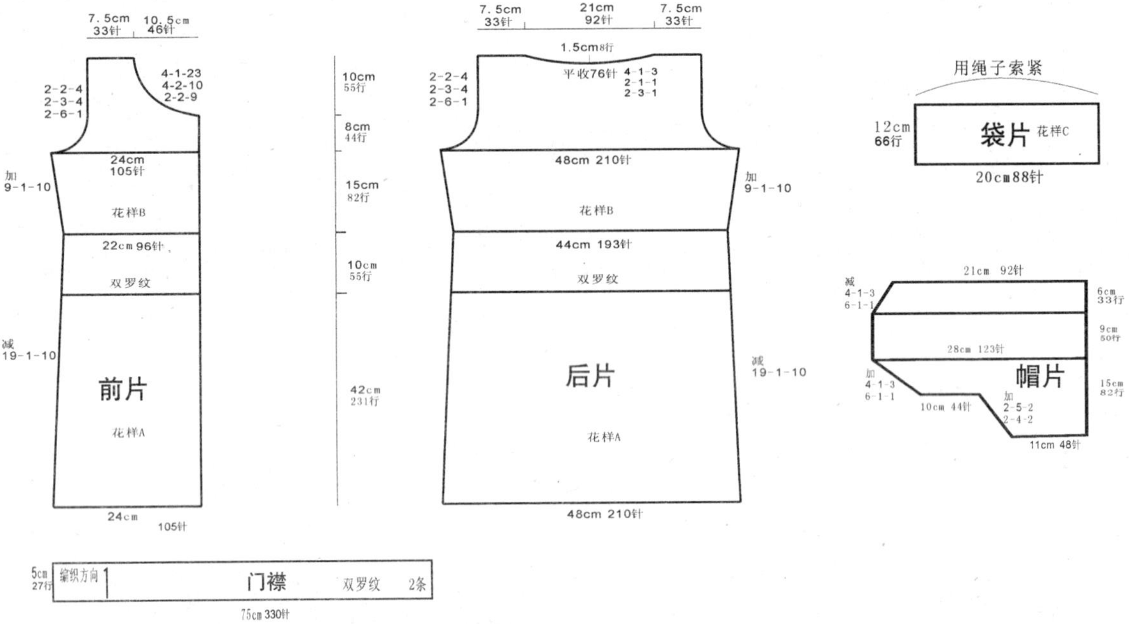

7.5cm 33针　10.5cm 46针
2-2-4
2-3-4
2-6-1
4-1-23
4-2-10
2-2-9
24cm 105针
加 9-1-10
花样B
22cm 96针
双罗纹
减 19-1-10
前片
花样A
24cm 105针

10cm 55行
8cm 44行
15cm 82行
10cm 55行
42cm 231行

7.5cm 33针　21cm 92针　7.5cm 33针
1.5cm 8行
平收76针　4-1-3　2-1-1　2-3-1
2-2-4
2-3-4
2-6-1
48cm 210针
加 9-1-10
花样B
44cm 193针
双罗纹
减 19-1-10
后片
花样A
48cm 210针

用绳子索紧
12cm 66行
袋片 花样C
20cm 88针

21cm 92针
减 4-1-3 6-1-1
6cm 33行
9cm 50行
28cm 123针
加 4-1-3 6-1-1
帽片
15cm 82行
10cm 44针
加 2-5-2 2-4-2
11cm 48针

5cm 27行　编织方向　门襟　双罗纹　2条
75cm 330针

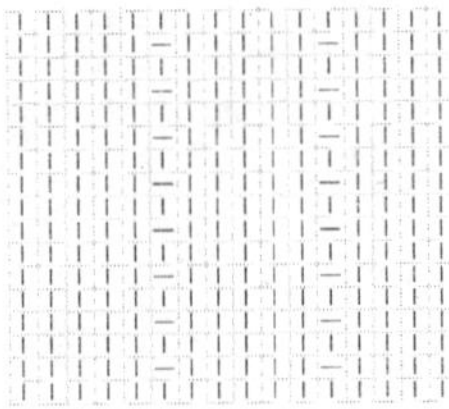

花样A 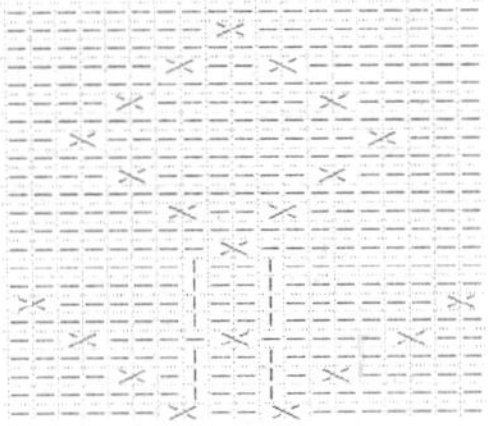　花样B 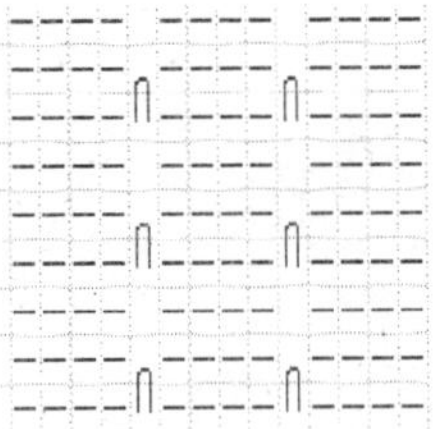　花样C 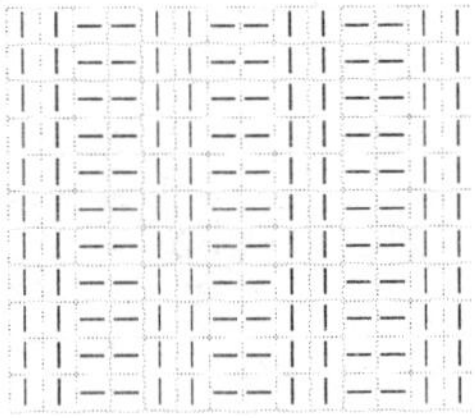　双罗纹

优雅修身长衫

【成品尺寸】衣长85cm　胸围96cm

【工具】1.7mm棒针　小号钩针

【材料】灰色纯羊毛线

【密度】10cm²：44针×55行

【制作过程】前、后片分上、中、下三部分，上部分分别按图起针，编织单罗纹至编织完成。中部分和下部分，分别按图织好，中部分打皱褶与上、下部分缝合，袖窿和领圈用钩针钩狗牙边，系上装饰带，装饰带织3条下针长矩形，编成辫子带，完成。

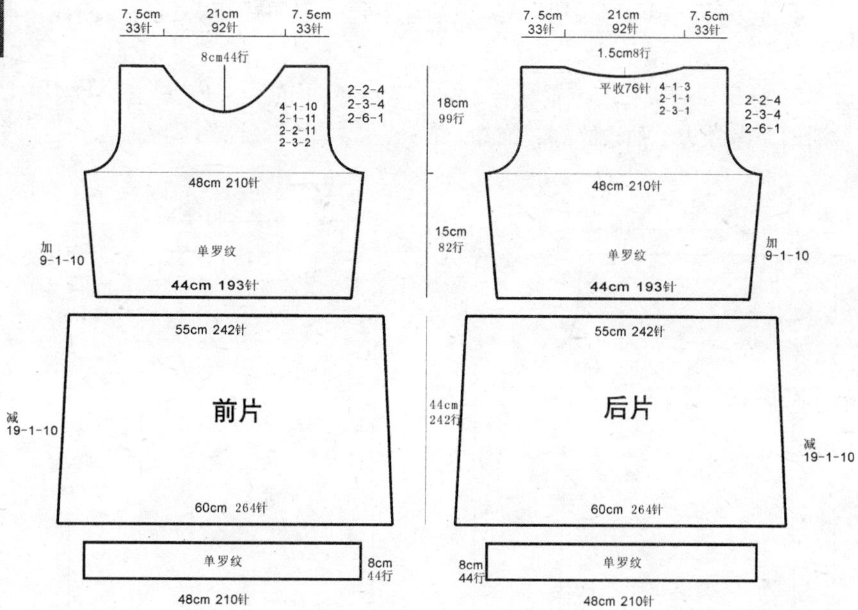

前片：7.5cm 33针　21cm 92针　7.5cm 33针；8cm44行；4-1-10，2-1-11，2-2-11，2-3-2；2-2-4，2-3-4，2-6-1；48cm 210针；单罗纹；加 9-1-10；44cm 193针；55cm 242针；减 19-1-10；60cm 264针；单罗纹 8cm 44行；48cm 210针

后片：7.5cm 33针　21cm 92针　7.5cm 33针；1.5cm8行；平收76针 4-1-3，2-1-1，2-3-1；2-2-4，2-3-4，2-6-1；18cm 99行；48cm 210针；15cm 82行；单罗纹；加 9-1-10；44cm 193针；55cm 242针；44cm 242行；减 19-1-10；60cm 264针；8cm 44行 单罗纹；48cm 210针

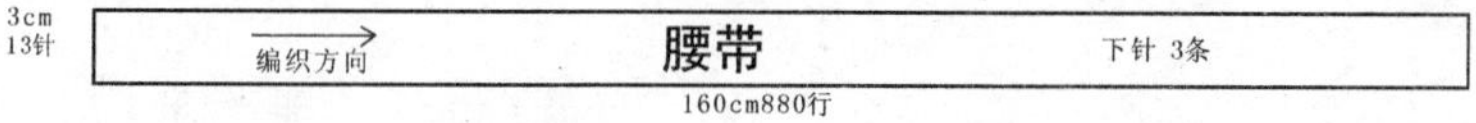

腰带：3cm 13针；编织方向；下针 3条；160cm880行

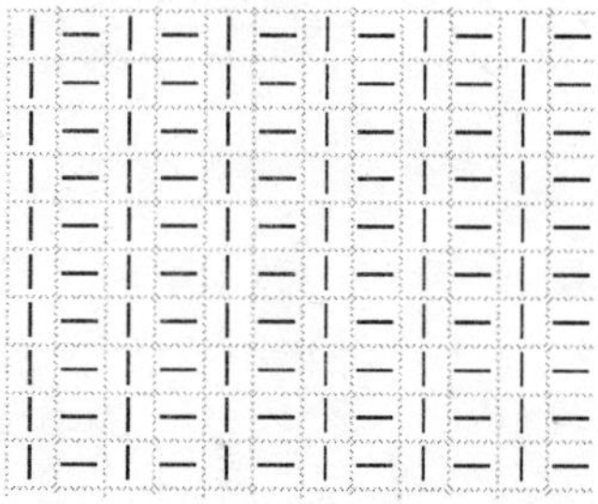

单罗纹

【成品尺寸】衣长74cm　胸围96cm　袖长14cm

【工具】9号棒针

【材料】灰色丝光毛线380g

【密度】$10cm^2$：25针×32行

【附件】装饰扣若干

【制作过程】1. 单股线编织。

2. 起128针直接编织后片花样，织40cm后改为下针编织，编织到52cm时开始袖窿减针，按结构图减针后编织到肩部，两肩部各余8cm。

3. 用同样方法起128针编织前片，织到62cm进行前领窝减针，按图示减针后肩部余8cm。

4. 起90针单罗纹针从袖口编织袖片下针，不加减针织14cm，断线。用同样方法再完成另一片袖片。

5. 将身片对应相应位置缝合，袖山拿活褶固定后与身片缝合，挑织单罗纹针领，挑至前领窝时拿活褶。沿领边、袖边缝好装饰扣。

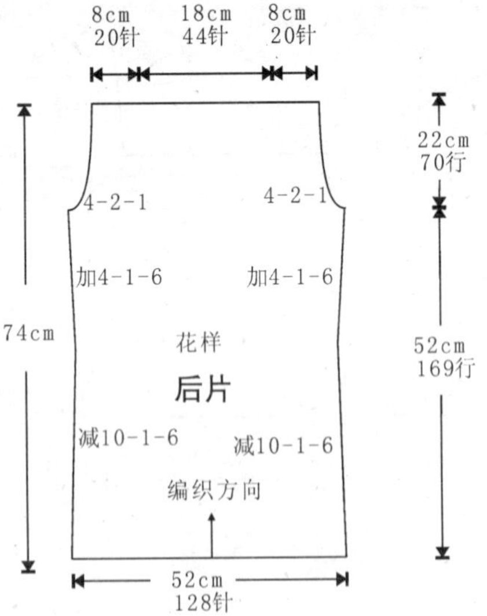

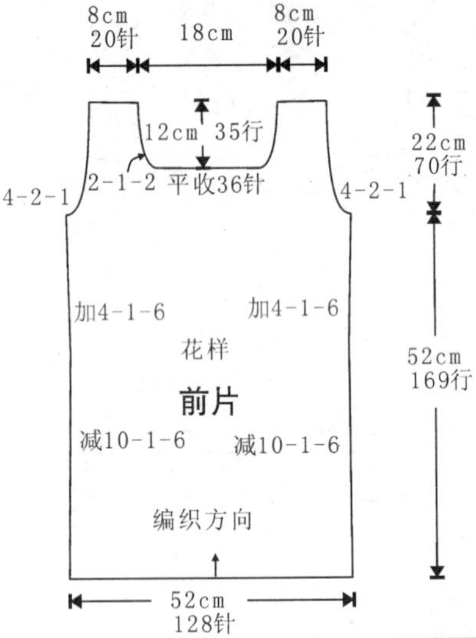

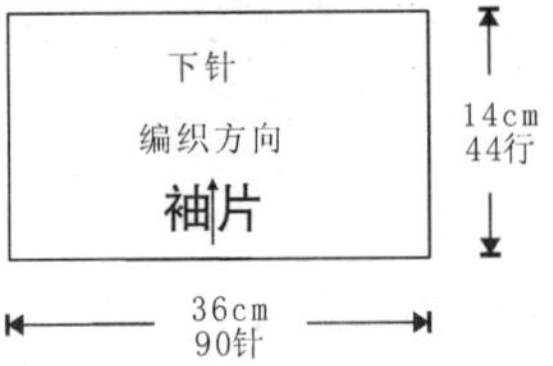

8cm 20针　18cm 44针　8cm 20针

4-2-1　4-2-1

74cm

加4-1-6　加4-1-6

花样

后片

减10-1-6　减10-1-6

编织方向

52cm 128针

22cm 70行

52cm 169行

8cm 20针　18cm　8cm 20针

12cm 35行

4-2-1　2-1-2 平收36针　4-2-1

加4-1-6　加4-1-6

花样

前片

减10-1-6　减10-1-6

编织方向

52cm 128针

22cm 70行

52cm 169行

下针

编织方向

袖片

14cm 44行

36cm 90针

花样

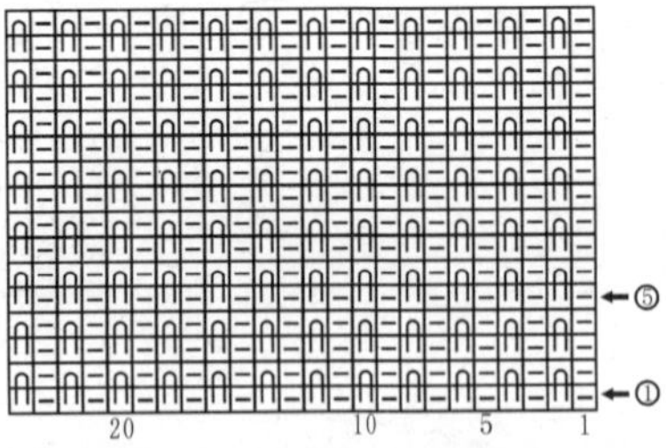

⑤

①

20　10　5　1

明艳宽松毛衫

【成品尺寸】衣长85cm　胸围96cm　袖长18cm

【工具】1.7mm棒针

【材料】玫红色纯羊毛线

【密度】10cm²：44针×55行

【制作过程】前、后片按图起针，织5cm单罗纹后改织花样，至62cm改织双罗纹，至织完成。袖片按图起针，织单罗纹5cm后，改织双罗纹，至织完成，全部缝合。领子挑针，织5cm双罗纹，形成圆领，完成。

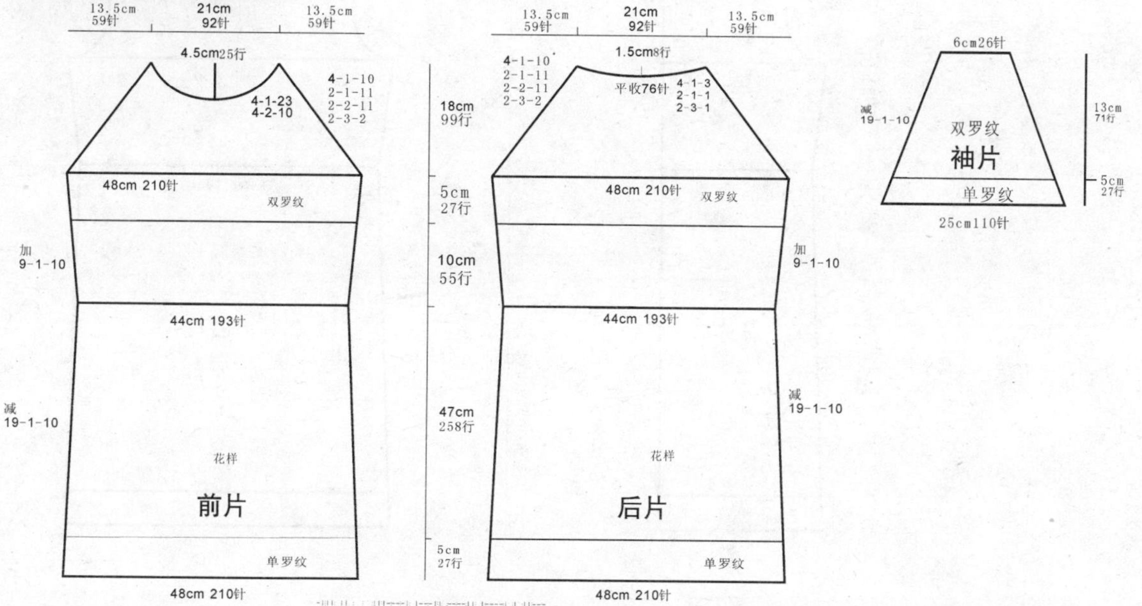

13.5cm 59针　21cm 92针　13.5cm 59针

4.5cm25行

4-1-10
2-1-11
2-2-11
2-3-2

4-1-23
4-2-10

48cm 210针　双罗纹

加 9-1-10

44cm 193针

减 19-1-10

花样

前片

单罗纹

48cm 210针

18cm 99行

5cm 27行

10cm 55行

47cm 258行

5cm 27行

13.5cm 59针　21cm 92针　13.5cm 59针

1.5cm8行

4-1-10
2-1-11
2-2-11
2-3-2

平收76针

4-1-3
2-1-1
2-3-1

48cm 210针　双罗纹

加 9-1-10

44cm 193针

减 19-1-10

花样

后片

单罗纹

48cm 210针

6cm26针

减 19-1-10

双罗纹

袖片

单罗纹

13cm 71行

5cm 27行

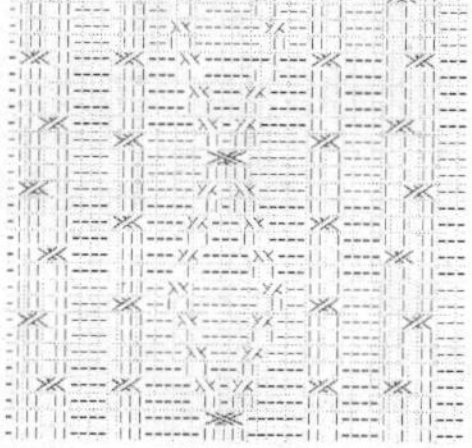

25cm110针

花样 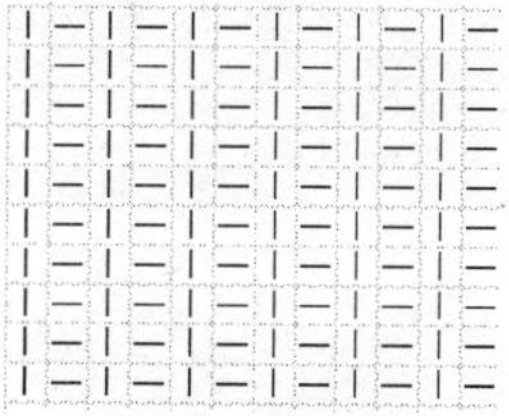　　单罗纹 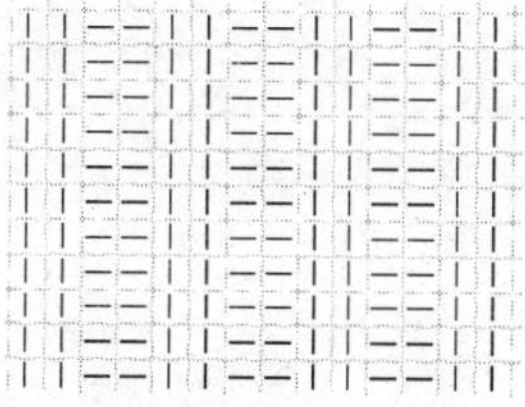　　双罗纹

【成品尺寸】衣长85cm　胸围96cm　袖长35cm

【工具】1.7mm棒针

【材料】红色纯羊毛线

【密度】10cm²：44针×55行

【附件】拉链1条

【制作过程】前片分左右两片，分别按图起针，织单罗纹3cm后，改织花样A至织完成。后片和袖片按图织好，全部缝合。装上拉链，完成。

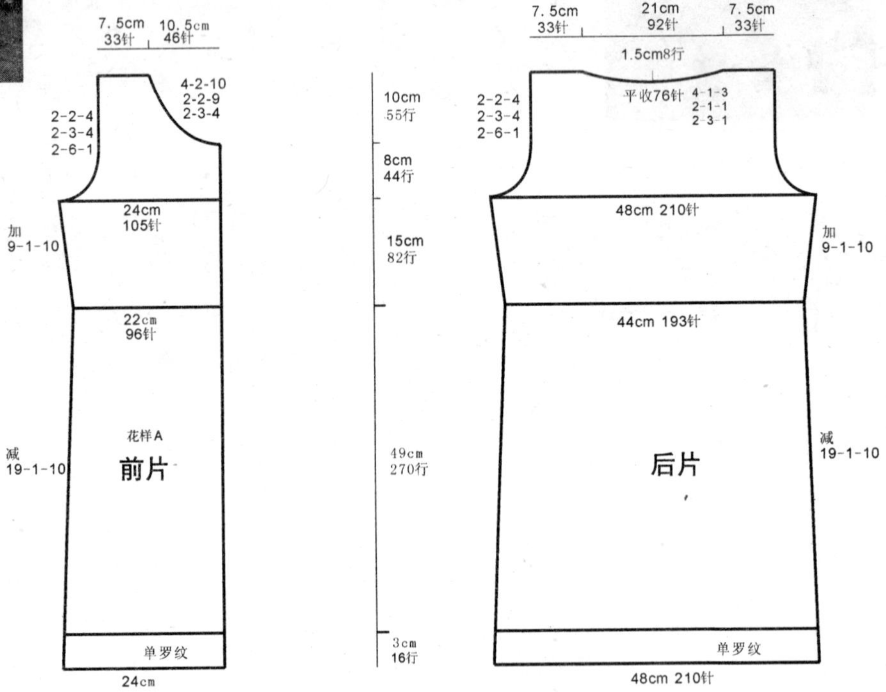

7.5cm 33针　10.5cm 46针

4-2-10
2-2-9
2-3-4

2-2-4
2-3-4
2-6-1

24cm 105针

加 9-1-10

22cm 96针

花样A
前片

减 19-1-10

单罗纹

24cm

10cm 55行
8cm 44行
15cm 82行
49cm 270行
3cm 16行

7.5cm 33针　21cm 92针　7.5cm 33针

1.5cm8行

平收76针　4-1-3　2-1-1　2-3-1

2-2-4
2-3-4
2-6-1

48cm 210针

加 9-1-10

44cm 193针

后片

减 19-1-10

单罗纹

48cm 210针

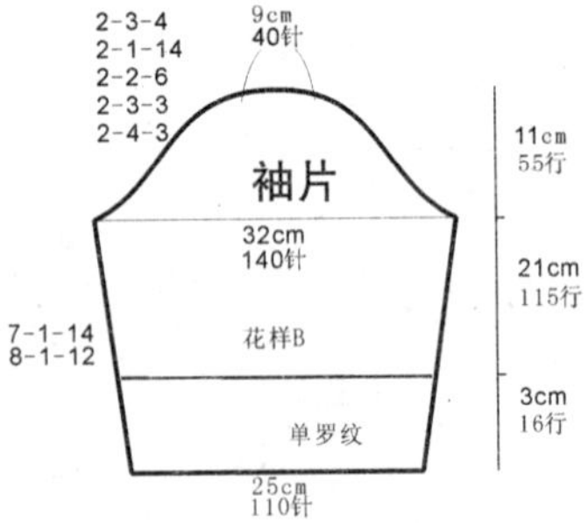

2-3-4
2-1-14
2-2-6
2-3-3
2-4-3

9cm 40针

袖片

32cm 140针

7-1-14
8-1-12

花样B

单罗纹

25cm 110针

11cm 55行
21cm 115行
3cm 16行

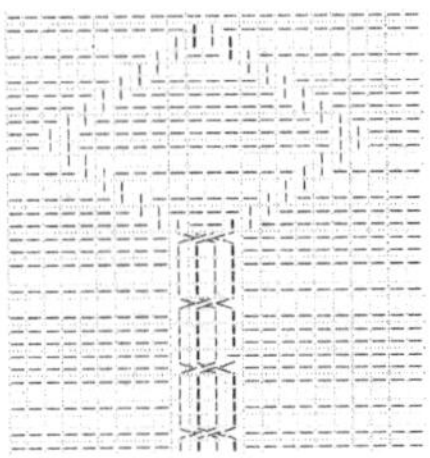

花样A 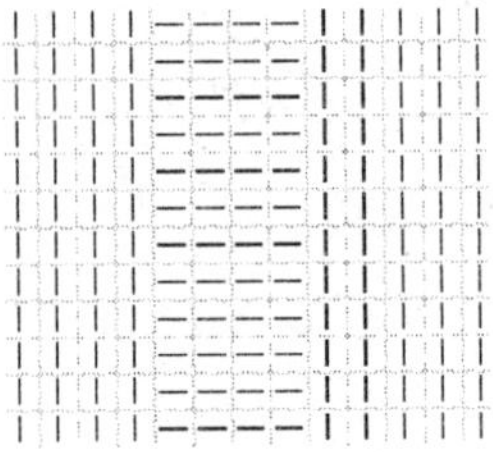　花样B 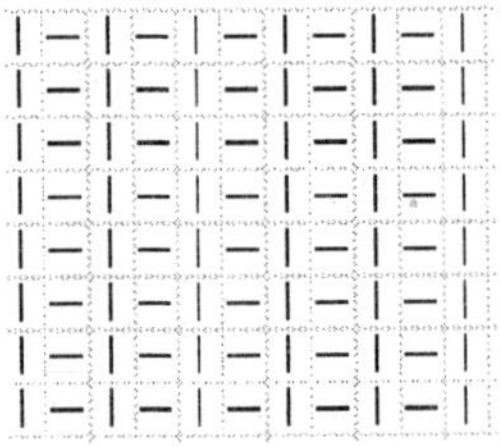　单罗纹

高雅开襟衫

【成品尺寸】衣长85cm　胸围96cm

【工具】1.7mm棒针

【材料】咖啡色纯羊毛线

【密度】10cm²：44针×55行

【制作过程】前、后片分别按图起针，织52cm双罗纹，即分成左右两片织双罗纹，至编织完成。肩部缝合，侧缝缝合67cm，留18cm袖口。门襟另织，与前领缝合，形成翻领，完成。

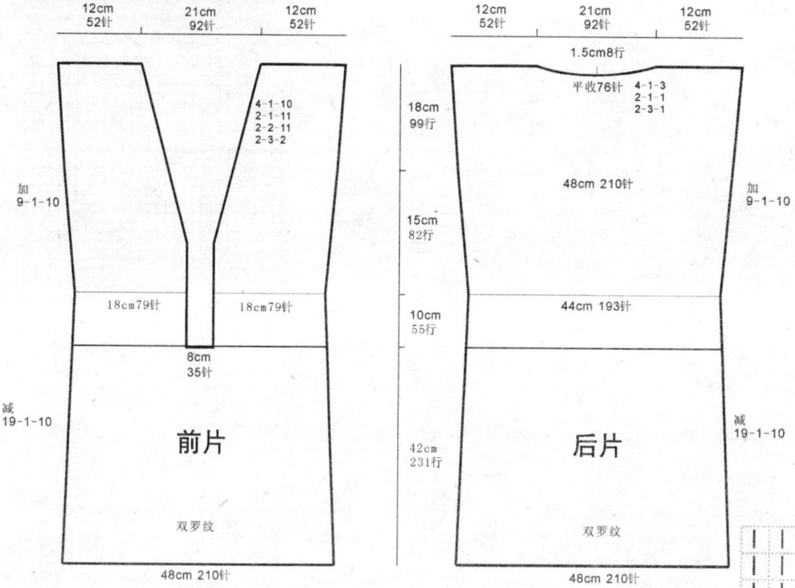

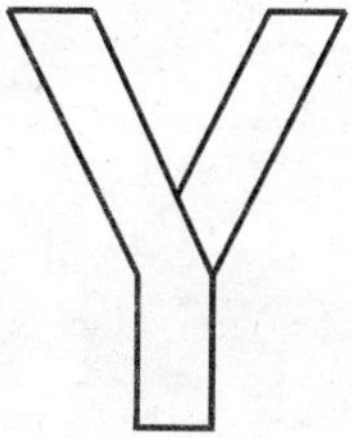

12cm 52针　21cm 92针　12cm 52针

4-1-10
2-1-11
2-2-11
2-3-2

加 9-1-10

18cm79针　18cm79针

8cm 35针

减 19-1-10

前片

双罗纹

48cm 210针

1.5cm8行

平收76针　4-1-3 2-1-1 2-3-1

18cm 99行

48cm 210针

15cm 82行

10cm 55行

44cm 193针

42cm 231行

后片

双罗纹

48cm 210针

领子结构图

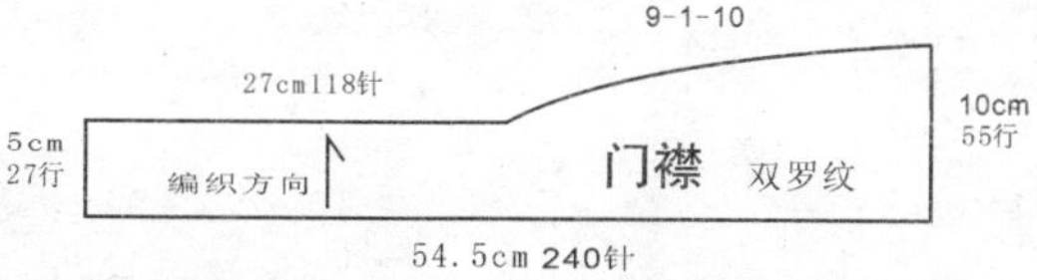

加 9-1-10

27cm118针

5cm 27行

编织方向

门襟　双罗纹

10cm 55行

54.5cm 240针

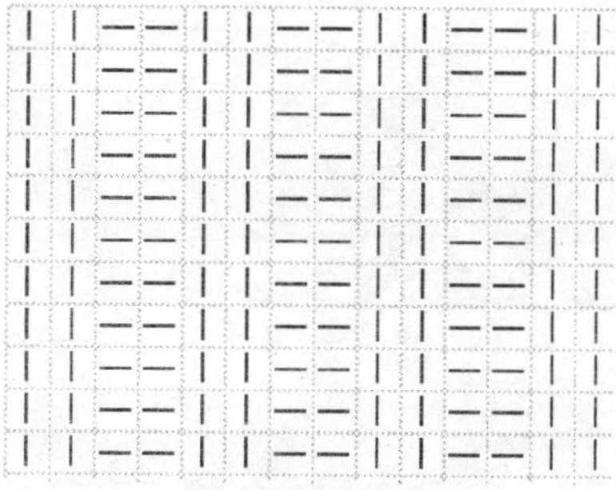

双罗纹

【成品尺寸】衣长65cm　胸围96cm　袖长25cm

【工具】7号棒针　环形针　5号钩针

【材料】灰色毛线520g　白色毛线10g

【密度】$10cm^2$：21针×25行

【附件】纽扣5枚

【制作过程】1. 单股线编织。

2. 起271针从侧缝开始编织身片花样，不加减针织20cm，从身长65cm处开始前领窝减针，按图示完成后，另起针编织后领窝，不加减针织18cm，再按原来减针针数如数加出另一侧身片，收针断线。

3. 将前、后片沿侧缝对接缝合，留出袖窿。挑织单罗纹针衣边和袖窿边，钩织完成白色衣襟装饰边，缝好纽扣。

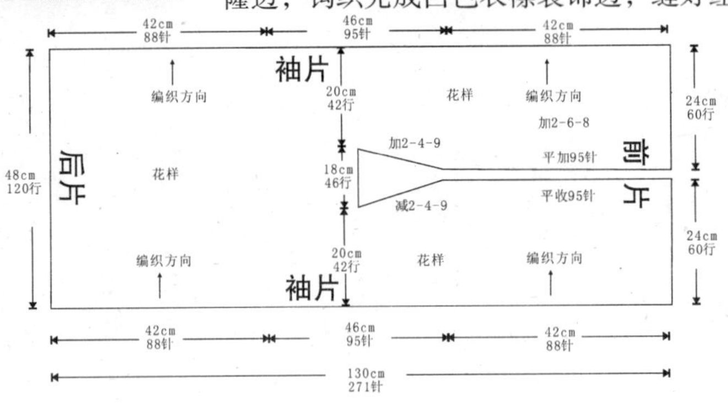

衣襟边花样

花样

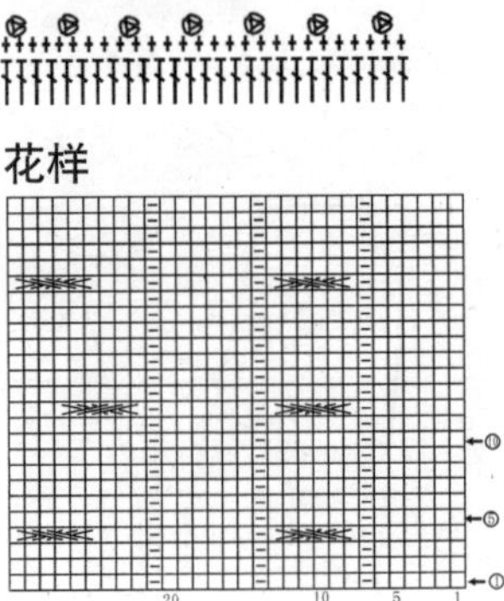

绿色亮丽长衫

【成品尺寸】衣长85cm　胸围96cm　袖长25cm

【工具】1.7mm棒针

【材料】驼色纯羊毛线

【密度】$10cm^2$：44针×55行

【附件】装饰绳2条

【制作过程】前、后片按图起针，织8cm双罗纹后，改织下针，至织完成。袖片按图织好，全部缝合，图案可自由设计。衣袋另织，与前片缝合，领圈打皱褶挑针，织5cm双罗纹，形成圆领，完成。

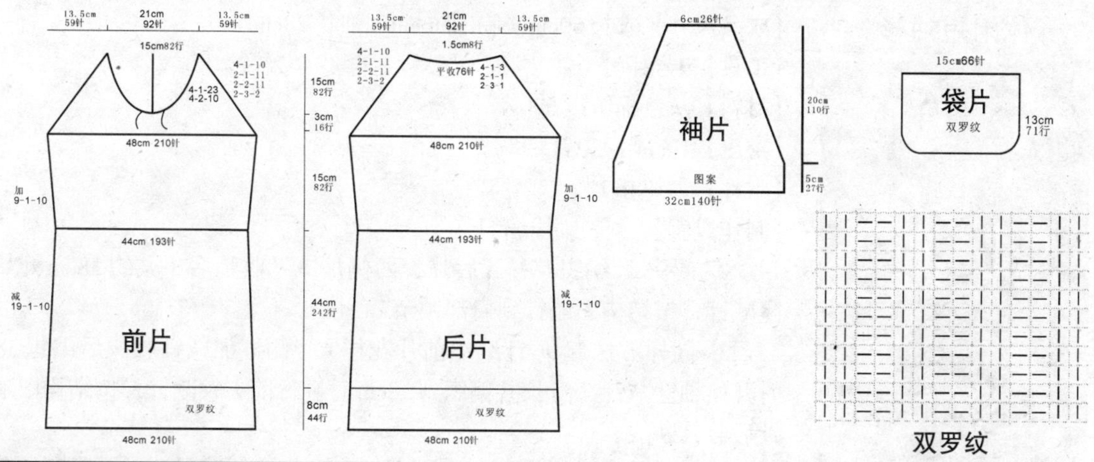

【成品尺寸】衣长85cm　胸围96cm

【工具】1.7mm棒针

【材料】深绿色、浅绿色纯羊毛线

【密度】10cm²：44针×55行

【附件】钩花若干

【制作过程】前、后片分别按图起针，先织双层平针底边，后改织下针，并间色，至编织完成。衣领挑针，织下针，折边缝合，形成双层圆领。袖窿挑针，织下针，褶边缝合，形成双层袖口边。缝上钩花，完成。

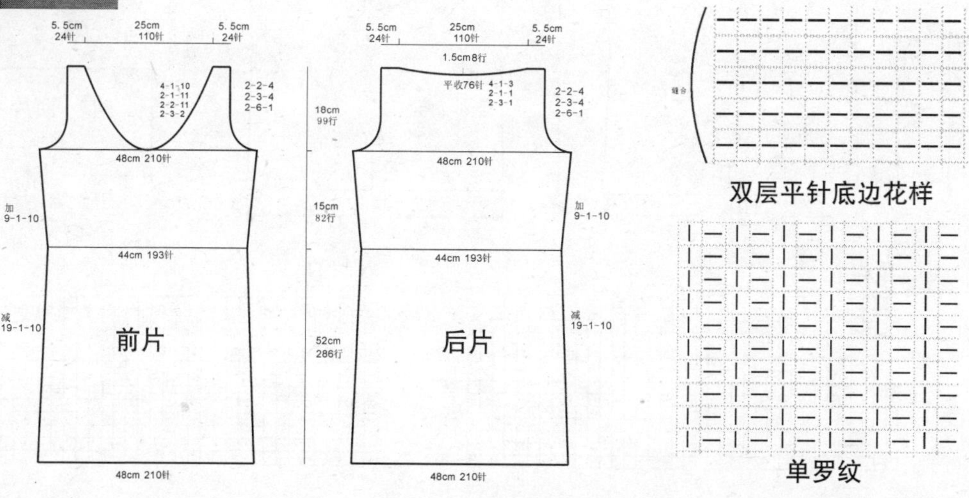

休闲短袖衫

【成品尺寸】衣长60cm　胸围96cm　袖长28cm

【工具】9号棒针

【材料】灰色棉绒线670g

【密度】10cm²：20针×28行

【附件】大纽扣1枚

【制作过程】1. 二股线编织。

2. 起96针编织花样A后片，两侧加减针收腰后，共织38cm开始袖窿减针，按结构图减针到肩部，余24针。

3. 同样方法起96针编织前片花样A，侧缝加减针收腰后编织38cm时开始袖窿减针，身长共编织到58cm时进行前衣领减针，按结构图减完针后收针断线。

4. 起80针花样B从袖口开始编织袖片，不加减针织6cm时开始袖山减针，按图所示减针后余16针，断线。用同样方法再完成另一片袖片。

5. 起70针编织花样B领片，不加减针共织75cm，一侧留出扣眼位置。

6. 将前、后片及袖片对应位置缝合。从左侧前片与袖片缝合处开始沿领窝缝合领片，缝好纽扣。

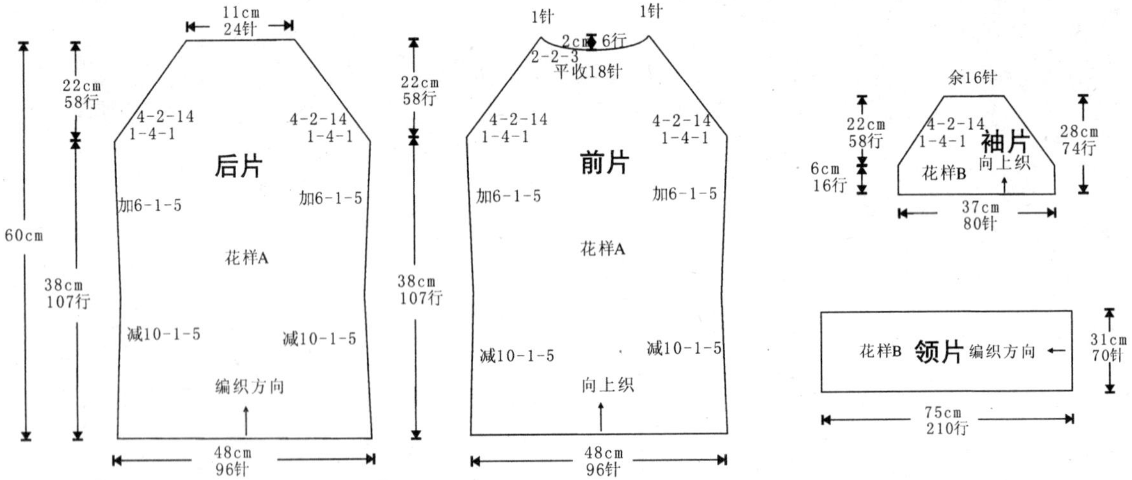

后片：11cm 24针；22cm 58行；4-2-14 1-4-1；加6-1-5；60cm；38cm 107行；花样A；减10-1-5；编织方向；48cm 96针

前片：1针　1针；2cm 6行；2-2-3 平收18针；22cm 58行；4-2-14 1-4-1；加6-1-5；38cm 107行；花样A；减10-1-5；向上织；48cm 96针

袖片：余16针；22cm 58行；4-2-14 1-4-1；28cm 74行；6cm 16行；花样B；向上织；37cm 80针

领片：花样B　编织方向；31cm 70针；75cm 210行

花样A

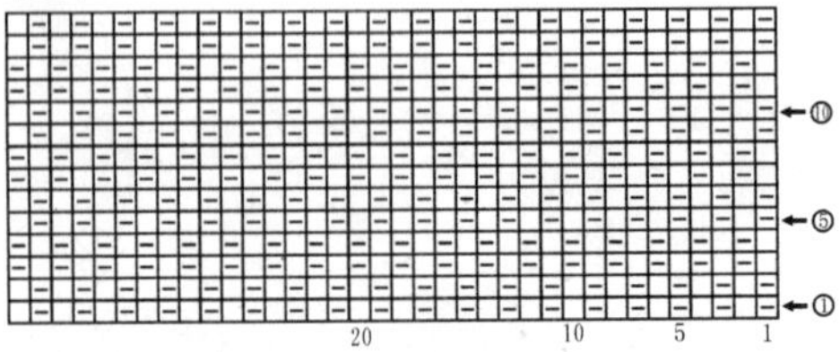

(20　10　5　1；①　⑤　⑩)

花样B

(20　10　5　1；①　⑤　⑩)

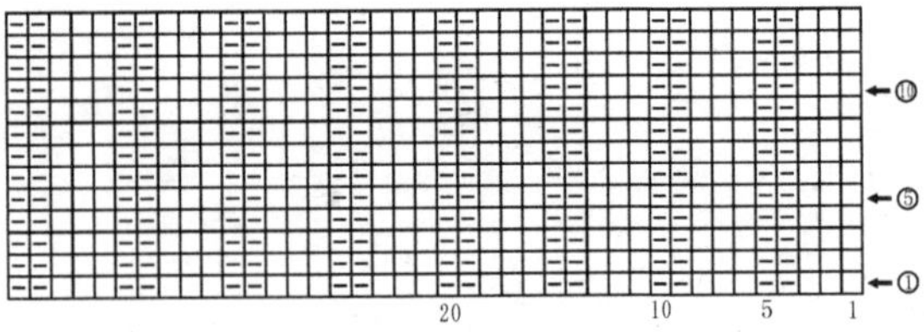

【成品尺寸】衣长66cm　胸围96cm　袖长26cm

【工具】9号棒针

【材料】银灰色棉绒线810g

【密度】10cm²：20针×28行

【附件】大纽扣4枚

【制作过程】1. 三股线编织。起20针编织下边花样A，共织128cm，收针不断线，留挑身片。

2. 将编织完成的下边对折，以对折点为中心，向两侧挑织下针后片，共挑96针，两侧加减针收腰后，共织55cm开始两侧袖窿减针，按结构图减针，最后余64针，收针断线。

3. 另起针从下边一端挑织前片，挑止于后片位置共86针，编织花样B前片，花样衣襟边随前片同织，侧缝加减针收腰，衣襟边不加减针，共编织55cm后收腰侧缝边开始袖窿减针，按结构图减针，身长共编织到66cm时收针断线，最后余70针。用同样方法从下边另一侧挑织另一片前片，减针方向相反。一侧留出扣眼位置。

4. 起78针下针后，从袖口开始编织袖片花样B，不加减针共织4cm，开始袖山减针，按图所示减针后余38针，断线。用同样方法再完成另一片袖片。

5. 将前、后片及袖片对应位置缝合，缝合时衣片与袖片花样要对接美观整齐。缝好纽扣。

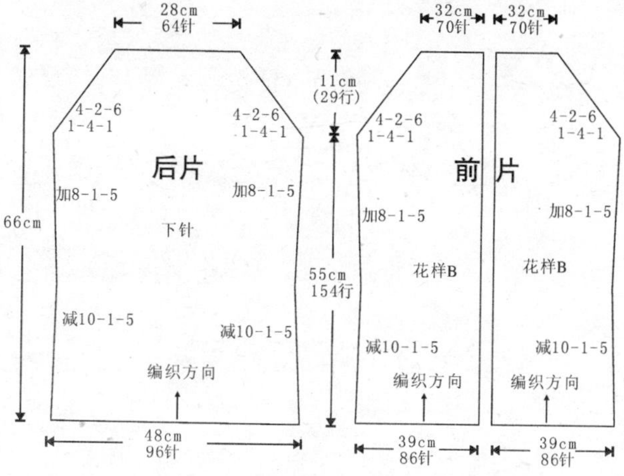

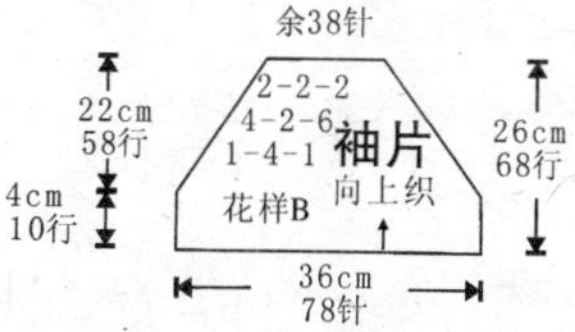

28cm 64针
后片
66cm
4-2-6
1-4-1
加8-1-5
下针
减10-1-5
编织方向
48cm 96针

32cm 70针　32cm 70针
11cm (29行)
55cm 154行
前片
4-2-6
1-4-1
加8-1-5
花样B
减10-1-5
编织方向
39cm 86针　39cm 86针

余38针
袖片
22cm 58行
4cm 10行
26cm 68行
2-2-2
4-2-6
1-4-1
花样B
向上织
36cm 78针

花样A 下边 编织方向 ←
9cm (20针)
128cm (360行)

花样A

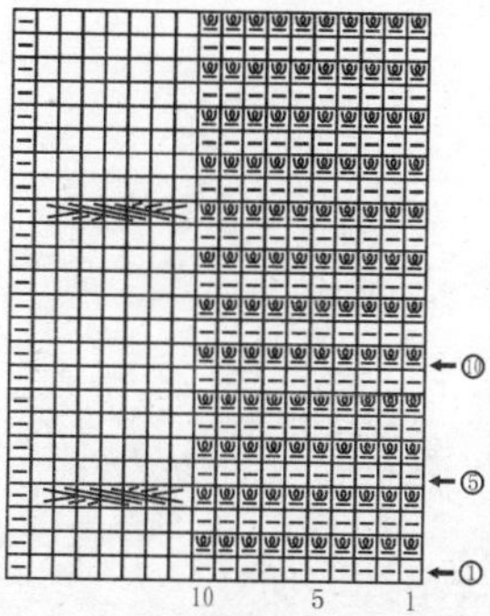

10　5　1

花样B

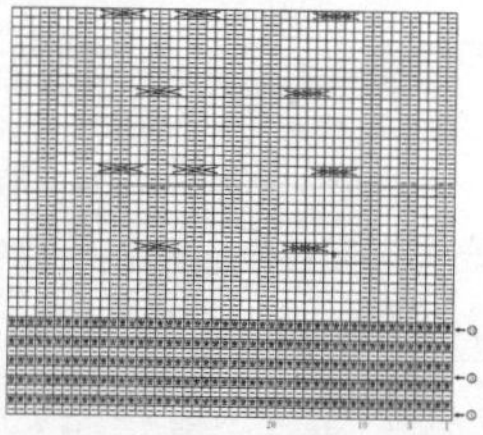

编织符号说明

上针

下针

镂空针

滑针

卷针

延伸针

辫子针

长针

短针

右上1针交叉

左上1针交叉

左上2针并1针

中上3针并1针

上针右侧加针

上针左侧加针

1针放3针的加针

左上滑针的1针交叉

上针左上3针并1针

右上滑针的1针交叉

右上2针和左下1针交叉

左上1针与右下2针交叉

左上2针与右下1针交叉

左上2针交叉

右上2针交叉

左上3针与右下3针交叉

右上3针与左下2针交叉

右上3针与左下3针交叉

右上4针与左下3针交叉

右上4针与左下4针交叉

右上5针与左下5针交叉

右上6针与左下6针交叉

右上7针与左下7针交叉